스토리텔링 N 창의수학

# 수학의 오솔길

The trail of mathematics

이정례 지음

수학정원

우리의 생활은 논리적, 창의적 사고를 바탕으로 한 판단의 연속이다.

그리스 이래 사고 훈련의 도구였고 우리 생활의 필요에 의해 탄생되고 발전해 온 수학이 현대 과학기술문명의 초석이었음은 누구나 익히 알고 있는 사실이다. 그러나 수학에 대하여 우리들 대부분은 참으로 복잡한 감정을 가지고 있다.

'귀찮지만 필요하고, 어렵지만 풀고나면 통쾌하고, 딱딱하지만 알고보면 조화롭고, …'

수학은 우주의 조화롭고 아름다운 향기를 가진다.

수학의 향기를 함께 느끼고자 필자는 '스토리텔링 N 창의수학 수학의 오솔길'을 조심스러이 세상에 내놓는다. 필자는 오랫동안 수학을 가르쳤고 중·고등학교 교과서를 집필하였으며, 각종 입시와 경시, 그리고 영재교육에 관계하면서 끊임없이 수학을 생각해 왔다. 그 결과, 수학을 사랑하게 되었다.

이 책은 수학을 알고 싶어하는 사람들의 이야기 친구가 될 것이다.

필자가 나름대로 엮어 본 '스토리텔링 N 창의수학 수학의 오솔길'은 꼼꼼해서 좋은 책, 명쾌해서 멋진 책, 그러나 읽을수록 오솔길을 산책하는 듯한 책이고자 한다. 이 책에서 중·고등학생은 수학의 이모저모를 가볍게 맛볼 수 있고, 대학생은 수학의 활용을 쉽게 접할 수 있으며, 일반인도 새로운 수학의 향기를 맡을 수 있을 것이다.

이 책은 생활 속의 수학을 중심으로 수학사, 집합과 논리, 대수학, 해석학, 기하학, 위상수학, 확률론과 통계학, 그리고 현대수학에 이르기까지 수학의 세계를 구석구석 산책하는 이야기로 꾸며졌다. 각 이야기마다 살펴보기와 생각열기로 들어서서 산책한 후, 흥미로운 이야기를 들려준다. 또한 쫑알쫑알, 알쏭달쏭, 쉼터, 그림수학, 생활수학, 활동수학 등이 창의적인 수학을 맛볼 수 있게 한다.

스토리텔링 N 창의수학과 함께 수학의 오솔길을 산책하길 희망한다.

이 책은 누구나 수학을 즐길 수 있도록 잔잔한 수학 이야기를 담고 있다. 필자는 이 책이 수학이란 친구가 곁에 있는 듯한 다정다감한 책이기를 필자는 바라며, 여러분에게 수학 사랑을 전해주길 기대한다. 여러분이 이 책을 통하여 생활 속에서 수학을 찾고 수학의 향기를 느낀다면, 그래서 창의적인 수학에도 한 걸음 다가서고 싶어진다면 필자의 큰 즐거움이라 하겠다.

필자는 이 책에 오류나 논리의 비약이 있지 않을까 하여 조심스럽다. 그러한 실수는 필자의 착오에 기인한 것이므로 양해를 구하는 바이며, 필자에게 알려 주시길 기대해 본다.

이 책의 출간을 기꺼이 맡아 주신 교우사 여러분과 필자의 교양수학 강의를 들으며 아이디어를 제공한 제자들에게 감사와 사랑을 보낸다.

수학사랑을 꿈꾸며

수락산 자락에서

저자 이정례

〈그리스 알파벳〉

| | | | |
|---|---|---|---|
| $A, \alpha$ | 알파(Alpha) | $N, \nu$ | 뉴(Nu) |
| $B, \beta$ | 배터(Beta) | $\Xi, \xi$ | 크사이(Xi) |
| $\Gamma, \gamma$ | 감마(Gamma) | $O, o$ | 오미크론(Omicron) |
| $\Delta, \delta$ | 델타(Delta) | $\Pi, \pi$ | 파이(Pi) |
| $E, \varepsilon$ | 엡실론(Epsilon) | $P, \rho$ | 로(Rho) |
| $Z, \zeta$ | 제타(Zeta) | $\Sigma, \sigma$ | 시그마(Sigma) |
| $H, \eta$ | 에타(Eta) | $T, \tau$ | 타우(Tau) |
| $\Theta, \theta$ | 세타(Theta) | $\Upsilon, \upsilon$ | 입실론(Upsilon) |
| $I, \iota$ | 요타(Iota) | $\Phi, \varphi$ | 파이(Phi) |
| $K, \kappa$ | 카파(Kappa) | $X, \chi$ | 카이(Chi) |
| $\Lambda, \lambda$ | 람다(Lambda) | $\Psi, \psi$ | 프사이(Psi) |
| $M, \mu$ | 뮤(Mu) | $\Omega, \omega$ | 오메가(Omega) |

# Chapter 1. 수학의 세계

수학은 인간의 지적인 사고능력을 강화시켜 주기 때문에 우리는 논리적으로 사고하고 합리적으로 문제를 해결할 수 있는 능력을 기르기 위하여 수학을 공부한다. 수학은 예로부터 진리탐구의 전형으로 여겨졌으며, 자연의 이해와 기술개발의 도구로 과학기술 발전의 초석이었다.

수학의 세계를 탐구하기 위해서 우리는 수학사, 집합과 논리, 대수학, 해석학, 기하학, 위상수학, 확률론과 통계학, 그리고 현대수학의 세계를 두루 산책할 필요가 있다.

산업, 금융, 국방, 정보통신, 의학 등 수학이 미치지 않는 곳이 없다. 특히 우리 주변에는 수학이 항상 존재하며, 우리의 생활은 늘 수학적 사고를 필요로 한다. 따라서 수학은 자연과학과 공학은 물론 사회과학을 전공할 학생들에게도 필수적인 학문이며, 일반인들에게는 생활의 지혜를 주는 학문이라 해도 과언이 아니다.

# 수학의 세계

1-1 수학이란?

1-2 수학, 왜 공부하나?

1-3 수학, 무엇을 다루나?

1-4 생활 속의 수학

1

# 1-1 수학이란?

생각열기

**도대체 수학이란?**

- **유쾌한** : 4보다는 3이 크다!

- **상쾌한** : 8의 절반은 4뿐만이 아니야! 0도 있고, 3도 있지!

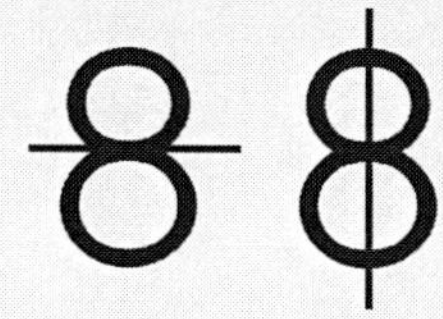

- **통쾌한** : 생과 사는 같은 것이다!

  반은 죽은 사람은 반만 산 사람이므로, $\frac{1}{2}$(생) = $\frac{1}{2}$(사)에서 (생) = (사).

- **불쾌한** : 비슷해 보이는 데, 엄청나게 다르군!

  $\frac{1}{2}+\frac{1}{4}+\frac{1}{8}+\frac{1}{16}+\cdots=1$, $\frac{1}{2}+\frac{1}{3}+\frac{1}{4}+\frac{1}{5}+\cdots=\infty$

4−3〉0이므로 4가 3보다 크고, 8÷2=4이므로 8의 절반은 4이다. 수학에서 크다의 정의는 숫자의 크기가 아니며, 절반도 숫자의 절반이 아니다. '1'은 큰 일이고 '1'은 작은 일인가? 수와 숫자는 반드시 구별해야 한다. 아무리 작게 써도 'A'는 대문자이고, 아무리 크게 써도 'a'는 소문자이다. 한편 생과 사는 수학적 대상이 아니며, 무한급수에서는 많은 수학적 지식이 필요하다.

수학이 무엇인지를 간단하게 설명하기는 쉽지 않다. 그러나 오늘날의 문명은 수학을 기초로 이루어졌으며, 여러 현상을 관찰하는 능력, 논리적인 사고능력 및 합리적인 문제해결 능력을 길러주는 수학은 다른 학문의 기초가 될 뿐 아니라, 실생활의 여러 가지 문제를 해결하는 데 도움이 된다.

나는 생각한다. 고로 나는 존재한다. – 데카르트

**수학(數學, Mathematics)**에서 數學은 '수를 배운다.' 는 의미이지만, Mathematics는 그리이스어로 배운다는 뜻의 Manthano와 과학이란 뜻의 Mathema에서 유래한 말로, '배우는 것, 생각하는 것, 사고하는 과학'을 의미한다.

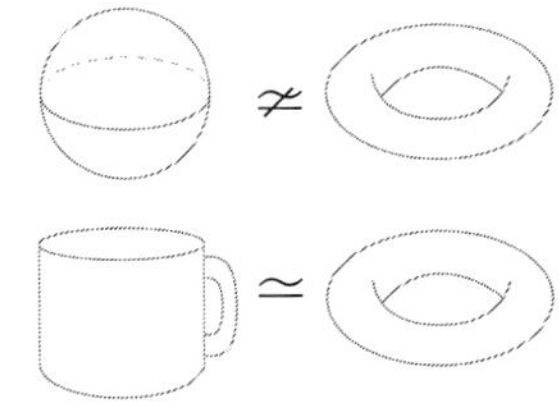

자연과학은 실체를 취급하지만, 수학은 사고의 대상을 취급하는 정신적인 학문이다. 맛있는 사탕 3개와 예쁜 돌 3개에서 수학적 관심은 3이라는 수뿐이고, 맛이나 멋은 수학적 대상이 아니다. 구면과 토러스는 서로 다른 곡면이지만 손잡이가 달린 컵과 토러스는 같은 곡면으로 볼 수 있는 것이 수학이다.

### 〈수학의 본질〉

수학의 본질을 논하는 사상에는 '수학적 지식은 안전한 기초 위에 있다.' 고 보는 절대주의와 '수학적 지식에는 절대적인 기초가 존재하지 않으며, 존재한다 하더라도 어느 것이 기초인지 판단할 수 없다.'는 상대주의가 있다. 절대주의적 입장인 플라톤주의, 논리주의, 형식주의에 대하여 알아보자.

플라톤주의에서는 수학의 대상과 구조는 인간과 무관하게 객관적으로 존재하며, 수학 탐구방법은 연역적이라고 보았으며, 수학을 한다는 것은 이미 존재하는 관계를 발견하는 과정이라고 주장했다.

러셀, 화이트헤드로 대표되는 논리주의에서는 수학적 개념은 순수한 논리적인 구성에 의해 이끌어내어진다고 보았으며 모든 수학적 진리는 공리와 논리의 추론 규칙만으로 증명이 가능하다고 주장했다.

힐베르트로 대표되는 형식주의에서는 수학은 의미 없는 기호로 표현하는 형식적인 게임이라고 보았으며, 모순없는 기호 체계가 주된 관심사였다.

수학의 본질에 관한 논의는 다양하지만, 대체로 수학은 사고하는 방법이며, 모형을 연구하고, 추상화된 기호의 학문이다. 수학은 물리적 대상들의 관계를 추상화하여 수학적 모형(pattern)을 구성하며 모형을 연구한다. 또한 수학에서는 엄밀한 논리적 추론이 필요하며 추상화 과정에서 용어와 기호를 수학언어로 사용한다.

*수학은 인류의 지적 정신의 영광이다.* **– 야코비**

〈수학의 특성〉

수학은 추상성과 형식성 직관성과 논리성, 계통성과 역동성을 가진다.

첫째, **추상성**은 수학이 실제로 존재하는 물리적 대상만을 다룰 필요는 없다는 것이다. 자연수는 물건의 개수를 추상화한 것이고, 삼각형이란 실체는 존재하지 않는다. 수학은 실체를 추상화하여 얻어진 개념들 사이의 관계를 연구한다.

둘째 **형식성**이란 수학이 공리와 추론규칙에 의해 전개됨을 뜻하며, 수학적 엄밀성을 보장하기 위한 장치이다.

셋째, **직관성과 논리성**은 새로운 명제를 유도할 때 필요한 추론의 특성이다. 추론에는 귀납적추론과 연역적추론이 있는데, 귀납적추론은 관찰, 실험을 통하여 새로운 사실을 발견해 내는 직관적 과정이며, 연역적추론은 가정으로부터 결론을 이끌어 가는 논리적 과정이다. 일반적으로 귀납적추론에 의하여 사실을 발견하고, 연역적추론에 의하여 증명함으로써 수학적 진리로 확정된다.

넷째, 수학은 학습한 내용을 토대로 새로운 내용을 덧붙여 발전되므로 **계통성**을 가진다. 수학 체계는 공리와 정의에서 연역추론에 의하여 정리를 증명함으로써 새로운 내용을 차례로 첨가하므로 논리적으로 타당한 계통성이 만들어진다.

마지막으로 수학은 처음부터 완성된 형태로 존재하는 것이 아니라, 변화하고 발전해 나가는 **역동성**을 가진다.

**more / 쉼터 수학의 엄밀성**

'수학은 엄밀한 계산과 증명을 요구한다. 원주율 $\pi$의 값을 구하려고 많은 수학자들이 노력했으나 결국 무리수임이 밝혀졌으며, $\sqrt{2}$가 무리수임을 알리려고 피타고라스 학파의 한 사람이 목숨을 잃었다.

'페르마의 마지막 정리'는 페르마가 증명했다고 평소 즐겨 읽던 책의 한 쪽에 써 놓았고 대부분이 믿었지만, 360년이 지난 후에야 증명되었다. 소설로까지 출판된 '골드바흐의 추측'은 수천 가지의 가능한 예가 있지만 자연수는 무한하므로 증명이 필요하고, 270년이 지난 지금도 미해결 문제로 남아 있다.

옳다고 생각은 되지만 증명되지 않은 명제를 추측 또는 가설이라 하는 데, 이것은 수학에서는 엄밀한 수학적 증명이 뒤따르지 않으면 결코 참인 명제가 될 수 없음을 말해준다.

# 1-2 수학, 왜 공부하나?

생각열기

**수학을 알면!!**

문제 : $\frac{1}{2}+\frac{1}{4}+\frac{1}{8}+\frac{1}{16}+\cdots$ 의 값은?

- **기발해** : 치즈 한 장을
  처음에 반을 먹고, 다음에 반의 반을 먹고, 또 반의 반의 반을 먹고, …
  결국 치즈 한 장을 다 먹게 되므로, 구하는 값은 1이야!
- **정직해** : 초항이 $\frac{1}{2}$, 공비가 $\frac{1}{2}$인 무한등비급수이므로, 다음이 성립해!!

$$\frac{1}{2}+\frac{1}{4}+\frac{1}{8}+\frac{1}{16}+\cdots=\frac{\frac{1}{2}}{1-\frac{1}{2}}=1$$

- **엉뚱해** : 아하! $2+4+8+16+\cdots=\frac{2}{1-2}=-2$란 말이지? 그렇다면
  치즈를 처음에 2장 먹고, 다음에 4장 먹고, 또 8장 먹고, …
  그러면 2장을 뱉은 것이랑 같단 말이야?

생활 속의 문제를 해결하고자 할 때, 경험이나 상식은 중요하다.

위에서 기발해와 같이 생활 속의 경험에 비추어 보면 쉽게 해결할 수도 있지만, 정직해와 같이 수학화할 필요가 있다. 왜냐하면

$$\frac{1}{3}+\frac{1}{9}+\frac{1}{27}+\frac{1}{81}+\cdots=\frac{1}{2},\quad \frac{1}{2}+\frac{1}{3}+\frac{1}{4}+\frac{1}{5}+\cdots=\infty$$

등은 단순한 경험으로는 쉽지 않기 때문이다. 경험과 상식을 바탕으로 상황을 분석하고 결과를 유추한 후, 그것을 수학적으로 나타낸다면, 이것은 수학적 지식이 되어 다른 상황에도 적용될 수 있다.

*수학적 엄밀성의 목적은 직관이 정복한 것을 인정하고 합법화시키는 것이다.* **– 아다마르**

수학은 유용할 뿐 아니라, 아름다운 학문이다. 수학자 하디는 수학의 추상화된 아이디어의 아름다움을 강조했다. 수학의 아름다움은 자연의 질서를 닮은 아름다움이다. 교육 목적 중의 하나가 사고훈련인데 우리는 수학을 통하여 지적인 정신능력을 강화할 수 있다. 수학을 하는 것은, 마치 체력단련을 위하여 체조를 하듯이, 사고능력 발달을 위하여 정신적인 체조를 하는 것과 같다.

미국의 한 수학교육위원회가 밝힌, 수학적 기능을 소개하자면, 문제해결과 실생활에 수학을 응용할 수 있는 기능, 결과에 대한 합리성을 제시하는 능력과 계산기능이다. 또 문제 상황에서 추정하고, 근삿값을 계산하는 기능, 도형 및 측정 기능, 통계적 상황에서 표나 그래프를 읽고, 해석하고, 작성하는 기능, 수학을 이용하여 미래 상황을 예측하는 기능, 컴퓨터를 이용할 수 있는 능력이다.

영국 페리의 '수학의 유용성에 대하여'라는 강연에서 밝힌 바와 같이, 수학은 고상한 정서를 가지게 하고 기쁨을 주며 지적인 도구가 된다. 또 수학 자체의 연구에 유용하고, 과학 연구의 기초가 된다. 한편 수학은 권위에 굴하지 않고 자기 생각을 관철시키는 능력을 길러 철학자에게 논리적 도움을 주고, 추상론에 빠지지 않도록 한다.

우리 나라 교육과정에 나타난 수학교육 목표는 '수학의 기본적인 지식과 기능을 습득하고, 수학적으로 사고하는 능력을 길러서 실생활의 여러 가지 문제를 합리적으로 해결할 수 있는 능력과 태도를 기른다.'이며, 또한 목표 실현을 위한 수학 교수학습방법은 다음과 같다.

첫째, 여러 가지 생활 현상을 수학적으로 고찰하는 경험을 통하여 수학적 개념, 원리, 법칙과 이들 사이의 관계를 이해할 수 있게 한다. 둘째, 수학적 지식과 기능을 활용하여 생활에서 일어나는 여러 가지 문제를 수학적으로 관찰, 분석, 조직, 사고하여 해결할 수 있게 한다. 셋째, 수학에 대한 흥미와 관심을 지속적으로 가지고 수학적 지식과 기능을 활용하여 여러 가지 문제를 합리적으로 해결하는 태도를 기르게 한다.

음악은 감각의 수학이며, 수학은 이성의 음악이다. **– 실베스터**

## more / 쉼터 필즈상(Fields medal)-수학의 노벨상

스웨덴의 폭약 발명가였던 노벨이 전 재산을 바쳐서 만든 노벨상은 훌륭한 업적을 남긴 사람에게 매년 수여된다. 노벨상에는 김대중 전 대통령이 수상한 평화상을 비롯하여, 문학상, 의학상, 물리학상, 화학상, 경제학상이 있으나 수학상이 없다. 노벨상에 수학상이 없는 것은 매우 의아한 일이나 노벨이 노르웨이 수학자 미타그-레플러와 사이가 좋지 않아서 수학상을 만들지 않았다고도 한다.

수학의 노벨상을 대신할 상으로, 캐나다 토론토 대학의 필즈 교수의 노력으로 만들어진 필즈상이 있다.

필즈는 1924년 세계수학자대회의 회장이었는데, 자기의 전 재산을 기금으로 노력한 결과, 그가 죽은 직후인 1932년 세계수학자대회에서 필즈상이 만들어졌다. 필즈상은 4년마다 열리는 세계수학자대회에서 수여되며, 40세 미만의 수학자에게만 수여되므로 노벨상보다 가치 있는 상이라고 볼 수도 있다. 필즈상 수상자에게 주는 필즈메달에는 최고의 수학자 아르키메데스의 얼굴이 새겨져 있다.

새천년의 시작인 2000년에는 국제수학올림피아드(IMO)가 우리나라에서 개최되었고, 2012년에 국제수학교육대회(ICME-12), 2014년에 세계수학자대회(ICM 2014)가 우리나라에서 개최되는 등 한국의 수학적 위상이 높아지고 있으니, 머지않아 한국인 필즈상 수상자가 나타날 것을 기대해 본다.

필즈메달의 앞면과 뒷면

필즈 교수

IMO 2000 KOREA

SEOUL ICM 2014

ICME-12 2012 KOREA

# 1-3 수학, 무엇을 다루나?

수학을 단지 수와 계산으로만 생각하기 쉬우나, 수와 계산은 극히 일부이다. 수학은 패턴(pattern)의 과학이다. 논리학은 추상적인 추론의 패턴을 연구하고, 수론은 수의 패턴을, 기하학은 모양의 패턴, 대수학은 분류의 패턴을, 미적분학은 연속적인 움직임과 변화의 패턴을 연구한다. 위상수학은 상대적인 위치와 접근의 패턴을, 확률론은 무작위 사건에서 반복되는 패턴을, 그리고 통계학은 자료의 패턴을 연구한다.

〈수학의 영역〉

**집합과 논리**(set theory and logic),
**대수학**(algebra),
**해석학**(analysis),
**기하학**(Geometry),
**위상수학**(topology),
**확률론**(probability theory)**과 통계학**(statistics)

수학을 필요로 하는 분야는 전통적인 응용수학 분야, 통계 분야, 컴퓨터 분야, 보험수학과 금융수학 분야 등이 있다. 특히 정보산업의 발달과 컴퓨터와 통신의 발달로 정보보호와 기술개발, 전자우편의 보안 및 전자서명과 관련된 암호학과 부호이론 등이 새로운 분야로 각광받고 있다.

우리나라 중·고등학교의 교육과정은 시대에 따라 변하지만, 수학교과목은 대체로 실용수학, 수학I, 수학II, 미분과 적분, 기하와 벡터, 확률과 통계, 이산수학

수학은 실체를 다루지는 않지만, 사고의 대상과 대상 사이의 관계를 다룬다. –푸앵카레

등이 있다. 실용수학에서는 계산기와 컴퓨터를 다루며, 은행이나 보험을 이용하는 경제생활과 생활통계, 선형계획과 최적화 등 문제해결을 배운다. 수학I, 수학II, 미분과 적분, 기하와 벡터에서는 대수, 해석, 기하를 다룬다. 확률과 통계에서는 자료의 정리, 확률의 계산, 확률 분포, 통계적 추정 등을 배우며, 이산수학에서는 순열과 조합, 세는 방법, 선택과 배열을 다루고, 그래프와 수형도, 여러 가지 회로, 알고리즘, 의사결정과정, 그리고 최적화를 다룬다.

브루너는 '수학을 공부한다는 것은 살아 있는 작은 도서관을 만드는 것이 아니라, 스스로 사고하여 수학 지식 형성에 참여하게 하는 것이다.'라고 강조했다. 문제해결은 인간 활동의 특징이다. 수학에서는 주로 문제해결을 다루는데, 문제해결력이란 달리기나 수영과 같이 실제적 기능이므로 문제해결력을 신장시키려면 흥미를 가지고, 모방과 연습도 충분히 해야 할 것이다.

폴리아는 문제해결을 강조하고 그 과정을 4단계로 나누었다.

〈폴리아의 문제해결 4단계〉

**이해하기** : 미지의 것은 무엇인지, 주어진 조건과 자료가 무엇인지를 알고, 문제를 이해하는 단계이다.

**계획하기** : 문제를 해결하는 방법과 절차를 생각하는 단계로, 자료와 미지의 것 사이의 관계를 찾고, 경험했던 유사한 풀이 방법이나 결과를 이용할 수 있는지를 살피고, 주어진 조건과 자료를 모두 사용하여 계획을 세운다.

**실행하기** : 계획을 실행하는 단계로, 각 단계에서 오류가 발생하지 않도록 유의하면서 수학적 지식을 이용하여 문제를 해결한다.

**반성하기** : 구해진 해를 검토하는 단계로, 해결의 결과가 문제 상황에 타당한지, 결과를 일반화하거나, 다른 문제에 적용할 수 있는지를 생각해 본다.

위대한 발견은 위대한 문제를 해결하지만, 어떠한 문제풀이에서도 작은 발견은 있다. –**폴리아**

# 1-4 생활 속의 수학

생각열기

**수학과 두부이야기**

정육면체 모양의 두부를 자르면서 수학을 생각해 보자.

- 두부를 한 번만 잘라서 단면이 정삼각형이 될 수 있을까? 정오각형, 정육각형은?
- 모서리가 10cm인 두부로 2cm인 정육면체 조각들을 만들려면 몇 번 잘라야 할까?
- 겉면만 빨간 두부의 가로, 세로, 높이를 각각 3등분할 때,
  세 면이 빨간 조각은 몇 개인가? 한 면이 빨간 조각은 몇 개인가?

수학은 우리의 생활과 밀접한 관계가 있다. 수학은 매일 우리가 접하면서도 잘 인식하지 못하는 학문이다. 우리는 항상 수를 다루고 도형에 둘러싸여 생활하며 수학적 해결방법을 추구한다. 수학의 많은 문제는 현실 생활에서 왔음이 분명하다. 그럼에도 불구하고 우리는 수학이 현실과 동떨어진 학문이란 편견에 사로잡혀 있는 것이다.

생활에서 논리적, 합리적 사고의 중요성은 아무리 강조해도 지나치지 않다.

어떤 아이가 '모든 빵은 모두 맛이 있다.'고 말한 후, '크림 빵은 맛이 없어!'라고 한다면 얼마나 어이가 없겠는가? '모든 학생은 대학에 간다.'는 주장을 반박하려면 대학에 가지 않는 학생이 있음을 보여야 하는 것이 수학의 기본이다.

생활 속에서 규칙을 찾아 앞날을 예측하고, 은행을 이용하거나, 인구의 수를 구할 때에도 수학이 필요하다. 두루마리 화장지는 3/4을 써도 두께는 반이나 남아 있으므로 화장지가 반이나 남은 줄로 착각하기 쉽다. 도형의 부피를 이해하면 이러한 착각은 안할 것이다.

자연이란 책은 수학적 언어로 씌어 있다. – 갈릴레이

**예제** 괘종시계가 6시를 알리는데 5초 걸린다면, 12시를 알리는 데는 몇 초 걸리겠는가? 또 6시를 알리는데 6초 걸린다면, 12시를 알리는 데는 몇 초 걸리겠는가?

**풀이** 단순한 사람은 쉽게 10초라고 답한다. 그러나 괘종시계가 6시를 알리려면 종을 6번 치므로 종의 간격은 5번 있다. 따라서 6시를 알리는 데 5초 걸린다면, 종의 간격이 1초이다. 12시를 알리려면 간격이 11번 있으므로 11초 걸린다. 또 6시를 알리는 데 6초 걸린다면, 12시를 알리는 데는 $(6\div5)\times11=\frac{66}{5}$(초) 걸린다.

**문제 1** 1층에서 4층까지 걸어 올라가는 데 1분 걸린다면, 1층부터 8층까지 걸어 올라가는 데는 몇 분 걸리겠는가?

**문제 2** 계란 한 개를 삶는 데 6분 걸린다면, 5개를 삶는 데는 몇 분 걸리겠는가?

**문제 3** 1m 낙하하는데 1초 걸린다면, 10m 낙하하는 데는 몇 초 걸리겠는가?

여러분은 혹시 이렇게 답하지는 않았는지…
문제1에서는 4층까지 1분이니까 8층까지는 두 배 즉, 2분.
문제2에서는 그야 물론 $6\times5=30$분.
문제3에서는 10배이니까 당연히 10초.

그러나 조금만 더 생각해 보자.

8층까지의 높이는 4층까지의 두 배가 아니고, 계란 5개는 같이 삶을 것이며, 자유낙하는 등속운동이 아니다. 생활 속의 문제는 논리적으로 사고하고 합리적으로 해결하려는 능력과 태도가 중요하다.

우리는 '우리의 생활이 곧 수학이고, 우리의 생각이 곧 수학이다.'라고 믿고, 수학하는 적극적인 자세를 가져야 할 것이다. 이제 생활 속의 수학 문제에서 단순한 사고의 소유자 '사오정', 수학을 공부한 '손오공', 경험 많은 '저팔계'의 대답을 살펴보자.

**예제** 100만원을 1년 동안 예금할 때, '왁자'씨는 월리 1%짜리로, '지껄'씨는 연리 12%짜리로 예금했다. 누가 더 현명한가?

**풀이**
- 사오정 : 1년은 12달이므로 월리 1%와 연리 12%는 같다.
- 손오공 : $(1+0.01)^{12} > 1.12$ 이므로 '왁자'씨가 더 현명하다.
- 저팔계 : 1년후 연리 12%짜리는 112만원이지만, 월리 1%짜리는 첫째 달에 101만원, 둘째 달에 1010100원이다. 매달 100만원에 대한 이자 1만원과 이자에 대한 이자가 또 있으니 112만원보다 많다. 그래서 '왁자'씨가 더 현명하다.

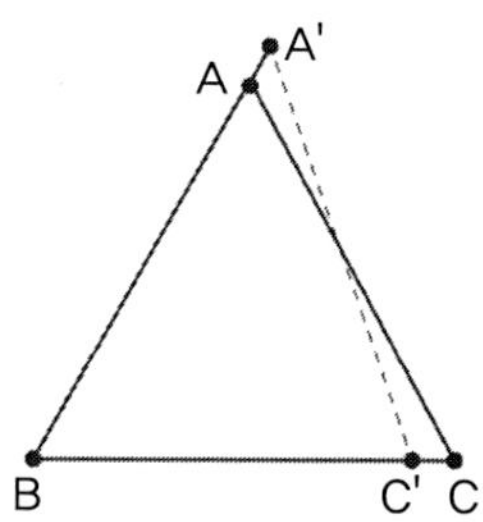


**예제** '시끌'씨는 직사각형 모양의 밭을 가로는 10% 줄이고, 세로는 10% 늘렸다. 새로 생긴 밭의 넓이는?

**풀이**
- 사오정 : 한 변이 10% 준 대신 한 변이 10% 늘었으므로 넓이는 변함이 없다.
- 손오공 : 넓이는 두 변의 곱이고 $\frac{9}{10}\times\frac{11}{10}=\frac{99}{100}$ 이므로 넓이는 1% 줄었다.
- 저팔계 : 가로, 세로가 모두 10인 밭이라면 가로 9, 세로 11이 되므로 넓이는 100에서 99가 되어 1% 감소한다.

수학은 절대적으로 확실하지만, 다른 과학은 새로 발견되는 사실에 의하여 뒤집힐 가능성이 항상 내재되어 있다. – 아인슈타인

17세기, 도박이 성했던 프랑스에서 주사위와 트럼프 문제를 다룬 데서 확률이 탄생했으며, 독일에서는 인구, 토지, 군사력, 세입세출 등의 필요에 의하여 통계학이 발전되었다. 또한 도형의 미, 벡터장, 고정점이론 등 기하학과 위상수학은 생활에서 다양하게 활용된다. 머리의 가마를 보면서 벡터장을 설명할 수 있고, 설악산 대청봉에서 지도를 펼치면 현 위치와 지도상의 위치가 일치하는 곳이 있음을 고정점이론이 말해 준다. 그 밖에도 프랙털을 이해하고, 뫼비우스 띠와 오리엔테이션, 논리의 역설, 유한과 무한, 타일 깔기, 피보나치 수열 등에 수학이 숨어 있다. 또 보험수학, 금융수학, 그래프이론, 게임이론, 암호이론, 컴퓨터수학 등은 현대 정보사회를 살아가는데 필수적이다.

이 책을 통하여 우리는 $A_4$용지와 닮음, 벌집과 육각형, 컴퓨터 단층촬영과 미분적분, 자연과 피보나치 수열, 카메라와 $\sqrt{2}$, 카드와 황금비, 관광코스와 행렬, 해안선과 프랙털, 생활 속의 확률과 통계 등을 공부할 것이다. 수학을 알지 못한다면 금융산업도 주먹구구식의 점포로 전락할 것이며, 암호의 독자적 개발없이 경쟁한다는 것은 이미 진 게임을 하는 것과 같다. 또한 컴퓨터를 만든 사람들이 수학자이며, 수학은 컴퓨터와 직결된다는 것은 우리 모두가 알고 있는 사실이다.

주변의 사소한 현상에서도 수학 원리를 발견할 수 있고, 그러한 현상들을 정확하게 설명하기 위하여 수학이 필요하다. 따라서 수학이 생활과 동떨어진 학문이라는 편견을 버리고, 생활 속에서 수학을 즐길 수 있어야 한다. 수학을 푸는 수학이 아니라 발견하는 수학, 생활 속의 수학으로 인식해 보자.

수학이 간단함을 모르는 이유는 생명의 복잡함을 알지 못하기 때문이다. –폰 노이만

1700? B.C. – 아메스 – 최초의 수학자, '아메스 파피루스'
640? B.C. – 탈레스 – 최초의 수학자, 기하학의 시조
570? B.C. – 피타고라스 –만물의 근원을 수라고 주장, 피타고라스 정리 발견
330? B.C. – 유클리드 – 기하학의 아버지, 〈원론〉 저술
287? B.C. – 아르키메데스 – 구분구적법 발견, $\pi$의 근삿값 3.14 구함
276? B.C. – 에라토스테네스 – '에라토스테네스의 체' 소개
262? B.C. – 아폴로니오스 – 이차곡선 연구
200? – 디오판토스 – 대수학의 아버지, 〈산학〉 저술
430? – 조충지 – $\pi$의 근삿값 구함
1300? – 주세걸 – 〈산학계몽〉 저술
1550 – 네이피어 – 로그 발견
1596 – 데카르트 – 좌표평면 소개, 해석기하학 창시
1601 – 페르마 – 페르마 정리로 유명한 아마추어 수학자
1623 – 파스칼 – 확률론 창시, '파스칼 삼각형' 소개
1642 – 뉴턴 – 3대 수학자, 미적분 발견
1646 – 최석정 – 〈구수략〉 지음
1646 – 라이프니츠 – 미적분의 발견
1667 – 드 무아브르 – 확률론의 선구자, 드 무아브르 정리
1707 – 오일러 – 기호의 마술사, 오일러 공식, 수학의 모든 분야에 공헌
1749 – 라플라스 – 고전 확률론 확립, 라플라스 변환 연구
1777 – 가우스 – 수학의 왕, 정수론에 공헌, 대수학의 기본정리 증명, '가우스 평면' 소개
1789 – 코시 – 논문을 가장 많이 쓴 수학자, 수학의 엄밀화와 해석학에 공헌
1790 – 뫼비우스 – 위상수학의 개척자, 뫼비우스의 띠
1802 – 아벨 – 5차 이상 방정식 연구, 타원함수, 아벨함수 연구
1806 – 드 모르간 – 현대 논리학의 기초를 세움, 드 모르간의 법칙
1811 – 갈루아 – '갈루아군' 소개
1826 – 리만 – '리만기하학' 소개, '리만적분' 소개
1845 – 칸토어 – 집합론의 창시자, 현대수학의 시조
1859 – 캐조리 – 〈수학사〉 지음
1862 – 힐베르트 – 공리주의 선구자, 현대수학의 기틀 마련, '힐베르트 공간' 소개
1882 – 뇌터 – 여성수학자, 추상대수 연구

# Chapter 2. 수학사의 세계

수학사는 수학이 이루어진 역사를 말하며, 인류의 역사와 함께 시작되어 끊임없이 발전해 왔다. 역사는 곧 미래이다. 어제까지의 역사가 오늘을 만들었으며, 오늘은 내일의 역사가 된다. 수학의 역사는 오늘의 수학을 이해하고 또 미래의 수학을 만드는 데 한층 도움이 될 것이다.

수학사의 세계에서는 한낱 사건이나 일화를 살펴보는 것이 아니라 수학적 사고에 도움이 되는 수학 발견의 자취를 찾기 위하여, 수학자들의 업적과 생을 중심으로 고대수학, 중세수학, 근대수학, 현대수학 이야기를 다룬다.

피타고라스 정리, 오일러 공식, 헤론의 공식, 케일리-해밀턴 정리, 코시-슈바르츠 부등식, 드 모르간의 법칙, 가우스 소거법, 파스칼 삼각형, 드 무아브르 정리 등 우리가 알고 있는 많은 업적들은 수학자들의 일생의 고민과 열정의 산물이다.

# 수학사의 세계

2-1 고대수학 이야기

2-2 중세수학 이야기

2-3 근대수학 이야기

2-4 현대수학 이야기

2

# 2-1 고대수학 이야기

고대수학은 이집트의 파피루스, 바빌로니아의 점토판, 중국의 〈주비산경〉에서 찾아볼 수 있다. 실용적인 목적에서 시작된 고대수학은 생활에 여유가 있던 그리스인들에 의해 체계적으로 정리되고 증명되기 시작했다.

⇧ 유클리드

이집트 초기 수학은 대부분 산술, 대수, 기하, 삼각법과 관련 있었다. 파피루스에 의하면, 이집트인들은 십진법과 분수를 사용했는데 곡물을 저장하거나 분배하는 데 단위분수만 필요했기 때문에 모든 분수를 단위분수를 사용하여 $\frac{5}{6}=\frac{1}{2}+\frac{1}{3}$과 같이 표기하였다. 또한 기록해야 할 필요성이 기수법을 탄생시켰으며, 이때 십진법이 쓰였다. 한편 토지 측량과 피라미드를 만들기 위한 기술의 발달은 고대 이집트의 조화롭고 아름다운 건축을 가능하게 했다.

⇧ 아르키메데스

바빌로니아는 60진법을 사용하였는데, 60진법은 오늘날에도 시간과 각을 재는 데 사용된다. 바빌로니아의 점토판에 의하면 그들은 이차방정식과 단순한 삼차방정식도 풀었으며, 수학이 천문학에 이용되었다.

⇧ 아폴로니우스

그리스인들은 이집트의 실용적인 수학적 지식을 익히는 데서 그치지 않고, 체계적으로 정리하기 시작했다. B.C. 5, 6세기까지는 일상 생활의 하나이던 수학이 고유의 영역으로 자리잡게 된 것은 탈레스부터이다. **탈레스**의 제자 **피타고라스**는 피타고라스 학파를 형성하여 피타고라스 정리를 증명하였고, 정다면체가 다섯 가지뿐임을 보였으며, 정오각형의 작도법과 삼각수, 사각수 등을 연구했다. 피타고라스 학파는 만물의 근원을 수라고 믿었으며, 수를 유리수로만 생각하였다. 그러나 결국 무리수를 발견했고, 그들의 관심은 산술에서 기하로 바뀌었다.

고대 3대 수학자는 유클리드, 아르키메데스, 아폴로니우스이다.

**유클리드**는 정의, 공리, 가정, 증명 등 기하학을 체계적으로 접근했으며, 13권으로 된 〈원론〉에서 당시의 수학을 집대성하였다. 〈원론〉을 통하여, 수학은 엄밀한 논리 체계에 따라 연역적으로 증명하는 학문으로 자리잡게 되었다.

⇧ 탈레스

**아르키메데스**는 원주율 $\pi$의 근삿값 3.14를 구하였고, 원주, 원의 넓이, 구의 겉넓이, 구의 부피, 포물선과 타원의 넓이 등을 정적분의 시초가 되는 구분구적법으로 계산하였다. **아폴로니우스**는 〈원추곡선론〉에서 원뿔곡선인 타원, 포물선, 쌍곡선을 연구하였으며, 파포스는 유클리드 이래의 수학을 종합했다. 그리스인들이 가장 중요시했던 곡선은 원이며, 에라토스테네스, 히파르코스, 프톨레마이오스는 천체운동을 원운동으로서 연구하였다.

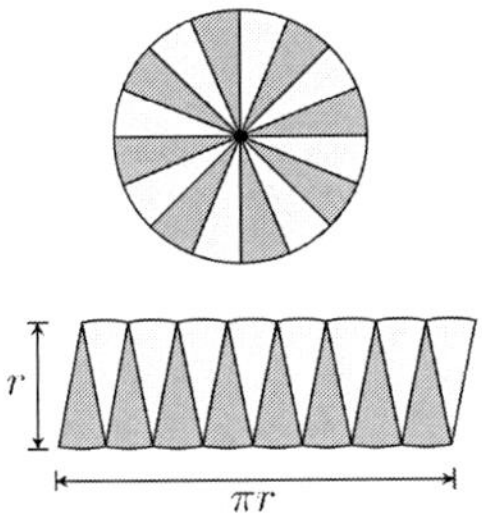


**more / 쉼터** **수학자의 삶 엿보기**

- **피타고라스** : 부처, 공자와 같은 시대 사람인 피타고라스는 비밀단체를 조직하여 연구하였으며, 대부분 전설에 휩싸여 밝은 것은 신빙성이 없다. 기적을 행하는 신비주의자로 알려진 그는 금욕적이고 은둔적인 삶을 산 채 식주의자였으며, 정치에 관여하여 자객에게 살해되었다.
- **아르키메데스** : 로마가 침입한 것도 모른 채, 모래 위에 원을 그려놓고 연구에 몰두하고 있던 아르키메데스는 로마 병사가 그 원을 밟았을 때, "내 원을 밟지 마시오."라고 말하였다. 그러자 로마 병사가 그를 죽였다고 한다.
- **아폴로니오스** : 〈원추곡선론〉을 저술한 아폴로니우스는 아르키메데스를 학문적 라이벌로 생각하여 비슷한 문제를 풀려고 노력한 결과, 원주율의 근삿값도 아르키메데스보다 조금 더 정밀하게 구하였다.
- **에라토스테네스** : 소수를 찾는 방법인 '에라토스테네스 체'를 발견한 에라토스테네스는 모든 분야에서 뛰어났으나 두 번째라는 뜻의 베타($\beta$)라는 별명을 가졌으며, 노년에 시력을 잃고 삶의 의욕을 상실해 음식을 거부하다가 결국 아사했다.

## 2-2 중세수학 이야기

그리스의 뒤를 이은 로마는 이론적인 것을 경시하게 되자, 수학은 암흑시대에 빠지게 되었다. 예술과 학문에 있어서 르네상스가 시작된 15세기에서야 수학적 활동이 주로 이탈리아와 유럽의 도시들을 중심으로 이루어졌으며, 대부분 산술, 대수, 삼각법 등에 관심을 가지게 되었다.

로마제국 몰락 이후 이슬람의 석학들은 인도와 중국의 수학적 발견을 서양에 전파하는 데 공헌했고, 아라비아에 전해진 그리스 수학은 그 명맥을 이어 유럽 수학을 부흥시켰다. 이때 아라비아인들에 의해 인도의 숫자가 서양에 전달되어 아라비아 숫자가 되었다. 중세수학에서는 물리학에서 수학을 적극 이용했고, 이탈리아의 예술가들은 위대한 건축물 제작에 기하학을 응용했으며, 레오나르도 다빈치 등에 의하여 원근법의 수학적 연구도 이루어졌다.

16세기는 르네상스와 더불어 상업활동이 활발해지면서 산술에 대한 관심이 증가하였으며 삼각법도 수학 영역으로 자리를 잡았고, 대수학에서는 삼차방정식의 해법이 소개되었다.

수에 관심이 많았던 인도인들은 기호 '0'을 만들고, 십진법을 정착시켰으며, 인도의 십진법 수체계가 서양에 전해졌다. 오늘날 우리가 사용하는 아라비아 숫자는 정확하게는 인도-아라비아 숫자인 것이다.

중국에서도 〈구장산술〉이라는 수학책이 나왔으나, 중국수학은 과정을 무시하고 이론적인 체계보다는 직관에 의존하는 동양적 사고 때문에 크게 발전하지는 못하였다. 아라비아의 수학은 대부분 천문학과 관련되었으며 삼각법이 발달했고 프톨레마이오스는 〈알마게스트〉를 저술하였다.

중국은 수학이 발달했었으나, 과정보다는 직관에 의존하는 동양적 사고 때문에 그 후 크게 발전하지는 못했다.

16세기 초 대수학에 커다란 진전이 이루어졌다. 타르탈리아가 삼차방정식의 일반해법을 발견하여 카르다노의 이름으로 출판되었으며, 카르다노는 허근을 최초로 인정하였다. 16세기에 +, − 등의 기호가 소개되었고, 수학자들은 계산의 편의를 위한 용어 도입과 빠른 계산법의 연구에 몰두하였다.

⇧ 스테빈

스테빈은 0.201, 0.234와 같은 소수(decimal number) 자리 표기법을 도입하였다. 소수의 도입 이전에는 수를 양으로 나타낼 수 있었으나, 양을 수로 나타내는 것은 어려웠다. 그러나 소수의 도입으로 임의의 양을 수로 나타낼 수 있게 되었다.

**more / 쉼터** **수학자의 삶 엿보기**

- **카르다노** : 어려서 아버지를 잃은 카르다노는 도박으로 생계를 유지를 했기 때문에 확률 계산에 밝았다. 이항정리와 큰수의 법칙을 발견한 그는 문제를 빨리 푸는 수학 경기에서 언제나 상금을 독차지했다. 그의 최초의 라틴어 논문인 '위대한 기술'에서 방정식의 해법을 다루었는데, 그 해법은 타르탈리아의 결과였다. 점성술을 퍼뜨린 죄로 지위를 박탈당하고 책의 출판도 금지당한 카르다노는 자신의 죽음을 예언하고, 그 날짜를 맞추기 위하여 자살까지 했다고 한다.

## 〈여성 수학자〉

⇧ 히파티아(370?~415?)

⇧ 아그네시(1718~1799)

⇧ 제르맹(1776~1831)

⇧ 코발레프스키(1850~1891)

⇧ 뇌터(1882~1935)

# 2-3 근대수학 이야기

수학의 역사에 있어서 한 획을 그은 17세기부터 18세기까지의 수학을 근대수학이라 한다. 근대수학에서는 해석기하학, 미적분학, 정수론, 확률론 등이 태어나고 발전하였다. 17세기 수학의 대발견으로는 다음과 같은 것들이 있다.

**페르마와 데카르트의 해석기하학,**
**뉴턴과 라이프니츠의 미적분학,**
**파스칼과 베르누이의 확률론**

예술과 학문에 있어서 르네상스가 시작된 17세기에는 수학적 활동이 이탈리아에서 프랑스, 영국 등 북유럽으로 옮겨졌다. 수학 연구는 코페르니쿠스, 케플러, 갈릴레이 등에 의한 물리학과 천문학적 혁명에 의해 고무되었다. 예를들면, 등속운동이나 등가속도운동을 기술하기 위하여 갈릴레이는 던져진 물체가 포물선을 그린다는 것을 증명했던 것이다.

| = | 1557 | 레코드 |
|---|---|---|
| • | 1593 | 클라비우스 |
| sin, tan | 1624 | 군터 |
| cos | 1729 | 오일러 |
| \| \| | 1841 | 바이어스트라스 |
| { } | 1895 | 칸토어 |
| ⊂, ⊃ | 1898 | 페아노 |
| ∈ | 1903 | 러셀 |
| ∞ | | 월리스 |
| ~, ≅ | | 라이프니츠 |
| >, < | | 해리엇 |

⇧ 네이피어

르네상스 이후 유럽에서는 아라비아의 영향으로 대수학이 발달하였다. 비에트에 의하여 기호 +, −, =, √, ×, ÷, >, < 등이 정착되었으며, 수학을 기호화하여, 규칙성을 따르는 형식적, 기계적 조작으로서의 새로운 수학을 창조하였다. 해석학도 현저하게 발전한 데 힘입어 데카르트는 수와 도형 사이를 연결해 주는 좌표를 도입함으로써 대수학과 기하학을 접목시켰으며, 곡선의 성질을 식으로 연구하는 해석기하학과 미분기하학이 등장하였다.

네이피어는 로그를 고안하여 큰 수의 계산을 간단한 계산으로 바꾸어 줌으로써 천문학적 계산도 가능하게 했다. 17, 18세기에는 정수론과 확률론에 관심이 많았으며, 파스칼은 확률론을 창시하였고 페르마는 두 영역에서 독보적이었다.

수학사 상, 계산의 4대 발명은 인도-아라비아 숫자, 로그, 소수, 컴퓨터이다.

18세기에는 해석학에서 미분적분법이 탄생할 수 있는 기반인 해석기하, 무한개념, 접선의 연구가 이루어졌고 미분적분법이 확립되었다. 뉴턴은 무한소의 극한개념을 도입하여 미분적분학의 기초를 세웠으며, 역학, 운동학에 활용하였다.

라이프니츠는 해석기하학적 방법으로 곡선의 접선에 관한 연구를 하여 미적분을 발견하게 되었다. 베르누이는 미적분학의 기술적인 문제들을 다루고, 오일러는 미분방정식 이론을 개발했다. 라그랑주는 직관을 피하고 순전히 해석적 엄밀한 증명방법을 발전시켰다.

대수학에서는 카르다노와 그의 제자들에 의해 삼차, 사차방정식의 일반적인 해법이 소개되었다. 또 오차 이상의 방정식을 활발히 연구한 결과, 오일러, 아벨, 갈로아 등에 의해 방정식의 근의 존재정리가 연구되었고 오차 이상의 방정식은 대수적으로는 풀 수 없다는 사실도 증명되었다.

⇧ 아벨

**more / 쉼터** **기호의 역사**

+, − : 1489년 비드만의 책에 나타남
+는 et의 변형, −는 m(minus)의 변형
연산기호로는 1514년 호이케가 처음 사용

× : 1631년 오트레드가 소개
∩는 라이프니츠의 곱셈기호

÷ : 1659년 란이 소개
비를 뜻하는 기호에서 온 것

√ : 1525년 루돌프가 소개
근이란 뜻, radix의 r이 변형된 것

π : 1738년 오일러가 기호 $p$로 표현

## more / 쉼터 수학자의 삶 엿보기

- **네이피어** : 뛰어난 창의성 때문에 초능력의 마법사로 일컬어진 네이피어는 설계도를 곁들여 전쟁 무기를 예언한 책을 저술했는데, 이러한 무기는 제 1차 세계대전 때, 기관총, 잠수함, 탱크 등으로 실현되었다.
- **데카르트** : 몸이 매우 약했던 데카르트는 침대에 누워 명상하다가 좌표를 생각해 냈다. 그는 자신에게는 매우 엄격했고, 아침 명상은 죽을 때까지 지켰던 습관이었다. 그러나 여왕의 스승이 되어 새벽에 일어나야만 했기 때문에 건강이 악화되고 폐렴으로 사망했다.
- **로피탈** : 후작 로피탈은 요한 베르누이를 고용하여 수학적 발견을 사기로 계약하였다. 로피탈의 미적분학 책 〈무한소해석〉은 거의 베르누이의 업적이었으며, 로피탈 법칙도 베루누이가 발견했다.
- **드 무아브르** : 프랑스 신교도였던 드 무아브르는 탄압에 못 이겨 영국으로 이주하였으며, 가정교사와 인세로 생활했지만 프랑스어를 너무 사랑하여 영국에 적응하지 못했다. 그는 말년에는 확률문제를 풀어 주고 생활했다. 그는 수면 시간이 매일 15분씩 길어진다는 것을 깨닫고 등차수열로 24시간 동안 자게 될 날을 죽게 될 날이라고 예언했다. 실제로 정확하게 그 날짜에 죽었다고 한다.
- **오일러** : 20세에 러시아 여왕의 초청을 받은 오일러는 러시아에 가던 날 여왕이 죽어서 어려움을 겪었다. 28세 때 어려운 수학 문제를 3일만에 풀었지만 과로로 오른쪽 눈을 실명했으며, 1766년에는 남은 눈마저 실명했다. 그럼에도 불구하고 뛰어난 기억력과 암산으로 17년 동안 수학 연구 계속했다. 집에 불이 나서 원고들은 불타고 하인이 가까스로 오일러를 구하기도 했으며, 생의 마지막 순간에는 파이프를 떨어뜨리면서 "나는 죽는다(I die)"는 말을 남겼다.
- **가우스** : 하노버의 왕은 가우스가 죽은 후 그에게 경의를 표하기 위해 메달을 만들고 '하노바 왕 조지 5세가 수학의 왕에게' 라고 새겼다. 그 이후 가우스를 수학의 왕이라 부르게 되었다. 말보다 계산을 먼저 배웠다는 가우스는 자신의 박사학위 50주년 기념식에서 관중들에게 홍미를 주기 위해, 논문 〈수론연구〉 원본을 불붙여 담배를 피우려고 했다. 이때 디리클레가 그 논문을 빼앗아 평생 소중하게 간직했다고 한다.
- **아벨** : 아벨군으로 유명한 아벨은 가난한 목사의 아들로 태어나 독학으로 수학을 공부하고 26세에 결핵으로 생을 마감했는데, 죽은 이틀 후 베를린 대학에서 교수로 채용한다는 편지가 도착했다. 우표에 아벨의 사진이 들어가고 아벨 기념비도 세워졌으며 노벨과 여러 가지로 비슷한 아벨 탄생 200주년을 기념하여 2002년 아벨상이 만들어져 매년 수여되고 있다.

# 2-4 현대수학 이야기

현대수학은 19세기 후반부터 현재까지 급속도로 발달한 수학을 말한다.

방대한 양의 연구 결과가 쏟아지고, 미적분학은 해석학 전반으로 그 개념을 넓혔으며, 기하학이나 정수론에 있어서도 발전을 거듭했다. 특히 19세기에는 수학자들이 왕립협회나 아카데미에서 대학으로 그 영역을 옮겼다.

엄밀한 해석학적 체계는 미분적분학을 정립시켰고, 결국 양자역학, 상대성 원리 등과 연결되면서 현대수학은 수학 외부와 영향을 주고 또 받으며 발전하였다.

⇧ 가우스

18세기 수학과 현대수학의 다리를 놓은 가우스는 순수수학뿐만 아니라 응용분야까지 통달하였다. 그는 정수론에 업적을 남기고 복소평면을 도입함으로써 복소수의 물리학적 설명도 가능하게 했다. 해석학의 기초에 대한 비판을 합리적으로 재구성하려는 노력도 했다. 실수론에 업적을 남긴 데데킨트와 바이어스트라스는 해석학에 새로운 개념을 도입한 것으로 유명하며, 무리수를 수열의 극한으로 나타내었다. 또한 코시는 미적분학 이론들을 엄밀하게 전개하였다.

⇧ 데데킨트

수리물리가 급속도로 발전한 19세기는 라그랑주, 푸리에, 프와송, 코시 등의 수학자가 열에 대한 수학적 해석 등 수리물리 분야에서 업적을 남겼다. 푸리에는 모든 함수는 삼각함수열로 표현된다는 푸리에 급수를 소개했고, 푸리에 급수를 발전시킨 디리클레는 정수론에도 해석학적 연구방법을 도입하였다. 19세기 말에는 칸토어의 무한집합 소개로, 극한의 개념과 결부된 집합론이 수학사에 등장한다.

⇧ 푸리에

수학사 상, 3대 수학자는 아르키메데스, 뉴턴, 가우스이다.

현대수학의 다른 한 분야는 이론적이고 추상적인 수학이다. 즉, 종래의 수학을 부정하여 새로운 공리론적 방법으로 추상수학이 탄생하였다. 비유클리드기하학이 발견되었으며, 리만에 의해 도입된 리만곡면은 복소기하학과 리만기하학으로 발전하였다. 해석학의 급속한 발전과 더불어 기하학에서는 새로운 영역인 사영기하학이 발견되고, 뫼비우스와 케일리 등의 수학자들이 대수기하학을 발전시킨다. 비유클리드기하학의 시기인 19세기에 기하학의 발달은 20세기에 이르러 프랙털차원을 만들어냈다.

⇧ 러셀

19세기 수학의 특징은 프랑스 수학과 독일 수학의 라이벌관계이다. 19 세기 전반을 이끈 수학자들이 대부분 독일 수학자였지만, 19세기 말에는 푸앵카레 등 프랑스 수학자들이 나타났다.

대륙에서 기하학과 해석학에 전념하고 있는 동안, 영국의 수학자들은 대수를 연구하고 대수를 기하에 응용하는데 몰두하였다. 영국의 대수인 불대수(Boolean algebra)는 기호논리의 발달을 가져왔고, 러셀이나 화이트헤드 등에 의해서 발전되었다.

⇧ 힐베르트

19세기 말에 활약했던 갈루아는 군이론을 발전시켜 대수와 기하를 통일시키는데 주력했으며, 무한차원 공간을 연구한 힐베르트는 유클리드기하학에서 완전한 공리계를 찾아내고 공리주의적 방법론의 선구자가 되었다.

한편 카테고리이론(category theory)이 개발되어, 1930년 프랑스의 부르바키(Bourbaki) 학파가 수학의 구조화에 박차를 가하고 있다. 마지막으로 20세기 수학에 큰 영향을 준 것은 칸토르의 집합론으로, 이것은 위상수학과 추상대수학을 탄생시켰으며 현대수학의 주류를 이루고 있다.

19세기에는 프랑스 수학과 독일 수학이 여러 면에서 라이벌 관계이었다.

## more / 쉼터 수학자의 삶 엿보기

■ **드 모르간** : 태어날 때부터 한 쪽 눈의 시력을 잃어서 놀림을 당했던 드 모르간은 인도에서 태어났으나 영국으로 이주했다. 종교와 표현의 자유를 옹호했던 그는 신학시험을 거부하여 신학이 필수인 수학 박사과정을 밟지 못했지만 수학 논문 없이도 런던 대학 수학교수가 되었다. 그는 수학에 관한 흥미를 유발시키는 강의로 유명했으며, 동료 교수가 부당하게 해고된 것에 항의해 사임하기도 했다. 관광을 한 적도 없을 정도로 연구에 열중했던 그는 가난에도 불구하고 3천 권 이상의 책을 소유하여 런던대학에 기증했다. 친절한 성품으로 퀴즈나 수수께끼를 좋아했던 두 모르간은 누가 그의 나이를 물으면 '$x^2$년에는 $x$살이다.' (참고 : 1849년에 43세)라고 대답했다.

■ **칸토어** : 신혼여행에서도 데데킨트와 수학 토론에 열중했던 칸토어는 당시 금기사항이던 무한에 도전하여 세상의 비난을 받았다. 그는 많은 수학자들에게서 배척당했는데, 특히 크로네커는 그가 베를린 대학의 교수가 되는 길도 막았다. 그는 신경쇠약으로 정신병원에 입원하고 요양소 생활을 했으나, 결국 그의 천재성과 업적이 인정되었고, 런던왕립협회로부터 메달도 받았다.

■ **갈루아** : 스무 살에 요절한 천재수학자 갈루아는 갈루아 군이론을 창시했다. 그는 입학 시험에 두 번이나 낙방했는데, 수학문제가 쉬워서 과정을 생략하고 답만 썼기 때문이었다. 갈루아는 논문을 아카데미에 제출했지만 코시가 논문을 사장시켰으며, 다시 제출했지만 심사위원 푸리에가 갑자기 죽는 바람에 논문은 또 사라졌다. 갈루아는 혁명에 가담하여 수감되었다. 정치적 계략에 휘말려 여인 때문에 벌어진 결투에서 목숨을 잃은 갈루아는 죽기 직전 "남자가 스무살에 죽는 데는 큰 용기가 필요하다."라는 말을 남겼다. 결투 전날 밤, 죽음을 예상한 그는 친구에게 편지를 썼는데, 그 편지에 연구 결과 대부분이 담겨있다.

■ **힐베르트** : 건망증이 심했던 힐베르트는 손님을 초대해 놓고, 옷을 갈아입으러 방에 갔다가 잠잘 시간으로 착각하고 잠들었다고 한다. 그의 무덤에 새겨진 다음 연설은 그의 수학에 대한 열정을 보여준다.

'wir mussen wissen, wir werden wissen(We must know, we shall know).'

■ **러셀** : 거리낌 없는 발언으로 논쟁에 자주 휘말렸던 러셀은 제1차 세계대전 때 징병제도를 반대하여 대학에서 쫓겨나고 옥살이를 했으며, 핵무기에 반대하는 평화주의 운동도 하였다.

■ **괴델** : '불완전성 정리'로 유명한 괴델은 나치 정권의 박해로 미국으로 이주하여 프린스턴 고등연구소의 연구원이 되었으나, 말년에는 미쳤다고 한다.

640? B.C. – 탈레스 – 최초로 신에서 벗어나 논리적으로 고찰한 수학자
490? B.C. – 제논 – '제논의 역설' 소개
470? B.C. – 소크라테스 – 수학의 엄밀성 주장
427? B.C. – 플라톤 – 수학의 중요성 역설
384 B.C. – 아리스토텔레스 – 연역 논리의 조직화
1623 – 파스칼 – 수학적 귀납법 발견
1806 – 드 모르간 – 현대논리학의 기초를 세움, '드 모르간의 법칙' 소개
1834 – 벤 – '벤 다이어그램' 소개
1845 – 칸토어 – 무한 개념을 도입한 집합론의 창시자, '연속체가설' 소개
1858 – 페아노 – 페아노 공리, 해석학 및 기하학의 기초 연구
1862 – 힐베르트 – 공리주의로 20세기 수학의 새로운 방향 제시
1861 – 화이트헤드 – 수학의 입장에서 철학을 고찰한 〈수학의 원리〉 저술
1872 – 러셀 – '러셀의 패러독스' 소개, 〈수학의 원리〉 저술
1906 – 괴델 – '불완전성 정리' 소개

# Chapter 3. 집합과 논리의 세계

집합과 논리는 수학의 언어이며 수학을 하기 위한 도구이다. 현대사회는 우리에게 논리적 사고에 근거한 합리적인 판단을 끊임없이 요구한다. 논리적으로 사고하고 합리적으로 문제를 해결하는 능력을 기르는 것이 수학을 공부하는 목적임을 우리는 잘 알고 있다. 논리는 수학에서 직관적으로 얻어진 결과를 정당화하는 기본적인 도구이다.

집합과 논리의 세계에는 집합의 역사를 비롯한 집합 이야기와 증명의 중요성을 포함한 논리 이야기, 그리고 흥미로운 패러독스 이야기가 있다.

수학은 많은 명제로 이루어지며 명제가 참인 것을 보이는 과정은 논리적이어야 한다. 그러나 우리는 일상 생활에서 직관이나 상식을 넘어서 논리적으로 모순되는 것, 즉 논리적 역설을 종종 보게 된다. 생활 속의 패러독스는 논리의 세계가 충분히 도전할 가치가 있음을 보여준다.

# 집합과 논리의 세계



3

# 3-1 집합 이야기

## ■ 쫑·알·쫑·알 – 무한의 크기

**자연수의 개수는 몇 개일까?**

**유리수의 개수는 몇 개일까?**

**모두가 무한이라면 자연수의 개수와 유리수의 개수는 같을까?**

## ■ 살·펴·보·기

수학 책에서 늘 첫장을 차지하는 집합 이론은 19세기에 칸토어가 소개했다. 집합개념은 칸토어 이전에도 있었으나, 그를 집합론의 창시자라고 일컫는 이유는 그가 집합을 이용하여 무한 개념을 명확하게 설명했기 때문이다.

집합이란 서로 명확히 구분되는 것들의 모임이라고 정의한 칸토어는 무한집합의 크기도 정의하였다. 그는 두 집합 사이에 일대일대응 관계가 있을 때 두 집합의 크기는 같다고 정의한 후, 집합을 유한과 무한으로 나누고 무한집합의 크기를 재는 방법으로 가산과 비가산의 개념을 도입했다. 또한 칸토어는 유리수 전체의 집합은 가산임을 보이기 위하여 자연수와 유리수 사이에 일대일대응을 만들었으며, 실수의 집합은 비가산임을 증명하였다.

칸토어의 집합론은 현대수학 발전의 초석이며, 칸토어 이후에야 무한개념을 자유롭게 다룰 수 있게 되었다. 집합개념은 수학 전반에 걸쳐 스며있으므로, 집합론의 이해는 성공적인 수학 학습의 첫걸음이다.

# (1) 집합

생각열기

**사람들 사이의 관계**

다음은 2048년 3월 14일, $\pi$-day를 기념하여 카페 Mathlove에 모인 사람들의 관계이다.

> 갑과 을은 친구이고, 을과 병도 친구이다.
> 바다씨는 갑의 아버지이고, 갑은 갈매기군의 아버지이다.
> 을은 갑의 동생인 조가비양을 사랑하고, 조가비양은 병을 사랑한다.

- 갑의 가족들의 집합은?
- 갑과 병은 친구인가?
- 바다씨와 갈매기군의 관계는?
- 을은 병을 사랑하나?

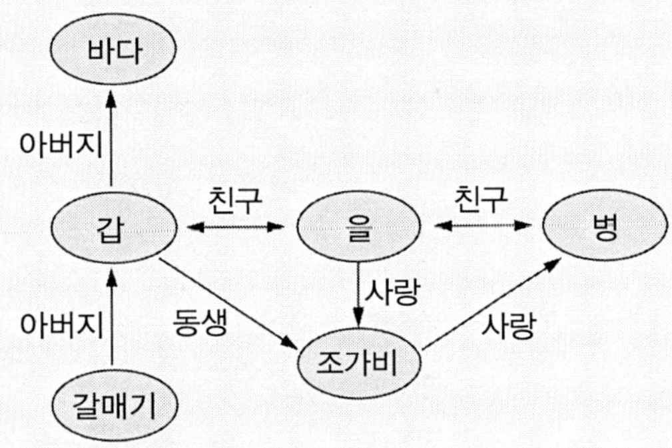


**집합**이란 어떤 조건에 의하여 원소가 되는 대상을 분명하게 구별할 수 있는 것들의 모임을 뜻한다. 집합을 이루고 있는 하나 하나를 그 집합의 원소라 한다. 칸토어에 의한 집합의 정의는 다음과 같다.

정의 우리의 직관 또는 사고의 대상으로, 서로 명확히 구분되는 것들의 모임을 집합(set)이라고 한다.

집합이란 원소가 되는 대상을 분명하게 구별할 수 있는 모임이다.

'한국대학교 학생들의 모임'과 '모든 자연수의 모임'은 집합이지만, '멋진 사람들의 모임'은 집합이 아니다. 왜냐하면 어떤 사람이 자신은 원소라고 생각하지만, 남들은 원소가 아니라고 생각할 수 있기 때문이다.

집합의 연산으로는 합집합 $A \cup B$, 교집합 $A \cap B$, 차집합 $A-B$, 여집합 $A^C$ 등이 있으며, 이러한 연산은 교환법칙, 결합법칙, 분배법칙, 드 모르간의 법칙 등 연산법칙을 만족한다.

벤이 소개한 **벤 다이어그램**(Venn diagram)은 집합의 연산에 관한 성질을 증명할 때 유용하게 쓰이며, 집합 사이의 관계를 나타낼 뿐 아니라 논리적 관계도 시각적으로 나타낸다. 벤 다이어그램은 엄밀하고 추상적인 수학을 그림으로 구체화한 것으로, 현재까지도 직관적 증명을 할 때에 효과적인 역할을 하고 있다.

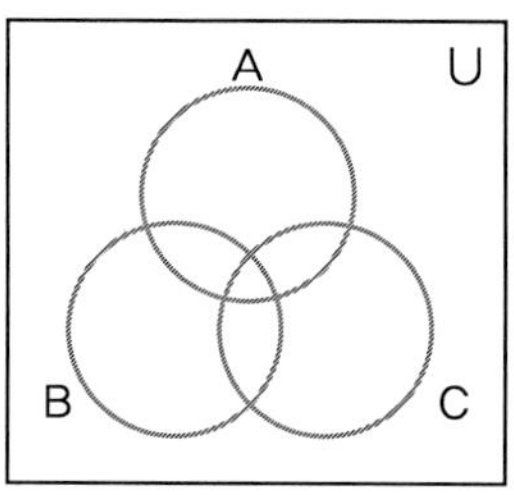


예제 전체집합 U의 부분집합 $A, B, C$에 대한 벤 다이어그램을 그려보자. 일반적으로 $n$개의 집합에 대한 벤 다이어그램에서는 $2^n$개의 분리된 영역이 나타난다.

집합은 문장으로 설명하는 것보다 집합 $\{x | x$는 마름모$\}$와 같이 기호화하면 편리하다. 집합 이론의 발전에 크게 공헌한 드 모르간은 집합과 명제의 기호화에 앞장섰다.

이제 수학 전반에 걸쳐 폭넓게 사용되는 순서쌍의 집합, 관계, 그리고 함수에 대하여 알아보자.

두 집합 $A, B$에 대하여 $a \in A$, $b \in B$의 순서쌍 $(a, b)$들의 집합을 $A$와 $B$의 카르테시안 곱(Cartesian product)이라 하고 $A \times B$로 나타낸다. 또한 집합 $A$에서 집합 $B$로의 관계(relation) $R$는 카르테시안 곱 $A \times B$의 부분집합이다.

$(a,b) \in R$을 '$aRb$'와 같이 나타내고 '$a$는 $R$에 의하여 $b$와 관계가 있다.'고 말한다. 한편 두 집합 $A, B$가 모두 집합 $X$인 경우에는 집합 $X$에서의 관계 $R$이라 하며, 동치관계는 다음과 같이 정의한다.

동치관계

- **반사적**(reflexive) : 임의의 $x \in X$에 대하여, $xRx$
- **대칭적**(symmetric) : 임의의 $x, y \in X$에 대하여, $(xRy)$이면 $(yRx)$
- **추이적**(transitive) : 임의의 $x, y, z \in X$에 대하여, $(xRy) \wedge (yRz)$이면 $(xRz)$
- 관계 $R$이 반사적, 대칭적, 추이적일 때, **동치관계**(equivalence relation)

수학에서는 합동관계, 상등관계 등 동치관계가 많이 있으며, 동치관계는 방정식을 풀 때에나 증명할 때 필수적이다. 그러나 생각열기에서와 같이, 사람들 사이의 관계 중에는 사랑한다는 관계, 친구 또는 아버지라는 관계 등 동치관계가 아닌 경우가 많다.

이제 수학의 전 분야에서 기초가 되는 **함수**(function)를 정의하자.

정의 두 집합 $X, Y$에 대하여 $X$에서 $Y$로의 함수 $f : X \rightarrow Y$는 $X$의 각 원소에 $Y$의 원소가 반드시 하나씩 대응하는 관계이다. 이때 $X$를 $f$의 정의역(domain), $Y$를 $f$의 공역(range), 집합 $\{f(x) | x \in X\}$를 $f$의 치역(image)이라 한다.

다음은 함수 $f: X \to Y$에 대한 여러 가지 정의이다.

- $x_1, x_2 \in X$에 대하여 $f(x_1) = f(x_2) \Rightarrow x_1 = x_2$일 때, $f$를 단사적(injective) 또는 일대일(one-to-one)함수라고 한다.
- 임의의 $y \in Y$에 대하여 $y = f(x)$를 만족시키는 $x \in X$가 적어도 하나 존재할 때, $f$를 전사적(surjective) 또는 위로(onto)의 함수라고 한다.
- 단사적이고 전사적인 함수를 전단사(bijective) 또는 일대일대응(one-to-one correspondence)이라고 한다.
- 함수 $f$ 의 그래프는 $G(f)$는
  $G(f) = \{(x, y) | x \in X, y = f(x)\}$로 $X \times Y$의 부분집합이다.

칸토어는 집합을 유한집합과 무한집합으로 나누고 무한집합의 크기도 쟀다. 두 집합 $X, Y$에 대하여 일대일대응 $f: X \to Y$가 존재할 때, $X$와 $Y$는 **대등(equipotent)**하다고 말하고, $X \sim Y$로 나타낸다.

다음은 집합의 기수(cardinality)에 의한 집합의 분류이다.

- 공집합 또는 자연수 $k$에 대하여 $N_k = \{1, 2, 3, \cdots, k\}$와 대등한 집합을 유한(finite)집합, 유한집합이 아닌 집합을 무한(infinite)집합
- 자연수의 집합과 대등한 집합을 가부번(denumerable)집합
- 유한집합이거나 가부번집합을 가산(countable)집합
- 가산이 아닌 집합을 비가부번(nondenumerable), 비가산(uncountable)집합

예제 유리수 $Q$는 가부번집합이고, 실수 $R$는 비가산집합이다.

칸토어는 자연수 전체와 유리수 전체를 일대일로 빠짐없이 대응시킴으로써 유리수의 집합은 가산임을 보였다. 그림과 같이 화살표대로 따라가면서 겹치는 것은 빼고 자연수를 하나씩 대응시키면 유리수는 자연수와 일대일대응이 된다.

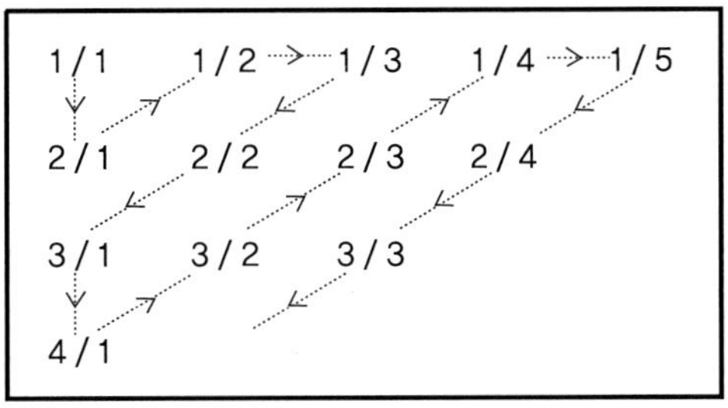


그러나 칸토어는 자연수 전체와 실수 전체는 일대일로 대응시킬 수 없음을 보이는 **칸토어의 대각선법**(Cantor's diagonal method)을 소개하였다. 따라서 실수의 집합은 비가산이다. 한편 두 가산집합의 합집합은 가산집합이고 실수의 집합은 비가산이므로 무리수의 집합은 비가산임을 알 수 있다.

벤(Venn J., 1834~1923, 영국)

벤 다이어그램으로 유명한 논리학자 벤은 불의 기호논리학을 발전시켰고, 확률이론을 연구했다. 그는 〈가능성의 논리〉, 〈기호논리학〉, 〈경험논리의 원리〉를 저술하였다.
벤 다이어그램은 논문 '명제와 논리의 도식적·역학적 표현에 관하여'에 나타난다.

**more / 쉼터** **한 짝은?**

신발을 한 짝은 신고, 한 짝은 손에 들고 있는 허등대씨가 신중해씨에게 묻는다.

허등대 : 신발 한 짝은 여기 있는 데, 나머지 한 짝은 어디 있니?

신중해 : 네 발에 있잖아!

허등대 : 그래, 내 발에는 한 짝뿐이잖아. 한 짝은 어디 있느냐구?

신중해 : 네 손에 있잖아!

허등대 : 그래, 내 손에는 한 짝뿐이잖아. 또 한 짝은 어디 있느냔 말야!

신중해 : ????

## (2) 집합의 역사

생각열기

**무한의 마법**

1 또는 -1을 무한히 더하는 $S$를 생각하자.

$$S = 1 + (-1) + 1 + (-1) + 1 + (-1) + \cdots = ???$$

우리 : $S = \{1 + (-1)\} + \{1 + (-1)\} + \cdots = 0 + 0 + \cdots = 0$

두리 : $S = 1 + \{(-1) + 1\} + \{(-1) + 1\} + \cdots = 1 + 0 + 0 + \cdots = 1$

함께 : 그렇다면 0=1이 되네!!!

집합의 개념은 오래 전부터 있었으나 드 모르간이 체계적으로 연구하기 시작하였으며, 현대적 의미의 집합 이론은 19세기에야 칸토어에 의해서 시작되었다. 칸토어는 무한을 체계적으로 다루기 위하여 집합이론을 정립하였다.

무한 개념은 언어와 문학에서뿐 아니라 신학, 철학 등에서도 자주 나타난다. 무한 개념은 비록 현실적으로는 사용하는 일이 많지 않을지라도, 학문의 세계 특히 수학의 세계에서는 절대적으로 필요한 개념이다. 흥미롭게도 무한의 세계에서는 상상하기 어려운 일이 쉽게 일어나고, 유한의 세계에서 성립되는 성질이 성립되지 않는 경우도 많다. 예를 들어, 유한 개의 덧셈에서는 값이 항상 존재하고 교환법칙과 결합법칙이 성립하지만, 무한 개의 덧셈에서는 합이 존재하지 않을 수 있고, 교환법칙이나 결합법칙이 성립하지 않을 수도 있다.

무한 개념은 인간을 혼란에 빠뜨렸으며, 다루기 힘든 것이었다. 갈릴레이는 **"무한에서는 크기를 논해서는 안 된다."**고 했으나, 칸토어는 무한에 도전하였다.

수학의 본질은 그 자유로움에 있다. **－칸토어**

칸토어(Cantor, G., 1845~1918, 독일)
무한개념을 도입하고 집합론을 창시하여 현대수학에 크게 공헌한 칸토어는 정수론과 삼각급수의 수렴을 연구하였다. 무한에 대한 혁명적인 연구를 시작한 그는 수학의 완전히 새로운 분야를 창조하였다.
칸토어는 1873년에 유리수와 대수적 수의 집합은 가부번이고, 초월수의 집합은 비가부번임을 증명하였으며, 1878년 집합의 농도개념을 도입하여 집합론을 체계화하였다. 1883년에는 유명한 '칸토어 집합'과 '연속체가설'에 관한 논문을 발표하였다.

집합을 정의한 칸토어는 일대일대응을 이용하여 집합의 크기를 정의하고, 무한집합의 크기를 조사했다. 결국 칸토어는 전체는 부분보다 크다는 상식을 깨고, 무한에서는 부분이 전체와 같을 수 있음을 보였다. 이러한 칸토어의 무한 개념은 사고의 전환을 가져왔고 자연과학뿐 아니라 인문과학에도 큰 영향을 미쳤다.

당시에는 수학자들도 혁신적인 칸토어의 이론이 수학에 대한 도전이라고 생각하여 그를 공격하였다. 그러나 **"수학의 본질은 그 자유로움에 있다."**고 주장한 칸토어는 자신의 집합 이론을 확신했고, 결국 데데킨트, 바이어스트라스, 힐베르트, 러셀 등의 지지를 끌어냈다. 그의 아이디어는 오늘날 모든 수학 분야에 기초를 제공하고 있으며, 현대수학으로의 전환점이 되었다. 또 2500년 동안 풀리지 않던 제논의 패러독스도 해결되었다.

칸토어는 집합 $A$의 크기 또는 기수(cardinal number)를 card$A$라고 썼다. 즉, card$\varnothing = 0$, card$\{a, b, c\} = 3$이며, 자연수 집합 $N$과 실수 집합 $R$에 대하여서는 card$N = \aleph_0$, card$R = c$로 나타내었다. 여기서, $\aleph_0$은 히브리어 첫째 글자로 알레프 널(aleph-null)이라 읽는다. $2^{\aleph_0} = c$임이 증명되고, 칸토어와 여러 수학자들은 **연속체가설**(continuum hypothesis)를 내놓았다.

## 연속체가설

'두 기수 $\aleph_0$과 $c$에 대하여 $\aleph_0 < x < c$를 만족시키는 기수 $x$는 존재하지 않는다.'

이 가설은 오랫동안 풀리지 않다가, 1938년에 괴델이 이 가설은 집합론의 공리들과 모순되지 않는다는 것을 밝혔고, 1963년에는 한 수학자가 현재 집합론의 공리계에서는 연속체가설의 증명이 불가능함을 보였다. 유클리드 기하학의 평행선공리와 같이, 이 가설을 받아들이든 부정하든 수학적으로는 모순이 없다.

## 3-1 돌·아·보·기

**1. (대학) 칸토어 집합**

칸토어 집합(칸토어 곡선)에 대하여 설명하여라.

**2. (역사) 칸토어 대각선법**

개구간 (0, 1)은 비가산집합임을 보여라.

또 실수의 집합은 비가산집합임을 보여라.

**3. (대학) 동치관계**

자연수 $m$에 대하여 정수의 집합 $Z$에서 법 $m$에 관한 합동관계($\equiv$)를 다음과 같이 정의하면, $\equiv$은 집합 $Z$에서 동치관계임을 보여라.

임의의 $x,\ y \in Z$에 대하여

$$x \equiv y \ \Leftrightarrow \ x - y = km,\ k \in Z$$

**4. (대학) 벤 다이어그램**

(1) 4개의 집합을 벤 다이어그램으로 나타내어라.

(2) 집합 $A$, $B$, $C$, $D$, $E$를 벤 다이어그램으로 나타낸 다음 그림에서, 집합 $A$, $B$, $C$, $D$, $E$를 찾아보아라.

### 5. (생활) 사투리의 무한

경상도 출신 경상이와 함경도 출신 함경이의 언쟁은 끝날 수 있을까?

경상이 : 이게 뭐꼬?

함경이 : 뭐꼬가 우시기?

경상이 : 우시기가 뭐꼬?

함경이 : 뭐꼬가 우시기?

⋮

## ■ 알·쏭·달·쏭 – 어설픈 질문? 당당한 대답!

수학은 문제의 정확한 이해로부터 시작된다.

● 비　몽 : '로미오와 줄리엣'을 읽었니?

사　몽 : 음… '로미오'는 읽었는 데, '줄리엣'은 아직 못 읽었어.

● 노동해 : '묵'이 보이면 생각나는 게 있나요?

고민해 : 네! 헤밍웨이의 '무기여 잘 있거라!'가 생각나요.

● 왕서방 : 돌식이, 너 집에 가서 죽을 준비해.

돌식이 : 네! 죽뿐이겠어요? 밥도 준비할께요.

● 백　수 : 나는 '하루는 쉬고 하루는 놀고'를 계속해.

일　꾼 : 나는 '하루는 일하고 하루는 근무하고'를 계속하는데.

● 나이키 : 부자 되는 법 좀 알려 줄래?

사이키 : 아침은 굶고 점심은 건너뛰고, 으음 저녁은 안 먹는 거야.

● 부시맨 : 밤에 고기 잡는 법 좀 가르쳐 줄래?

깜　보 : 전등을 물 위, 아래로 끌면 고기가 불빛을 따라 다니거든.
그때, 전등을 위로 올리면 고기가 모두 밖으로 따라 나오게 돼.

# 3-2 논리 이야기

## ■ 쫑·알·쫑·알 – 거짓말 같은 참말

**알딸딸 아빠 : 아들아! 오늘 수학 시험 100점 받으면 피자 사주마.**

**얼떨떨 아들 : 아빠! 시험을 망쳤어요.**

**알딸딸 아빠 : 내 아들아! 피자 먹으러 가자!**

**얼떨떨 아들 : 아빠! 왜 거짓말 하셨어요?**

**올똘똘 엄마 : 시험 망치면 안 사준다고 하시진 않았잖아!**

## ■ 살·펴·보·기

수학은 명제로 이루어지며, 명제의 참과 거짓을 밝히는 것이 곧 수학이다. 생각의 예술이라 불리는 논리는 수학의 바탕인 동시에 수학을 하는 기본 도구이다.

참과 거짓을 구별할 수 있는 문장을 명제라 하며, 수학에서는 정의, 공리, 정리들을 모두 명제로 나타낸다. 참인 명제를 정리라고 하는데 정리는 반드시 증명해야 하며, 직접증명법과 간접증명법, 그리고 수학적 귀납법이 이용된다.

우리의 생활은 논리적 사고에 근거한 합리적 판단의 연속이라고 해도 과언이 아니다. 생활뿐만 아니라 학문에서도 논리적 사고는 필요하다. 어떠한 학문을 하기 전에, 그 기초가 되는 논리적인 사고방법을 먼저 연마해야 한다. 논리적 사고방법의 연마없이 쌓은 지식은 한낱 모래성에 불과함을 우리는 잘 알고 있다. 논리적으로 사고하고 합리적으로 문제를 해결하는 능력을 기르는 것이 수학을 공부하는 목적임을 다시 한 번 강조한다.

# (1) 논리

생각열기

**명제란?**

명제만 선생님 : 여러분, 명제를 하나씩 말해 보세요.

백산수 학생 : 2+1은 3이다.

천수학 학생 : $\pi$의 소수점 아래 100번째 자리 숫자는 7이다.

만똘똘 학생 : 똘똘이는 수학을 잘 한다.

'소수는 모두 홀수이다.'는 거짓인 문장이고, '2002년 월드컵은 한국과 일본에서 개최되었다.'는 참인 문장이다. 이와 같이, 참 또는 거짓을 판별할 수 있는 서술문 또는 식을 **명제**(statement)라고 한다. 다시 말하면, 참이거나 또는 거짓이지만 참과 거짓이 동시에 되지는 않는 서술문을 명제라 한다. '꽃은 참 아름답다.'와 같은 문장은 참 또는 거짓을 판별할 수 없으므로 명제가 아니다.

명제에는 단순명제가 있고, 단순 명제가 결합된 합성명제가 있다. 다음은 두 명제 $p$, $q$에 대하여 만들어진 합성명제들이다.

$\sim p$ : '$p$가 아니다.' 또는 '$p$의 부정(negation)'

$p \wedge q$ : '$p$이고 $q$이다.' 또는 '$p$와 $q$의 논리곱(conjunction)'

$p \vee q$ : '$p$ 또는 $q$이다.' 또는 '$p$와 $q$의 논리합(disjunction)'

$p \rightarrow q$ : '$p$이면, $q$이다.' 또는 '$p$와 $q$의 조건부(conditional)'

$p \leftrightarrow q$ : '$p$이면, 그리고 그 때에만 $q$이다.' 또는
'$p$와 $q$의 쌍조건부(biconditional)'

수학에서 쓰이는 용어가 무엇을 뜻하는지를 명확하고 간결하게 설명한 문장을 정의라고 한다. **공리**(axiom)란 증명없이 옳다고 인정하는 명제이며, 수학은 정의와 공리로부터 시작되어 참인 명제들을 만들어 가는 과정이다. **정리**(theorem)는 참인 명제이며, 참인 명제의 정당성을 밝히는 일은 **증명**(proof)이다. 정리를 증명하기 위해 필요한 보조적인 정리를 **보조정리**(lemma), 정리로부터 쉽게 유도되는 참인 명제를 **따름정리**(corollary)라 한다.

수리논리(mathematical logic)는 타당하지 않은 논증(argument)과 타당한 논증을 구별하는 원리와 방법이다. 모든 논리적 가능성에 대하여, 참인 명제를 항진(tautology), 거짓인 명제를 모순(contradiction)이라 한다. 조건부 $p \rightarrow q$가 항진일 때 함의(implication)라 하고 $p \Rightarrow q$로, 쌍조건부 $p \leftrightarrow q$가 항진일 때 동치(equivalent)라 하고 $p \equiv q$ 또는 $p \Leftrightarrow q$로 나타낸다.

정리 이중부정법(law of double negation) : $\sim(\sim p) \equiv p$

교환법칙(commutative law) : $p \wedge q \equiv q \wedge p,\ p \vee q \equiv q \vee p$

멱등법칙(law of idempotency ) : $p \wedge p \equiv p,\quad p \vee p \equiv p$

대우법칙(contrapositive law) : $(p \rightarrow q) \equiv (\sim q \rightarrow \sim p)$

결합법칙(associative law) :

$$(p \wedge q) \wedge r \equiv p \wedge (q \wedge r), (p \vee q) \vee r \equiv p \vee (q \vee r)$$

분배법칙(distributive law):

$$p \wedge (q \vee r) \equiv (p \wedge q) \vee (p \wedge r), p \vee (q \wedge r) \equiv (p \vee q) \wedge (p \vee r)$$

추이법칙(transitive law) : $(p \rightarrow q) \wedge (q \rightarrow r) \Rightarrow (p \rightarrow r)$

드 모르간의 법칙(De Morgan's law) :

$$\sim(p \wedge q) \equiv \sim p \vee \sim q,\quad \sim(p \vee q) \equiv \sim p \wedge \sim q$$

위 정리는 정당성을 주장할 때, 중요한 수단이다. 예를 들어, 우리가 흔히 이용하는 다음과 같은 삼단논법은 추이법칙에 의한 것이다.

**'소크라테스는 인간이다. 인간은 죽는다. 고로 소크라테스는 죽는다.'**

또한 가정으로부터 결론을 논리적으로 유도하는 과정을 논증이라고 하는데, 이 논증의 타당성을 밝히는데 진리표에 의한 증명법이 있다. 진리표는 명제의 참(truth)과 거짓(false)을 문자 T와 F로 나타내고, 합성명제에 대하여 모든 논리적 가능성을 나타낸 표이다.

괴델(Go"del, K., 1906-1978, 미국)

수학자이자 논리학자인 괴델은 오스트리아 출생으로 빈 대학에서 수학을 전공했으며, 나치 정권의 박해로 미국으로 이주하다. 그는 과학적 방법 위에 철학의 기초를 세우려 했던 빈 학파이며, 수학과 논리학에 결정적인 전환점이 된 많은 '괴델의 정리'를 발표하였다. 유명한 '불완전성 정리'는 괴델이 힐베르트의 공리주의를 뒷받침하기 위한 연구의 결과인데, 오히려 공리주의가 성공할 수 없음을 증명한 셈이다.

수학 이론은 몇몇 공리에서 시작하여 논리적으로 조합된 것이라는 사조인 **공리주의**는 20세기 힐베르트를 중심으로 전개되었다. 칸토어의 생각이 20세기에 이르러 수학 전체를 집합론으로 설명하려는 공리주의적 사조를 만들어 냈으며, 기하학의 공리적 기초를 확립한 힐베르트는 수학을 비롯하여 모든 과학의 공리적 기초를 만들려고 시도했다.

또한 러셀, 화이트헤드 등 논리학자들은 명제의 참과 거짓을 구별할 수 있는 절대적인 지침이 있다고 믿었다. 즉, 참인 모든 명제는 증명이 가능하다고 생각하였다. 하지만 1931년 괴델은 **불완전성 정리**에 의하여 이 의도가 불가능하다는 것을 증명하였다.

## 괴델의 불완전성 정리

모든 수학적 논리 체계에는 논리 자체로는 증명할 수 없는 참인 명제들이 존재한다.

# (2) 증명

생각열기

**추측은 반드시 증명!!**

나연구 선생님은 길에서 진수와 허수를 만났다.

언제나 진수는 진실만을 말하고, 허수는 거짓만을 말한다.

나연구 선생님은 한 번만 질문하여 진수와 허수가 형제인지를 알아내려고 한다.

뭐라고 물어야 할까? 왜일까?

답 질문 : 진수와 허수는 형제입니까? 라고 물으면 네!라고 대답하겠습니까?

이유 : 형제이면 진수와 허수가 모두 네라고 답하고, 아니면 모두 아니오라고 답한다.

과학은 실체를 다루는 반면 수학은 관념의 대상을 다루는 학문이다.

**과학을 연구하는 방법과 수학을 연구하는 방법의 차이점은 무엇인가?**

'천재는 1% 머리와 99% 노력으로 이루어진다.'고 생각한 에디슨은 전구에 불이 켜지게 하기 위하여 2000번의 실험을 했다고 한다.

아빠위균 : 2000번이나 실험해서 누가 못 발명하겠나?
에디슨 : 나는 전구에 불이 켜지지 않는 1999가지 방법도 함께 발견한 걸세.

과학은 실험하는 학문이다. 그러나 수학에서는 수천 가지의 옳은 경우가 있더라도 논리적인 증명이 없으면 참이라 인정할 수 없다.

'2보다 큰 짝수는 두 소수의 합으로 나타낼 수 있다.'는 골드바흐의 추측은 수천 가지의 옳은 예가 있으며 누구도 반례를 생각해 내지 않았지만, 아직도 추측일 뿐이다.

수학이 실험하는 학문이 아니라 증명하는 학문이기에 편리한 점은 무수히 많다. 주사위를 던질 때 1의 눈이 나올 확률이 $\frac{1}{6}$임을 실험없이도 알 수 있다.

방정식 $x^2+2x-1=0$의 해를 구하기 위하여 모든 수를 하나씩 넣어 보는 실험이 가능할까? 근의 공식을 이용하면 $x=-1\pm\sqrt{2}$임을 알 수 있다. 수학의 힘은 일반화된 공식과 무한의 세계에서 잘 나타난다. 예를 들면, 홀수의 합의 공식

$$1+3+5+\cdots+(2n-1)=n^2$$

을 이용하면 100 이하인 홀수를 모두 더한 값은 2500임을 알 수 있다. 실험으로는 도저히 알 수 없는 결과도 수학은 명쾌하게 알려준다.

논리적인 사고는 모든 학문의 기본이다. 논리적으로 증명을 처음 시도한 분야가 기하학이었다. 논리적인 사고력을 위해서는 기하학을 공부해야 한다고 믿었던 플라톤은 그의 아카데미 정문에 '**기하학을 모르는 자는 이 곳에 들어오지 말라.**'라고 써 붙였다. 수학은 문제를 푸는 기술이라기보다는 잘 다듬어진 논리적 사고과정이며, 증명은 바로 그런 역할을 한다.

수학 법칙은 귀납과 관찰에 의해 발견되지만 반드시 엄밀한 증명이 뒤따라야 하며, 증명방법에는 직접증명법, 간접증명법, 수학적 귀납법 등이 있다.

명제의 가정으로부터 결론을 직접 이끌어내는 직접증명법에서는 추론규칙을 이용하므로, 직접증명법은 연역적추론(deductive reasoning)이라 한다. 결론을 직접 끌어내기 어려울 때 결론을 부정함으로써 모순을 유도해 내는 증명방법은 간접증명법이고, 수학적 귀납법은 자연수에 대한 명제를 증명할 때 쓰인다.

어떤 명제가 거짓임을 주장하고자 할 때에도 논리적이어야 한다. 즉, 반례(counter example)를 들어 명제가 거짓임을 주장하는데, 이것을 반증(disprove)이라 한다.

*수학적 증명은 금강석과도 같이 단단하고 명료하며, 엄밀한 추론으로만 이루어진다* **–존 로크**

# (3) 수학적 귀납법

생각열기

**유추와 증명**

다음에서 합의 공식을 유추해 보자.

$1^3+2^3=(1+2)^2$

$1^3+2^3+3^3=(1+2+3)^2$

$1^3+2^3+3^3+4^3=(1+2+3+4)^2$

$\vdots$

답 $1^3+2^3+3^3+\cdots+n^3=(1+2+3+\cdots+n)^2$

수학에서 많은 법칙은 귀납에 의해 발견된다. 귀납이란 여러 가지 경우를 관찰하고 관찰된 사실로부터 규칙성과 일관성을 찾아 법칙을 발견하는 과정이다.

귀납의 중요한 도구는 일반화, 특수화, 유추 등이다. 일반적으로 수학에서는 귀납에 의해 법칙을 발견하지만, 반드시 엄밀한 증명이 필요하다. 귀납에 의하여 발견된 자연수에 관한 법칙을 증명할 때에는 수학적 귀납법을 주로 이용한다.

똑같은 직사각형 조각들을 일정한 간격으로 세운 후, 앞에서 한 개를 넘어뜨리면 차례로 모두 넘어진다. 이러한 도미노 현상을 이용한 수학적 귀납법은 자연수 $n$에 관한 명제 $p(n)$의 타당성을 보일 때 유용하다. 수학적 귀납법은 드모르간이 논리학의 증명방법을 분석하다가 발견했고 수학적 귀납법이라 불렀으며, '페아노 공리'에 근거한다.

우리는 자연수를 자연스럽게 받아들이며 엄밀한 정의를 간과하기 쉬우나, 자연수의 정의는 19세기에 페아노에 의하여 엄밀해졌다.

⇧ 페아노

집합과 명제를 기초로 표현한 드 모르간은 수학적 귀납법을 처음 정의했다.

## 페아노 공리

다음을 만족시키는 집합 $N$을 자연수 전체의 집합이라 한다.

(1) $1 \in N$ (2) $x \in N$이면 $x' \in N$

(3) $x' \in N$이면 $x' \neq 1$ (4) $x, y \in N$, $x' = y'$ 이면 $x = y$

집합 $M$이 $N$의 부분집합이고, 다음을 만족시키면 $M = N$이다.

(i) $1 \in M$ (ii) $x \in M$이면 $x' \in M$

드 모르간(De Morgan, A., 1806~1871, 영국)

현대논리학의 기초를 세운 드 모르간은 집합과 명제를 추상적인 기호로 표현하였고, 수학적 귀납법을 정의했으며, '드 모르간의 법칙'을 만들었다. 수학, 논리학, 철학, 확률론 등의 분야에 저서가 많으며, 대표적 저서는 '형식논리학'이다. 재치가 넘치는 '패러독스 묶음'은 아직도 읽혀지고 있으며, 수학자들의 발자취를 기록한 '수학실록'도 저술했다.

페아노 공리에 의하여 **수학적 귀납법**(mathematical induction)을 정의한다.

**정의** 자연수 $n$에 대한 명제 $p(n)$에 대하여

(i) $p(1)$이 성립한다.

(ii) 임의의 자연수 $k$에 대하여

$p(k)$가 성립한다고 가정하면 $p(k+1)$도 성립한다.

그러면 모든 자연수 $n$에 대하여 $p(n)$이 성립한다.

실제로 $p(n)$이 성립하는 모든 자연수의 집합을 $M$이라고 하면, '$1 \in M$'과 '$k \in M$이면 $k+1 \in M$이다.'이므로 $M = N$이 되어, $p(n)$은 모든 자연수에 대하여 성립한다.

**예제** 명제 $p(n)$ : $1+3+5+\cdots+(2n-1) = n^2$이 참임을 증명하여라.

**풀이** 먼저 $p(1)$이 성립한다.

만일 $1+3+5+\cdots+(2k-1) = k^2$이 성립한다고 가정하면

$1+3+5+\cdots+(2k-1)+(2k+1) = k^2+(2k+1) = (k+1)^2$

이므로 $p(k+1)$도 성립한다.

그러므로 수학적 귀납법에 의하여 모든 자연수 $n$에 대하여 $p(n)$이 성립한다.

## 3-2 돌·아·보·기

**1. (대학) 증명법**

(1) $\sqrt{2}$가 무리수일 때, $\sqrt{2}+3$도 무리수임을 귀류법으로 증명하여라.

(2) 행렬 $A=\begin{pmatrix}1 & 1\\0 & 1\end{pmatrix}$에서 $A^n$을 구하고, 수학적 귀납법으로 증명하여라.

**2. (역사) 정당화**

다음 파스칼의 신의 믿음에 대한 정당화를 설명하여라.

"만일 신이 존재하지 않는다면 신을 믿음으로써 아무 것도 잃는 것이 없다. 만약 신이 존재한다면 신을 믿지 않음으로써 모든 것을 잃게 된다."

**3. (생활) 명제**

'미인은 잠꾸러기이다.'가 참일 때, '잠꾸러기는 미인이다.'는 참인가?

**4. (생활) 비둘기집의 원리**(pigeon hole principle)

'11마리의 비둘기가 10개의 비둘기집에 들어간다면 어떤 현상이 벌어지겠는가?'에 대하여, 명제로 답하여라.

## ■ 알·쏭·달·쏭 – 사고의 전환

수학은 신사고(new thinking)를 필요로 한다.

돌섬을 여행하던 왕석두는 앞에서 고인돌이 끌고, 뒤에서 짱돌이 밀고 가는 수레를 보았다. 다음은 어찌된 이유일까?

왕석두 : 뒤에 있는 꼬마가 당신의 아들입니까?

고인돌 : 네.

왕석두 : 앞에 있는 어른이 너의 아빠시니?

짱 돌 : 아니오.

# 3-3 패러독스 이야기

## ■ 쫑·알·쫑·알 – 창과 방패

**창 돌 이 : 이 창은 모든 방패를 다 뚫을 수 있습니다.**

**방패돌이 : 이 방패는 모든 창을 다 막을 수 있습니다.**

**나 그 네 : 한 사람은 분명 거짓말쟁이야!**

## ■ 살·펴·보·기

패러독스는 명백히 참인 것처럼 보이지만 실은 거짓인 문제, 즉 전혀 오류가 없어 보이지만 결국 모순에 봉착하는 명제이다. 이러한 패러독스는 현대 과학, 소설, 철학의 근본적인 문제들과 접하고 있으며, 논리적 사고력 향상을 위하여 깊이 통찰해 볼 필요가 있는 개념이다.

생활에서 우리는 상식을 뛰어 넘는 논리적 역설, 즉 패러독스를 흔히 경험한다. 그냥 스치면 우스운 이야깃거리에 지나지 않지만, 논리적 사고, 더 나아가 수학적 사고의 단서가 숨어 있기 마련이다. 따라서 생활 속에서 여러 가지 역설적인 상황을 찾아보고, 분석해 보는 노력이 필요하다.

## ■ 생·활·수·학

거짓말쟁이 역설 : '내 말은 거짓이다.'라는 말은 참인가, 거짓인가?

규칙의 역설 : '예외 없는 규칙은 없다.'라는 규칙은 예외가 있는가? 없는가?

# (1) 패러독스

생각열기

| 완벽한 질문 **선택은??** | 가현이 : 먹으면서 갈까요? 아니면, 가면서 먹을까요?<br>나현이 : 어? 이상하다. 서로 다른 방법인가?<br>다현이 : 가서 먹을까요? 아니면, 먹고 나서 갈까요?<br>라현이 : 엥? 선택해야 되나? 안 먹고 싶은데… |
|---|---|

어떤 문장은 분명히 참과 거짓을 구분할 수 있는데도 불구하고, 참이라 해도 모순이고 거짓이라 해도 모순이다. 이와 같이 참과 거짓을 구별할 수 있으면서도 논리적으로 모순이 되는 문장을 **역설**(paradox)이라고 한다.

예제 $p$ : '이 문장은 거짓이다.'

먼저 명제 $p$가 참이라 가정하면, '이 문장은 거짓이다.'라는 문장이 참이므로 이 문장은 참이어야 한다. 따라서 '이 문장은 거짓이다.'라는 $p$는 거짓이 되어 $p$가 참이라는 가정에 모순이다. 이제 명제 $p$가 거짓이라 가정하면, '이 문장은 거짓이다.'라는 문장이 거짓이므로 이 문장은 참이어야 한다. 따라서 '이 문장은 거짓이다.'라는 $p$는 참이 되어 $p$가 거짓이라는 가정에 모순이다.

패러독스는 생각할수록 우리를 혼란에 빠트리는 경향이 있다. 역사적으로 패러독스는 흥미로운 대상이었을 뿐 아니라 사람들을 혼란스럽게 했으며, 이러한

혼란을 극복하려는 노력이 끊임없이 이루어졌다. 여기서는 역사 속에 나타난 패러독스를 소개한다.

다음은 B.C. 3세기경 그리스의 철학자 제논이 주장한 아킬레스와 거북이의 경주에 대한 역설이다.

### 제논의 역설

거북이와 거북이보다 10배 빨리 달리는 아킬레스가 경주를 한다.
거북이가 10m 앞에서 출발한다면 아킬레스는 결코 거북을 따라잡을 수 없다.
왜냐하면, 아킬레스가 거북이를 10m를 따라가면 거북이는 그 동안에 1m만큼 앞에 가 있다.
아킬레스가 그 1m를 따라가면 거북이는 또 $\frac{1}{10}$m만큼 앞에 가 있다.
이 과정을 계속하면, 언제나 거북이가아킬레스보다 앞에 있게 된다.

아킬레스가 거북이를 따라 잡지 못하다니…. 위 역설에서 논리적 모순을 찾아내기는 쉽지 않았기 때문에, 제논의 역설은 오랫동안 수학자들을 괴롭혀 왔다.

마침내 19세기에 무한의 세계가 수학적으로 정립된 후, 무한등비급수의 수렴을 이용하여 제논의 역설은 해결되었다.

다음은 영국의 수학자이자 철학자이고 노벨 문학상을 수상한 러셀이 1895년에 제시한 집합에 대한 패러독스이다.

### 러셀의 역설

모든 집합을 원소로 가지는 집합은 존재하지 않는다.

러셀(Russell, B. A. W., 1872-1970, 영국)

귀족 출신인 러셀은 영국 트리니티 칼리지에서 수학과 철학에 공헌한 바가 크며, 주로 미국 대학에서 강의하였다. 뛰어난 지성의 소유자 러셀은 실베스터, 드 모르간과 공동으로 영국학술원 상을 수상하였고, 메릭 훈장, 노벨 문학상을 수상하였다. 수학, 논리, 철학, 사회학, 교육학에 관한 40여권을 저술하였으며, 스승인 화이트헤드와 함께 수학의 입장에서 철학을 고찰한 〈수학의 원리〉를 저술하였다.

원소가 되는 대상을 분명하게 구별할 수 있는 모임이 집합의 정의이다. 하나의 집합은 어떤 집합의 원소가 될 수 있는 데도 불구하고, 모든 집합을 원소로 가지는 집합은 왜 존재하지 않는 것일까? 이것을 직관적으로 증명하기 위하여 모든 집합의 집합 $U$가 존재한다고 가정해 보자. 그러면 집합 $U$도 집합이므로 $U$까지도 원소로 포함하는 $U$보다 더 큰 집합이 있어야 한다. 따라서 모든 집합의 집합은 존재할 수 없다.

러셀의 역설을 할모스는 **'아무 것도 모든 것을 포함하지 못한다(Nothing contains everything).'**라고 표현했다. 또 러셀은 집합에 대한 자신의 패러독스를 설명하기 위하여, 다음 이발사의 역설을 예로 들었다.

이발사 : 나는 스스로 면도하지 않는 사람만을 모두 면도해 준다.

이발사의 말이 참이라면 이발사의 면도는 누가 해 주겠는가? 이발사가 스스로 자신을 면도하는 경우와 스스로 자신을 면도하지 않는 경우로 나누어서 어느 경우에나 모순이 됨을 보이자.

만일 이발사가 스스로 자신을 면도한다면, 이발사는 스스로 면도하는 사람이므로 자신을 면도해서는 안 된다. 만일 이발사가 스스로 자신을 면도하지 않는다면, 이발사는 스스로 면도하지 않는 사람이므로 자신을 면도해야 한다. 따라서 이발사는 스스로 자신을 면도한다면 자신을 면도해서는 안되고, 스스로 자신을 면도하지 않는다면 자신을 면도해야 하므로, 항상 모순이다.

이제 힐베르트의 재미있는 아이디어를 소개한다. 유한 개의 방을 가지 호텔에서는 빈방이 없으면 손님을 더 받을 수 없다. 그러나 무한 개의 방을 가진 무한호텔에서는 상황이 다르다. 다음 무한호텔 패러독스는 힐베르트의 아이디어에서 나온 것이다.

## 무한호텔 패러독스

무한호텔에서는 모든 방이 차 있을 지라도, 얼마든지 손님을 더 받을 수 있다.
예를 들어, 손님이 한 명 더 오면

1호실은 2호실로, 2호실은 3호실로, 3호실은 4호실로, …

옮기게 한 후, 비어있는 1호실에 손님을 모실 수 있다.
무한 명의 손님이 더 오면

1호실은 2호실로, 2호실은 4호실로, 3호실은 6호실로, …

옮기게 한 후, 비어있는 무한 개의 홀수 호실에 무한 명의 손님을 모실 수 있다.

## ■ 그·림·수·학

● 길이는 같다?

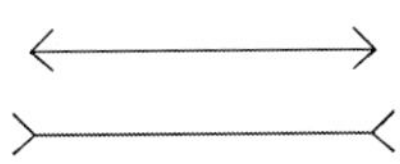

● 평행하다?

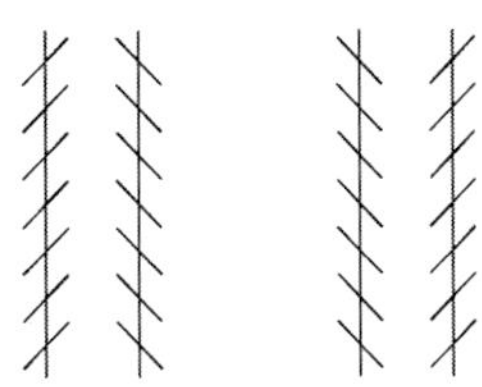

● 어떻게 보이나?

- 큰 육면체의 오목한 모퉁이에 작은 육면체가 놓여 있다.
- 큰 육면체의 볼록한 모퉁이에 작은 육면체가 붙어 있다.
- 큰 육면체의 볼록한 모퉁이가 육면체 모양으로 떨어져 나갔다.

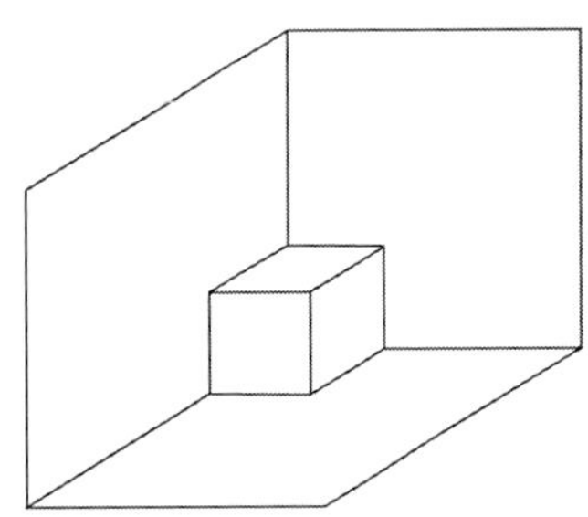

● 크기는 같다?

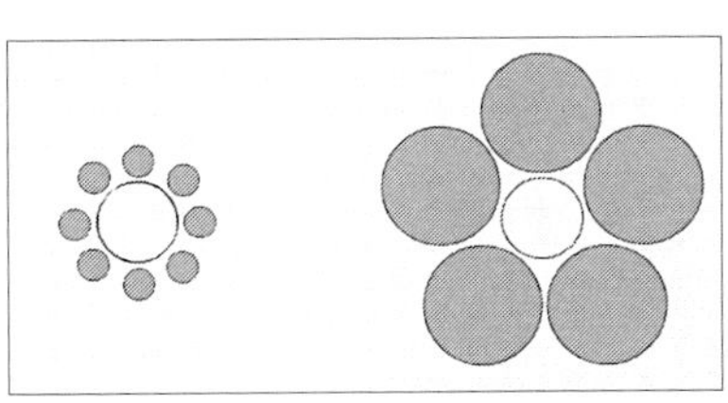

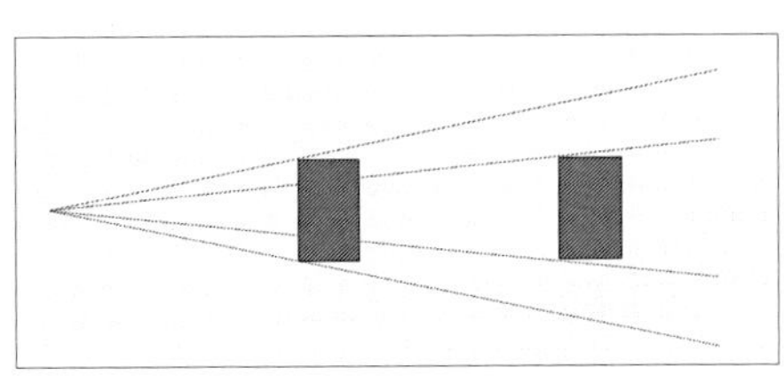

## (2) 생활 속의 패러독스

생각열기

**속지 맙시다!!**

가위바위보와 아이스크림 사주기

나오기군 : 가위바위보해서 아이스크림 사주기 하자.
내가 이기면 네가 사고, 내가 지면 내가 원하는 대로 하자.
이기자양 : 그러지 말고, 가위바위보해서 네가 사기로 하자.

야바위 꾼의 꽁치 팔기

야바위 꾼 : 꽁치 사세요. 꽁치요.
한 마리 500원짜리, 두~ 마리에 1000원!

생활과 밀접한 관련이 있는 논리, 수, 집합, 확률, 통계 등 수학의 모든 분야에서 우리는 상식을 뛰어 넘는 논리적 역설 즉, 패러독스를 많이 볼 수 있다. 이러한 역설은 그냥 스치면 우스운 이야깃거리일 뿐이지만, 깊이 생각하면 논리적 사고, 즉 수학적 사고의 단서가 숨어 있기 마련이다.

법정에서는 두 사람이 서로 상반된 진술을 하기가 일쑤다. 분명 둘 중 하나는 거짓이기에 판사가 필요하며, 대부분 어느 한 쪽이 옳다고 판결한다. 그러나 우리의 생활에서는 어느 한 쪽이 옳은지, 어떻게 하라는 뜻인지를 구별할 수 없는 상황이 자주 발생한다. 여기서 생활 속의 패러독스를 찾아보자.

**'여기를 보지 마세요.'** 라는 경고가 쓰인 푯말은 여기를 보란 뜻인지, 보지 말란 뜻인지…. 여기를 보지 않고 누가 이 경고를 읽을 수 있을지….

앞면에는 **'뒷면의 글은 진실이다.'**라고 쓰여 있고, 뒷면에는 **'앞면의 글은 거짓이다.'**라고 쓰여 있는 카드는 어느 면이 진실인지…

예제 악어가 '파랑새'에게서 '애기새'를 빼앗았다.

악 어 : 내가 '애기새'를 잡아먹을 것인지, 안 잡아먹을 것인지를 말해봐. 틀리면 잡아먹고, 맞히면 돌려 줄게.

파랑새 : 너는 '애기새'를 잡아먹고 말거야.

악어는 '애기새'를 잡아먹을 수 있을까? 만일 악어가 '애기새'를 잡아먹으려 한다면 파랑새가 맞힌 게 되므로 돌려주어야 한다. 만일 돌려주려 한다면 파랑새가 틀린 게 되어 잡아먹어야 한다. 따라서 악어는 '애기새'를 잡아먹을 수도 돌려 줄 수도 없는 모순에 빠진다.

예제 꽃나라에서는 꽃밭을 망친 자는 사형에 처한다. 사형 전에 진실을 말하면 교수형이고, 거짓을 말하면 총살형이다. 꽃밭을 망친 진실해씨가 "나는 총살형을 당할 것이다."라고 말한다면, 진실해씨는 죽지 않는다. 왜냐하면 총살형을 시키려면 진실을 말했으니 교수형을 시켜야 하고, 교수형을 시키려면 거짓을 말했으니 총살형을 시켜야 하기 때문이다.

## 3-3 돌·아·보·기

**1. (역사) 제논의 역설**

제논의 역설을 무한급수를 이용하여 해결하여라.

**2. (대학) 러셀의 패러독스**

다음 러셀의 패러독스를 설명하여라.

'모든 집합을 원소로 가지는 집합은 존재하지 않는다.'

**3. (역사) 아리스토텔레스 바퀴**

점 A에서 땅에 접한 바퀴가 한 바퀴 굴러 점 A'에서 다시 땅에 접했다. 따라서 $\overline{AA'}$은 바퀴의 둘레와 같다. 이때 반지름 $\overline{OA}$ 위의 한 점 B도 한 바퀴 돌아서 점 B'에 머물렀고, 분명히 $\overline{BB'}=\overline{AA'}$이다.
그렇다면 반지름이 $\overline{OB}$인 원과 반지름이 $\overline{OA}$인 원의 둘레는 같을까?

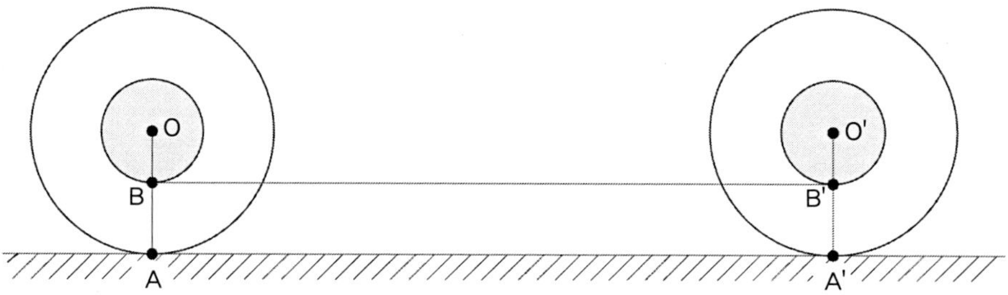


**4. (생활) 생활 속의 패러독스**

다음 역설에 대하여 이야기해 보자.

(1) '벽에 스티커를 붙이지 마시오.'라고 붙어있는 스티커

(2) '낙서 금지!'라는 낙서

(3) '조용히 해!'라는 시끄러운 소리

## ■ 알·쏭·달·쏭 – 참말과 거짓말

수학은 주어진 조건으로부터 타당한 결론을 이끌어낸다.

진실만을 말하는 T섬과 거짓만을 말하는 F섬이 있다.

두 섬에서 온 달달이, 덜덜이, 돌돌이에게 어느 섬에서 왔느냐고 물었다.

달달이 : 중얼중얼(?????)

덜덜이 : 달달이가 F섬에서 왔다고 했어요.

돌돌이 : 덜덜이는 거짓말을 하고 있어요.

둘둘이 : 아하! 달달이가 어느 섬에서 왔는지는 알 수 없지만,
덜덜이는 F섬, 돌돌이는 T섬에서 왔군.

둘둘이의 판단은 옳은가?

답 누구든지 '나는 F섬에서 왔다.'라는 말은 못하므로,
둘둘이의 판단은 옳다.

**more / 쉼터　무엇으로 보이는가?**

569? B.C. – 피타고라스 – 수에 관한 연구
500? B.C. – 테오도로스 – 무리수 연구
200? – 디오판투스 – 대수학의 아버지, 방정식 연구, 〈산학〉 저술
588 – 브라마굽타 – 이차방정식 연구, 음수도 생각, 부정방정식의 해 연구
780 – 알콰리즈미 – 이차방정식 연구, 'algebra'란 용어 사용
1500? – 타르탈리아 – 삼차방정식 해법 연구
1501 – 카르다노 – 삼차방정식의 해법 소개, 허수발견
1512 – 레코드 – 등호(=) 사용
1522 – 페라리 – 사차방정식 해법 연구
1540 – 비에트 – 기호 적극적 사용
1548 – 스테빈 – 10진법 연구, 소수 표기법 도입
1560 – 해리엇 – 부등호 사용
1588 – 메르센 – 소수 연구
1595 – 지라르 – 허근 생각, 근과 계수와의 관계 밝힘
1646 – 최석정 – 조선시대 수학자, 〈구수략〉 지음, 마방진 연구
1704 – 크라머 – 행렬식 발견, 크라머 공식 소개
1777 – 가우스 – 대수학의 기본정리 증명
1802 – 아벨 – 오차 이상 방정식의 대수적 해법은 없음을 증명
1805 – 해밀턴 – 케일리·해밀턴 정리, 위치벡터 소개, 벡터해석의 기초 확립, 사원수 발견
1809 – 그라스만 – 선형대수학의 창시자, 벡터의 내적과 외적 정의
1811 – 갈루아 – 군의 개념 소개, 갈루아 이론 소개
1814 – 실베스터 – 행렬 연구, 행렬을 matrix라 부름
1821 – 케일리 – 행렬이론 창시
1822 – 에르미트 – 에르미트 행렬 발견, 정수론 연구, $e$가 초월수임을 증명
1839 – 기브스 – 3차원 공간벡터 개념 확립
1852 – 린데만 – $\pi$의 초월성 증명
1882 – 뇌터 – 여성수학자, 추상대수 연구

# Chapter 4. 대수학의 세계

수와 연산, 문자와 식, 그리고 방정식과 부등식 및 행렬과 벡터 등을 다루는 수학 분야를 대수학이라 한다. 수의 역사는 인류의 역사와 더불어 시작되었고, 대수학의 역사는 고대 이집트나 바빌로니아까지 거슬러 올라간다. 대수는 그리스 기하대수, 디오판투스 대수, 인도대수, 아라비아대수, 유럽대수를 거쳐 현대대수에 이르렀다. 오늘날에는 컴퓨터를 이용하여 복잡한 방정식의 정확한 해 또는 근사 해를 빠르게 구하기도 하지만, 방정식의 해법은 대수학 역사의 중심이 되어 왔다.

대수학의 세계에는 수 이야기, 정수론 이야기, 방정식과 부등식 이야기를 비롯하여, 행렬과 벡터를 다루는 선형대수와 추상대수인 현대대수 이야기가 있다.

만일 우리에게 이름이 없다면 얼마나 불편할까? 이름은 그 사람을 표현해 주는 하나의 기호라 할 수 있다. 수학에서 기호가 없다면 얼마나 불편할까? 대수학에서는 여러 가지 수학 기호를 사용하여 복잡한 수학적 상황을 간단히 식으로 나타내고 문제를 해결한다.

# 대수학의 세계



4

# 4-1 수 이야기

## ■ 쫑·알·쫑·알 – e가 만든 멋진 등식

$e = 2.71828182845904523536028747135266249775724709369995\cdots$

$e = 1 + \frac{1}{1!} + \frac{1}{2!} + \frac{1}{3!} + \frac{1}{4!} + \cdots$

$e^{\pi i} + 1 = 0$

$e = \lim_{n \to \infty}\left(1 + \frac{1}{n}\right)^n$

$\int_1^e \frac{1}{x}dx = 1$

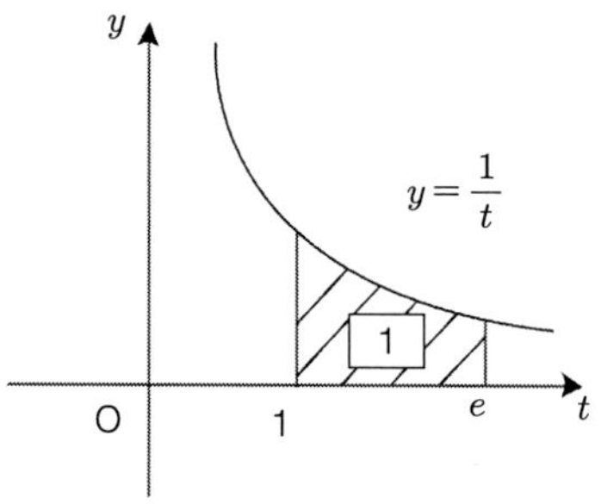


## ■ 살·펴·보·기

수는 수학에서 가장 기본이며, 숫자는 수를 나타내는 기호이다. 수는 우리의 일상 생활에서 필수적이며, 문명의 도구는 대부분 수와 식을 이용하여 설계된다. 인류가 수를 사용하지 않았다면 오늘날의 문명은 존재하지 않았을 것이다.

인류가 언제부터 수 개념을 이용하였는지를 정확히 알 수는 없지만, 자연수는 인류의 역사와 함께 시작되었다고 본다. 수의 개념은 자연수에서 정수, 유리수로 확장되었다. 피타고라스 학파에 의하여 무리수 $\sqrt{2}$가 발견되었으며, 오늘날의 실수 체계는 19세기에 이르러서야 완전하게 확립되었다.

무리수인 $\sqrt{2}, \pi, e$ 등은 수학뿐만 아니라 자연과학에서도 필수적인 수이고, 우리의 생활은 한시도 수를 떠나서는 생각할 수 없다. 생활 속의 수를 찾아봄으로써 힘겨운 수학에 한걸음 가까워지는 기회를 만들어 보자.

## ■ 그·림·수·학 – 기수법

| | 1 | 2 | 3 | 4 | 5 | 6 | 7 | 8 | 9 | 10 | 11 | 20 | 100 | 1000 |
|---|---|---|---|---|---|---|---|---|---|---|---|---|---|---|
| 이집트 | I | II | III | IIII | IIIII | IIIIII | IIIIIII | IIIIIIII | IIIIIIIII | ∩ | ∩I | ∩∩ | 𓍢 | 𓆼 |
| 바빌로니아 | ▼ | ▼▼ | ▼▼▼ | ▼▼▼<br>▼ | ▼▼▼<br>▼▼ | ▼▼▼<br>▼▼▼ | ▼▼▼▼<br>▼▼▼ | ▼▼▼▼<br>▼▼▼▼ | ▼▼▼▼▼<br>▼▼▼▼ | ◀ | ◀▼ | ◀◀ | ▼▶ | ◀▼▶ |
| 그리스 | I | II | III | IIII | Γ | ΓI | ΓII | ΓIII | ΓIIII | Δ | ΔI | ΔΔ | H | X |
| 로마 | I | II | III | IIII | V | VI | VII | VIII | IX | X | XI | XX | C | M |
| 마야 | • | •• | ••• | •••• | — | •<br>— | ••<br>— | •••<br>— | ••••<br>— | = | •<br>= | | | |
| 중국 | 一 | 二 | 三 | 四 | 五 | 六 | 七 | 八 | 九 | 十 | 十一 | 百 | 千 | 萬 |

## ■ 활·동·수·학 – 손가락으로 수 세기

• 수화

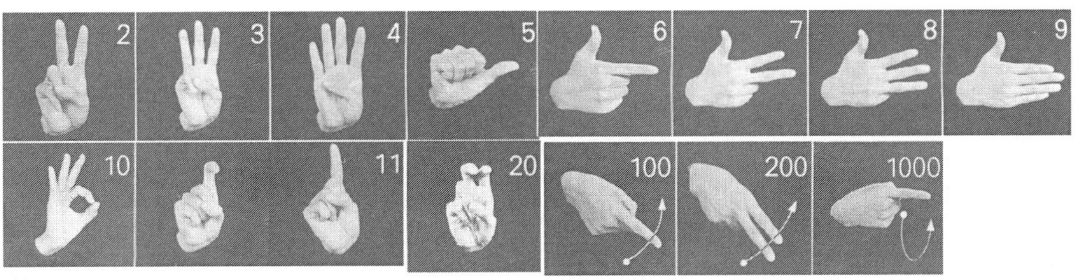


• 이진법

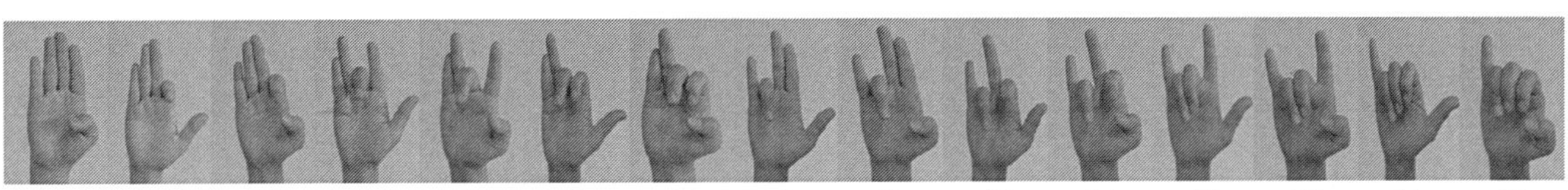

1 2 3 4 5 6 7 8 9 10 11 12 13 14 15

# (1) 수의 역사

수가 인류 역사에 등장한 것은 개수를 세기 위한 것이었다. 원시인들이 사냥감이나 가축들의 수를 세기 위하여 사용한 자연수는 분수, 음수, 0, 정수, 유리수 등으로 확장되었고, 피타고라스 학파에 의하여 무리수가 발견되었다. 또 16세기에는 복소수가 도입되었고, 엄밀한 실수 체계는 19세기에 확립되었다.

· 다섯 - 손가락을 모두 굽혀서 '닫은 손'이란 뜻
· 열 - 손가락을 모두 펴서 '열린 손'이란 뜻
· 여남은 - 열이 조금 더 되는 '열에 남다.'는 뜻

수의 개념을 인류가 언제부터 사용하기 시작하였는지 정확하게 알 수는 없다. 수를 나타내는 기호를 숫자라 하는데, 기록으로 남아있는 가장 오래된 숫자는 B.C. 28세기경 바빌로니아의 쐐기숫자이다.

원시시대에는 부족 구성원의 수, 적의 수, 또는 양떼의 수를 세기 위하여 일대일대응을 이용했다. 예를 들면, 손가락, 조약돌, 막대기를 사용하거나, 흙이나 돌에 자국을 내고, 끈에 매듭을 만들어서 수를 나타내었다.

문명이 발달함에 따라 큰 수가 필요했고 수를 나타내는 방법도 체계화되었다. 수를 배열했으며 손가락을 이용하는 것이 편리하여 5, 10을 밑수로 사용했다.

**one, two, three, four, hand, hand and one, …**

측량에서는 일년의 보름달 횟수인 12를 밑수로 사용했는데, 이러한 **12진법**은 오늘날에도 남아 있다.

**12시간(시계), 12달(1년), 12개(1다스), 12인치(1피트), 12온스(1파운드)**

바빌로니아인들은 **60진법**을 사용했으며, 이것은 현재에도 시각이나 각도를 나타낼 때 사용된다.

조선시대의 수학 책인 〈산학계몽〉에는 다음과 같은 수 단위가 실려 있다.

**일**(1), **십**(10), **백**($10^2$), **천**($10^3$), **만**($10^4$), **억**($10^8$), **조**($10^{12}$), …, **무량대수**($10^{68}$)

이것은 만 자리마다 이름이 바뀌는 일종의 '만진법'이며, 갠지스 강 모래알의 개수를 뜻하는 항하사, 불교에서 온 아승기, 나유타, 불가사의 등이 이용되었다. 당시에는 엄청 큰 수를 불교 사상에서 생각해 낸 것이다. 오늘날에는 큰 수를 10의 거듭제곱을 사용하여 나타내며, $10^{68}$ 보다 훨씬 큰 수도 자주 사용된다.

| 큰 수를 나타내는 말 |
|---|
| 일(1), 십(10), 백($10^2$), 천($10^3$), 만($10^4$), 억($10^8$), 조($10^{12}$), 경($10^{16}$), 해($10^{20}$), 자($10^{24}$), 양($10^{28}$), 구($10^{32}$), 간($10^{36}$), 정($10^{40}$), 재($10^{44}$), 극($10^{48}$), 항하사($10^{52}$), 아승기($10^{56}$), 나유타($10^{60}$), 불가사의($10^{64}$), 무량대수($10^{68}$) |

| 작은 수를 나타내는 말 |
|---|
| 할, 푼, 리, 모, 사, 홀, 미, 섬, 사, 진, 애, 묘, 막, 모호, 준순, 수유, 순식, 탄지, 찰나, 육덕, 허공, 청정 |
| 마이크로($10^{-6}$) |
| 나　노($10^{-9}$) |
| 피　코($10^{-12}$) |

**〈음수와 0의 역사〉**

자연수는 그 수에 해당하는 물건의 집합이 있다. 그러나 −3마리의 양떼는 있을 수가 없으므로 음수를 발견하는 데는 오랜 세월이 필요했다. 결국 동쪽으로 3km 간 것을 +3이라 한다면 서쪽으로 3km 간 것을 −3으로 생각한 음수가 등장하였고, 자연수를 음수의 반대 개념인 양수라고 부르게 되었다.

음수는 중국의 '구장산술'에 나타나는데, 이 책에서는 양수는 빨간색 수막대로 음수는 검정색 수막대로 표현했다. 중국에서 일찍부터 음수를 이해할 수 있었던 것은 동양사상의 음양이론 덕분이 아닐까? 서양에서도 음수가 알려져 있었지만, 그들은 음수를 불합리한 수 또는 가짜의 수로 여기다가, 16세기경에야 방정식의 해로 음수를 인정하였다.

수의 역사에서 큰 획을 그은 것은 0(zero)의 발견이다. '없다.'를 뜻하는 0의 개념은 B.C. 3000년경 바빌로니아인들에 의해 싹텄으나, 계산의 보조 도구였을 뿐이다. 0의 개념은 7세기경 인도의 브라마굽타가 도입했으며, 8세기경에 아라비아로 건너가 12세기경에 유럽에 전해졌다. 음수의 개념이 정착됨에 따라, 0의 개념은 확실해졌다. zero(0)는 인도어 sunya(공허함)을 뜻하는 아라비아어 sifr이며 sifr의 라틴어 형태인 zephirum에서 유래하였다.

수학사 상, 수학적 저술이 많은 수학자는 오일러, 코시, 케일리의 순이다.

### 〈기수법〉

**기수법**이란 수를 기록하는 방법으로, 고대이집트, 로마, 인도, 중국 등에서는 **십진법**이, 바빌로니아에서는 60진법이, 고대 마야에서는 20진법이 사용되었다.

기수법은 단순그룹핑법, 승법적그룹핑법, 위치수체계의 순으로 발전하였다.

**단순그룹핑법**은 밑수 $b$를 정하고, 1, $b$, $b^2$, $b^3$, …을 표현하는 기호를 사용한다.

예를 들면, 이집트 상형문자는 1, 10, 100, 1000 등을 뜻하는 그림을 이용하였고, 바빌로니아 쐐기숫자는 60을 밑수로 정하였고, 그리스 숫자는 수의 이름을 그리스 알파벳으로 나타냈다. 로마숫자는 10을 밑수로 하였다. 로마숫자 Ⅰ, Ⅱ, Ⅲ, Ⅴ는 손가락모양에서 유래한 것으로, Ⅹ는 두 개의 Ⅴ를 합성하여 교차된 손가락을 뜻한다. 또한 Ⅳ, Ⅸ, Ⅵ, Ⅺ 등은 5와 10에서 1을 빼거나 더함을 나타낸다.

**승법적그룹핑법**은 밑수 $b$에 대하여 1, 2, …, $b-1$과 $b$, $b^2$, $b^3$,…을 표현하는 기호를 사용한다. 예를 들면, 4735를 四千七百三十五로 표현하는 한문 수체계와 같이 10, 100, 1000을 각각 a, b, c로 택하여 4735=4c7b3a5로 표현한다.

**위치수체계**에서는 오늘날의 십진법

$$4735 = 4\times10^3 + 7\times10^2 + 3\times10 + 5\times1$$

과 같이 1, 10, 100, 1000 등의 자리를 구별한다.

**more / 쉼터** **아라비아 숫자와 인도 수학**

인도에서 만들어져 아라비아인들이 유럽에 전파한 아라비아 숫자 1, 2, 3, 4, 5, 6, 7, 8, 9, 0의 최초 기록은 B.C. 250년경 인도 아소카왕 시대의 돌기둥과 200년경 인도 나시크 동굴의 비문에 있다.

아라비아 숫자 덕분에 인도는 수학이 발달했었으나, 카스트제도로 인하여 승려나 왕족들만 수학을 연구했기 때문에 계속 발전하지는 못했다. 또 인도인들은 생각을 주로 시로 말하는데, 시는 수학을 자세하게 표현할 수 없고 의미도 모호하게 만들기 때문에, 시로 수학을 배우는 것이 힘들었다.

인도 수학자로는 6세기 아리아바타, 7세기 브라마굽타, 12세기 바스카라, 20세기 라마누잔이 있다.

## (2) 무리수

생각열기

**계산기와 무리수**

톰 : $\sqrt{10}$은 얼마야?

메리 : 계산기에서 근호( $\sqrt{\ }$ ) 키를 누른 후, 10을 입력하면 알 수 있지. 약 3.1622776602

톰 : 근호 키를 두 번 누르고 10을 입력하면 얼마가 나타나지?

메리 : $\sqrt{\sqrt{10}}$의 근삿값. 즉 1.77827941

톰 : 근호 키를 20번 누르고 10을 입력하면 어떤 수가 나타날까?

잘 알려진 무리수로는 원주율 $\pi$를 비롯하여 $\sqrt{2}$, $\sqrt{3}$, $\sqrt{5}$, 그리고 자연로그 $e$ 등이 있다. 분수로 나타낼 수 있는 수는 유리수, 분수로 나타내어지지 않는 수는 무리수라 하고, 유리수와 무리수를 합하여 실수라고 한다. 임의의 실수는 소수로 표현할 수 있는데, 유리수는 유한소수이거나 순환하는 무한소수인 데 반하여, 무리수는 순환하지 않는 무한소수이다. 따라서 무리수를 소수로 표현하는 것은 불가능하다.

스테빈(Stevin, S., 1548-1620, 네덜란드)

이자계산표를 만든 스테빈은 〈10분의 1에 대하여〉 라는 소책자에서 소수표현법을 소개하였다. 그는 소수의 사용을 장려하여 계산술의 발전에 공헌하였으며, 프랑스 혁명 때 실현된 화폐와 도량형제도를 제안했다.

무리수의 발견은 피타고라스 학파에 의하여 이루어졌다. 피타고라스 학파는 **'만물은 수(All is number)'** 라고 믿었으며, 모든 것을 자연수의 비인유리수로 나타낼 수 있다고 생각하였다. 그런데 두 변의 길이가 1인 직각삼각형에서 빗변의 길이가 $\sqrt{2}$가 생각하던 수가 아니었다. 그들은 $\sqrt{2}$의 존재를 비밀로 하기로 했지만, 히파수스가 $\sqrt{2}$는 유리수가 아님을 보였다. 이때 흥분한 그들은 히파수스를 바닷물에 던졌다는 이야기도 전해진다.

*무리수의 발견은 피타고라스 학파에 의한 것이다.*

오일러 (Euler, L., 1707~1783, 스위스)

오일러는 실명했음에도 불구하고, 500여편의 저서와 논문을 썼으며, 사후에도 400여 편이 출판되어 수학사 상 가장 많은 저술을 한 수학자이다.
미적분학을 발전시켜 〈무한소해석입문〉, 〈미분학 원리〉, 〈적분학 원리〉를 저술하였으며, 대수학, 정수론, 기하학 등에서도 큰 업적을 남겼다.
오일러는 오일러 함수, 오일러 표수, 오일러 상수, 오일러 변환, 오일러 공식 등의 업적이 있으며, 감마함수와 베타함수도 만들었다. 또한 그래프이론의 시초인 쾨니스베르그 다리 건너기 문제를 해결했고, 8차 마방진도 만들었다.

도형을 다룰 때, 친근한 무리수는 원주율 $\pi$이지만, 수열의 극한, 지수와 로그, 미분과 적분 등에서 자연스럽게 나타나는 무리수는 $e$이다.

계산기로 $1+\frac{1}{1!}+\frac{1}{2!}+\frac{1}{3!}+\cdots+\frac{1}{n!}+\cdots$와 $\lim_{n\to\infty}\left(1+\frac{1}{n}\right)^n$의 근삿값을 구해보면 모두 약 2.718281828이며, $e$를 다음과 같이 정의한다.

$$e=1+\frac{1}{1!}+\frac{1}{2!}+\frac{1}{3!}+\cdots+\frac{1}{n!}+\cdots$$

오일러는 이 수가 무리수임을 증명하고 이 무리수를 기호 $e$로 나타냈으므로, 무리수 $e$를 오일러의 수라고도 부른다. 또한 오일러는 공식 $e^{i\theta}=\cos\theta+i\sin\theta$를 발견했는데, 이 공식으로부터 다음 멋진 등식을 얻는다.

$$e^{\pi i}+1=0$$

이 등식은 기본적인 수 $0, 1,\ e, \pi, i$와 기호 $+$, $=$을 포함한다. 0과 1은 실수의 기준이고 각각 덧셈과 곱셈의 항등원이며, $\pi$는 인류의 호기심을 가장 자극해 온 수이고, $i$는 인간의 상상력이 무한함을 보여주는 수이기도 하다.

**more / 쉼터　오일러의 기호**

- 자연로그를 $e$로 표현
- 허수 $\sqrt{-1}$을 $i$로 표현
- 원주율을 $p$로 표현
- 함수를 $f(x)$로 표현
- 삼각함수를 생략기호 sin, cos, tan로 표현
- 삼각형에서 꼭짓점을 A, B, C로, 각각의 대변의 길이를 $a$, $b$, $c$로 표현
- 삼각형에서 내접원의 반지름의 길이를 $r$, 외접원의 반지름의 길이를 $R$로 표현
- 수열의 합을 $\Sigma$로 표현

자연로그를 $e$로 나타내고, $e$가 무리수임을 보인 사람은 오일러이다.

## (3) 생활 속의 수

생각열기

| 수가 뜻하는 것은? | 다음 수들을 보고, 생각나는 것들을 이야기해 보자.<br>1, 2, 3, 4, 7,<br>610501-2482314, 02-332-2004,<br>365, 12, 33, 1452, 815, 63, 100, 119, 666, 3.14, 36.5 |
|---|---|

우리는 물건의 개수, 양, 비율, 거리 등을 수를 써서 나타낸다. 또 집에서 사용하는 물건, 공장의 기계들, 교통수단인 자동차, 비행기 등은 모두 수를 써서 설계되어 제작되며, 이들을 이용할 때에도 수가 필요하다. 피타고라스 학파는 수를 만물의 근원이라 믿었으며, 그들의 연구는 수의 아름다움을 잘 보여준다.

첫째, 피타고라스 학파는 생활이 곧 수였으며, 생활을 수로 나타내었다.

1 : 모든 자연수는 1을 더한 것이므로, 1은 만물의 창조자이다.

2 : 여성을 상징하는 수로, 다양한 여성적 의미와 연관되어 사용된다.

3 : 남성을 상징하는 수로, 1과 2의 합으로 이루어진 조화의 수이다.

4 : 정의를 상징한다.

5 : 2와 3의 합이므로 혼인을 상징한다.

6 : 창조의 수이다.

10 : 1, 2, 3, 4의 합이므로 가장 신성한 수이다.

신은 정수를 만들었고, 나머지 수는 모두 인간이 만든 것이다. −크로네커

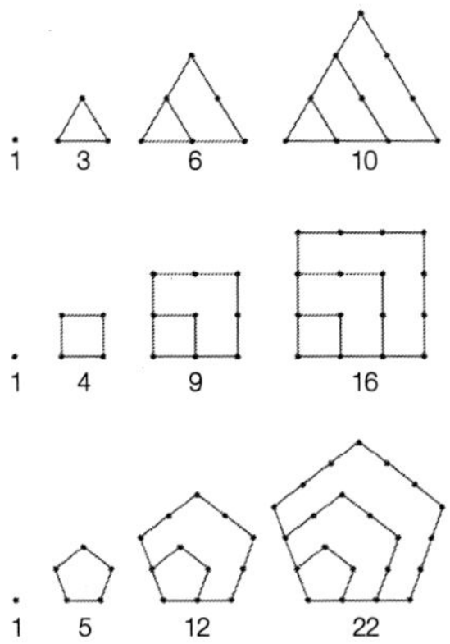


둘째, 아름다운 배열을 이루는 삼각수, 사각수, 오각수 등을 연구하였다.

삼각수 : 1, 3, 6, 10, 15, 21, ⋯

사각수 : 1, 4, 9, 16, 25, 36, ⋯

오각수 : 1, 5, 12, 22, 35, 51, ⋯

셋째, 수를 소수와 합성수로 분류하고, 완전수와 친화수도 정의했다.

넷째, 악기에서 잘 조화된 음을 내는 두 줄 사이의 길이의 비를 발견하여 음악에 수의 조화를 이용했다.

## more / 쉼터 피타고라스 학파와 음악

피타고라스 학파는 현의 길이와 음의 높이의 관계를 밝혔다.

현의 길이가 처음의 $\frac{2}{3}$배이면 5도 높은 음이 되며, 처음의 $\frac{1}{2}$배이면 8도 높은 음이 된다. 또 현의 길이의 비가 $1 : \frac{2}{3} : \frac{1}{2}$일 때, 처음 음이 도라면 두 번째 음은 솔이고 나중 음은 한 옥타브 높은 도가 되어, 아름다운 화음을 이룬다. 그런데 현의 길이와 진동수는 반비례하므로, 이때 진동수의 비는 $1 : \frac{3}{2} : 2$가 된다. 여기서, $\frac{2}{3}$는 1과 $\frac{1}{2}$의 조화평균이고, $\frac{3}{2}$은 1과 2의 산술평균이다.

실제로, 도(C)의 현의 길이를 1이라 하면 레(D)는 $\frac{8}{9}$, 미(E)는 $\frac{4}{5}$, 파(F)는 $\frac{3}{4}$, 솔(G)은 $\frac{2}{3}$, 라(A)는 $\frac{3}{5}$, 시(B)는 $\frac{8}{15}$, 한 옥타브 높은 도는 $\frac{1}{2}$이다.

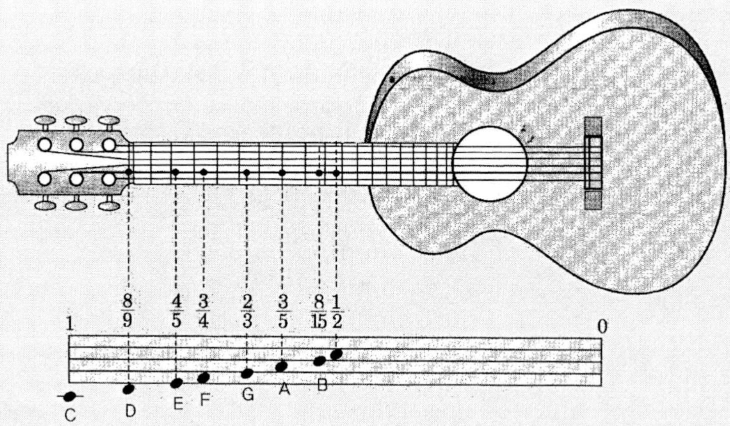


5세기경 중국 조충지가 구한 $\pi \approx 3.141592$는 1600년경까지 가장 정확한 값이었다.

현대산업 사회뿐 아니라 우리의 생활에서도 무리수의 쓰임은 무한하다.

지름이 100m인 원형 운동장의 둘레는 얼마일까? 또 그 넓이는 얼마인가?

이때 필요한 $\pi$의 값은 3.14로 사용하고 있으나, $\pi$는 무리수이므로 원주율을 정확하게 나타내고자 할 때에는 $\pi$를 사용한다.

수동카메라의 F값은 빛의 양을 조절하기 위하여 조리개가 열린 정도를 나타낸다. 빛의 양을 두 배로 하려면 넓이가 두 배, 조리개가 열리는 길이는 $\sqrt{2}$배이다. 따라서 F값들은 1.4, 2, 2.8, 4, 5.6과 같이 무리수의 근삿값이다.

또한 가장 아름다운 비인 황금비와 $A_4$용지의 가로와 세로의 비도 무리수이다.

무리수뿐만 아니라 유리수, 즉 분수도 우리의 생활 속에 항상 존재한다.

사과 5개를 4명의 아이들에게 나누어주는 경우를 알아보자.

- 5개를 모두 4등분하여 5조각씩 준다 : $\frac{5}{4}=\frac{1}{4}+\frac{1}{4}+\frac{1}{4}+\frac{1}{4}+\frac{1}{4}$
- 1개만 4등분하여 1개와 1조각씩 준다 : $\frac{5}{4}=1+\frac{1}{4}=1\frac{1}{4}$

여기에서 생각해 보면 가분수(假分數, improper fraction)는 가짜분수이고, 실제 생활에 사용되는 대분수(帶分數, mixed fraction)와 진분수(眞分數, proper fraction)가 진짜분수라는 뜻을 가진 듯하다.

수를 나타내는 우리말

- 온(100)
  - 온누리, 온몸이 아프다.
  - 백제의 시조 온조왕
- 즈믄(1000)
  - 즈믄 해
- 골($10^{16}$, 경)
  - 골백 번 죽는다.
- 불가사의($10^{64}$)
  - 도저히 생각할 수 없다.
- 겁
  - 사방 사십리나 되는 바위가 100년에 한 번 나타나는 선녀의 옷에 스쳐서 다닳게 되는 세월

**more / 쉼터** **속담 속의 수**

- 리(392.727 m)
  - 천리길도 한 걸음부터
- 척(30.3 cm)
  - 삼척동자도 다 아는 사실이다.
- 치(3.03 cm)
  - 한 치 앞도 못본다.
  - 한치(다리 길이가 3.03 cm인 물고기)
- 돈(3.75 g)
  - 두 돈짜리 금반지
- 근(600 g)
  - 입이 천근같이 무겁다.
- 홉(0.18 L), 되(1.8 L), 말(18 L)
  - 두 홉들이 소주병
  - 되로 주고 말로 받는다.
  - 구슬이 서말이라도 꿰어야 보배

## more / 쉼터 바코드와 체크숫자

슈퍼나 서점에서 구입한 상품이나 책의 뒷면에는 검은 막대들 밑에 숫자가 써 있는 바코드가 있다.

상품의 신분증 역할을 하는 바코드는 스캐너로 읽는 즉시 그 상품의 가격, 크기, 무게 등의 각종 정보가 나타나므로, 상품의 유통과정을 편리하게 해준다. 바코드가 훼손되어 잘못 읽히거나, 잘못 입력할 수도 있을까하는 염려는 하지 않아도 된다. 바코드의 마지막 한 자리는 이러한 오류를 체크하는 숫자이다.

바코드는 유럽상품번호(EAN)에 따라서 13개의 숫자로 되어 있는데, 처음 세 숫자는 국가번호이고, 다음 네 숫자는 제조회사 번호이며, 그 다음 다섯 숫자는 각 회사의 상품번호이다. 그리고 마지막 한 자리는 입력이 제대로 되었는지를 나타내는 체크숫자이다. 이 체크숫자는 홀수 번째 자리의 숫자들은 그냥 더하고 짝수 번째 자리의 숫자들은 3배하여 더한 값이 10의 배수가 되도록 정한다.

예를 들면, 바코드 8801037002782에서 다음 식의 결과 88이 10의 배수가 되도록 체크숫자는 2이다.

$$(8+0+0+7+0+7)+3\times(8+1+3+0+2+8)=88$$

또 전세계에서 출판되는 모든 책에는 문헌정보와 유통의 효율성을 위하여 고유의 국제표준 도서번호(ISBN)가 붙어 있다. ISBN은 10개의 숫자로 되어 있는데, 여기서도 마지막 한 자리는 체크숫자이다. 이 체크숫자는 자리 숫자에 10부터 1까지의 자연수를 차례로 곱하여 더한 값이 11의 배수가 되도록 정한다.

예를 들면, ISBN 89-4272-997-5에서 다음과 같이 11의 배수가 되도록 체크숫자는 5이다.

$$8\times10+9\times9+4\times8+2\times7+7\times6+2\times5+9\times4+9\times3+7\times2+5\times1=341$$

8 801234 567893

국가번호 제조회사번호 상품번호 체크숫자

9 788972 825517 03410

내용분류 발행형태 독자대상

ISBN 89-7282-551-4

국가번호 발행자번호 서명식별번호 체크숫자

## 4-1 돌·아·보·기

**1. (역사) 이집트의 단위분수 표현**

$\frac{1}{2}=\frac{1}{3}+\frac{1}{6}$을 이용하여, $\frac{1}{101}=\frac{1}{202}+\frac{1}{303}+\frac{1}{606}$이 성립함을 보여라.

**2. (컴퓨터)**

컴퓨터나 계산기를 사용하여, 다음 값이 $e$에 가까워짐을 확인하여라.

$$\left(1+\frac{1}{n}\right)^n,\quad 1+\frac{1}{1!}+\frac{1}{2!}+\frac{1}{3!}+\cdots+\frac{1}{n!}$$

**3. (생활) 유산의 분배**

17마리의 낙타를 세 아들에게 유산으로 남긴 부자가,

첫째에게 전체의 $\frac{1}{2}$을, 둘째에게 $\frac{1}{3}$을, 셋째에게 $\frac{1}{9}$을 주라고 유언했다.

어떻게 분배해야 할까?

## ■ 알·쏭·달·쏭 – 숫자 수수께끼

숫자는 수를 나타내는 기호이다.

- 18881에 선분 하나를 그어 1을 만들어라.

답 

- 다음 수들의 공통된 성질은 무엇인가?

1881, 1961, 6009, 6119, 6699, 6889, 8008

답 뒤집거나 회전시켜도 처음 수와 같은 수이다.

# 4–2 정수론 이야기

## ■ 쫑·알·쫑·알 – 소주가 (한 병)=(7잔)인 이유는?

**7잔은 2명, 3명이 다같이 한 잔씩 마시려면 한 두 잔이 모자란다.**
**4명, 5명, 6명이 마셔도 항상 한 병으로는 몇 잔이 모자란다.**
**따라서 다같이 한 잔씩 마시려면 반드시 '한 병 더!'를 외치게 된다.**

## ■ 살·펴·보·기

소수의 성질은 예로부터 많은 관심을 끌었으나, 아직도 그 정체를 완전히 드러내지는 않았다. 소수의 성질과 더불어 정수론은 많은 분야에서 활용되고 있다.

유클리드는 정수는 유일하게 소인수분해 되고 소수는 무한히 많다는 것을 증명하였다. 에라토스테네스는 소수를 찾는 방법을 소개하였지만, 아직도 소수를 모두 찾는 일은 쉽지 않다.

350년 동안이나 수학자들 바쁘게 만든 페르마의 마지막 정리, 아직도 해결되지 않은 골드바흐의 추측 등 정수와 관련된 흥미로운 문제가 많다.

## ■ 생·활·수·학 – 친화수

220과 284는 서로가 서로의 진약수(자신을 제외한 약수)의 합이 된다.

$$1+2+4+5+10+11+20+22+44+55+110=284$$

$$1+2+4+71+142=220$$

이러한 두 수를 친화수라 하며, (1184, 1210), (17296, 18416)도 친화수이다.

신비로운 분위기를 자아내는 친화수를 나누어 가진 두 사람 사이에는 사랑이 영원하다고 한다.

## (1) 소수

생각열기

**서로 소의 날**

3월 14일과 같이 '서로 소의 날' 이란 $a$월 $b$일에서 $a$, $b$가 서로 소인 날을 말한다.

오늘은 서로 소의 날인가?
일년 중 서로 소의 날이 가장 적은 달은?

답 6월

2, 3, 5, 7, 11 등과 같이 약수가 1과 자기 자신의 두 개뿐인 수를 **소수**(prime number)라 하고, 약수가 세 개 이상이며 두 개 이상의 소수의 곱으로 소인수분해되는 수를 합성수라고 한다.

**소수의 개수는 유한한가?**
**모든 소수를 찾을 수 있을까?**
**소수는 어떤 규칙에 따라 분포되어 있는 걸까?**

소수에 관한 질문들은 고대 그리스인들을 유혹했고, 후에도 계속하여 수학자들을 애타게 만들었다. B.C. 350년경 유클리드는 1보다 큰 모든 정수는 소수의 곱으로 유일하게 나타낼 수 있음을 보였고, 이를 이용하여 소수는 무수히 많음을 증명하였다. 하지만 소수에 관해서는 아직까지도 해결되지 않은 문제가 많다. 특히 소수의 분포는 많은 수학자들이 관심을 가지고 있는 문제이다.

*수학은 과학의 여왕이고, 정수론은 수학의 여왕이다. –가우스*

⇧ 에라토스테네스

여기서는 소수에 대하여 알려진 사실들을 소개한다.

첫째, 유클리드는 '**소수는 무수히 많다.**'는 사실을 귀류법으로 증명하였다. 만일 소수의 개수가 유한하다고 가정하면, 가장 큰 소수 $p$가 존재한다. $p! = p(p-1)(p-2)\cdots\cdots 3 \cdot 2 \cdot 1$이므로 $p!+1$은 1 이상 $p$ 이하인 어느 자연수로 나누어도 나머지가 1이다. 따라서 $p!+1$은 소수이며, 이는 $p$가 가장 큰 소수라는 사실에 모순이 된다.

| ~~1~~ | ② | ③ | ~~4~~ | ⑤ | ~~6~~ | ⑦ | ~~8~~ | ~~9~~ | ~~10~~ |
|---|---|---|---|---|---|---|---|---|---|
| ⑪ | ~~12~~ | ⑬ | ~~14~~ | ~~15~~ | ~~16~~ | ⑰ | ~~18~~ | ⑲ | ~~20~~ |
| ~~21~~ | ~~22~~ | ㉓ | ~~24~~ | ~~25~~ | ~~26~~ | ~~27~~ | ~~28~~ | ㉙ | ~~30~~ |
| ㉛ | ~~32~~ | ~~33~~ | ~~34~~ | ~~35~~ | ~~36~~ | ㊲ | ~~38~~ | ~~39~~ | ~~40~~ |
| ㊶ | ~~42~~ | ㊸ | ~~44~~ | ~~45~~ | ~~46~~ | ㊼ | ~~48~~ | ~~49~~ | ~~50~~ |

둘째, $n$보다 작은 모든 소수를 찾는 방법으로 **에라토스테네스의 체**가 있다. 에라토스테네스는 소수들을 찾아내는 방법을 발견하여, 마치 밀가루를 체에 쳐서 거르는 것처럼 소수만을 거른다는 뜻의 '체(sieve)'라는 이름을 붙였다. 예를 들어, 100보다 작은 소수를 모두 찾으려면, 2부터 100까지를 적은 후, 2를 제외한 2의 배수를 모두 지운다. 3을 제외한 3의 배수를 모두 지우고, 또 5를 제외한 5의 배수를 모두 지우고, …을 계속한다.

이때 남은 수가 100보다 작은 모든 소수이다.

셋째, 3, 5, 17, 257, 65537, 4294967297, …과 같이 $F_n = 2^{2^n}+1$꼴의 수를 **페르마의 수**라고 한다. 페르마는 처음 다섯 개의 수가 모두 소수임을 발견하고, 페르마의 수는 모두 소수라고 추측하였다. 그러나 오일러가 $F_5 = 2^{2^5}+1 = 4294967297$의 약수 641을 찾음으로써 페르마의 추측이 잘못되었음을 보였다.

넷째, 메르센느는 소수 $p$에 대하여 **메르센느 수** $M_p = 2^p - 1$을 정의하였는데, $M_p$ 중에서 소수인 것을 메르센느 소수라 한다. $M_{127}$은 메르센느가 소수일 것이라고 예언한 200년 후에 루카스가 증명하였다. 1971년에는 소수 $M_{19337}$이 발견되었고, 그 후 한 대학생이 거대한 소수 $M_{121701}$을 발견하였다.

다섯째, $(p,\ p+2)$꼴의 두 소수를 **쌍둥이 소수**(twin prime)라 한다.

(3, 5), (11, 13), (17, 19), (71, 73), (101, 103), (107, 109)

이러한 쌍둥이 소수가 무한히 많은지는 알려져 있지 않으며, 쌍둥이 소수가 어떤 규칙으로 나타나는지도 미해결 문제이다. 컴퓨터를 사용하여 발견된 가장 큰 쌍둥이 소수는 18075 자리 수인 $4648619711505 \times 2^{60000} \pm 1$이다.

한편 세 쌍둥이 소수는 (3, 5, 7)뿐이다.

라마누잔(Ramanujan, S., 1887-1920, 인도)

요절한 천재수학자 라마누잔은 15세에 수학책을 읽으면서 수많은 정리들을 증명하고, 자신의 정리들을 만들었다. 라마누잔은 하디와 공동연구를 하였으며, 연분수와 수의 분할에 업적이 많다.

하디가 입원한 라마누잔을 방문하여 1729라는 번호의 택시를 타고 왔다고 했더니, 라마누잔은 1729는

$$1729=1^3+12^3=9^3+10^3$$

과 같이 두 쌍의 세제곱 수의 합이 되는 최소의 정수라고 말했다.

여섯째, 가우스가 예상한 **소수정리**는 소수 분포에 대한 열쇠이다.

자연수 $n$보다 작은 소수의 개수를 $\pi(n)$, 소수밀도를 $D_n = \dfrac{\pi(n)}{n}$이라 할 때,

$$\pi(10)=4,\ \pi(100)=25,\ \pi(1000000)=78498$$

$$D_{10}=0.4,\ D_{100}=0.25,\ D_{1000000}=0.078$$

소수밀도 $D_n$은 근사적으로 $\dfrac{1}{\ln n}$이 된다는 소수정리는 가우스가 14살에 예상했고, 1896년 아다마르가 증명했다.

마지막으로 두 수의 최대공약수를 찾는 **유클리드 호제법**(Euclid's algorithm)이 있다. 두 수 $a$와 $b$에 대하여, $a$가 $b$로 나누어 떨어지면 $a$와 $b$의 최대공약수는 $b$이다. 또 $a=bq+r$이면, $a$와 $b$의 최대공약수는 $b$와 $r$의 최대공약수와 같다. 유클리드 호제법은 이러한 원리를 이용한다.

예제 유클리드 호제법으로 2280과 648의 최대공약수 $d$를 구해보자.

- $2280 = 648 \times 3 + 336$이므로, $d$는 648과 336의 최대공약수이다.
- $648 = 336 \times 1 + 312$이므로, $d$는 336과 312의 최대공약수이다.
- $336 = 312 \times 1 + 24$이므로, $d$는 312와 24의 최대공약수인 24이다.

| | | | |
|---|---|---|---|
| | 2280 | 648 | |
| 3 | 1944 | 336 | 1 |
| | 336 | 312 | |
| 1 | 312 | 312 | 13 |
| | 24 | 0 | |

## (2) 페르마의 마지막 정리

생각열기

**해는 정말 없을까?**

세 모 : $3^2+4^2=5^2$이니까 $x^2+y^2=z^2$을 만족시키는 정수 $x, y, z$는 있다.
$x^3+y^3=z^3$을 만족시키는 정수 $x, y, z$도 있겠지?

네 모 : $1^3+2^3 \neq 3^3$, $2^3+3^3 \neq 4^3$, $3^3+4^3 \neq 5^3$
어? 못 찾겠네.

동그라미 : 방정식 $x^3+y^3=z^3$의 정수해는 없는 게 아닐까?

세 변의 길이가 3, 4, 5인 삼각형은 직각삼각형이므로 $x=3, y=4, z=5$는 방정식 $x^2+y^2=z^2$의 정수해이다. 또한 피타고라스 정리에 의하여 방정식 $x^2+y^2=z^2$의 정수해는 무수히 많음을 알 수 있다. 그렇다면

**'방정식 $x^3+y^3=z^3$의 정수해는 존재할까?'**

이 방정식을 만족시키는 정수 $x, y, z$는 아무리 찾으려 해도 찾지 못한다.

아마추어 수학자 페르마는 1621년에 디오판투스의 저서 〈산학〉에서 피타고라스 정리 $x^2+y^2=z^2$을 만족하는 정수 $x$, $y$, $z$가 무수히 많다는 사실을 읽다가, 문득 $n$이 2보다 클 때도 $x^n+y^n=z^n$을 만족하는 정수가 있을까? 하는 생각을 하게 되었다. 그리고는 **페르마의 마지막 정리**(Fermat's last theorem)라고 불리는 정리를 여백에 써 놓았다.

물리학의 목적은 자연의 법칙을 규명하는 것이고, 수학의 목적은 인간 지성의 법칙을 규명하는 것이다. －실베스터

## 페르마의 마지막 정리

2보다 큰 자연수 $n$에 대하여 방정식 $x^n+y^n=z^n$을 만족시키는 정수 $x, y, z$는 존재하지 않는다.

페르마는 '나는 실로 기묘한 증명을 하였으나 여백이 부족하여 그 증명은 생략한다.'라고도 적어 놓았다. 페르마가 사망한 후, 여백의 내용을 보게 되었으나 그의 증명은 찾지 못하여 그 문제는 유명해졌다.

페르마(Fermat, P., 1601~1665, 프랑스)

관료이며 법률가였던 페르마는 수학을 취미로 했기 때문에 '아마추어 수학자'로 불린다. 페르마는 데카르트와는 독립적으로 해석기하를 연구했고, 파스칼과 함께 확률론의 기초를 다졌다. 그는 소수를 연구했고, '디오판토스 방정식'의 해법도 연구했다.
페르마는 증명없이 결과만 써놓았고, 완전한 증명은 거의 오일러가 했기 때문에, 결과가 누구 업적인지를 두고 이견이 있다.

페르마가 죽은 지 약 100년 후, 오일러가 $n=3, 4$일 때 $x^n+y^n=z^n$을 만족시키는 정수해는 없음을 증명하였고, 디리클레는 $n=5$일 때도 정수해가 없음을 밝혔다. 그러나 일반적인 $n$에 대한 해법은 쉽게 나타나지 않았다. 그 후로 이 문제는 더욱 유명해져서 1840년에는 파리 학사원이 상금 3000프랑을 걸었고, 1908년에는 독일의 한 부자가 '이 정리를 증명하는 사람에게 10만마르크의 상금을 주라.'는 유언을 남겨 더욱 유명해졌다.

수퍼컴퓨터를 이용하여 $n$이 백만일 때까지도 정수해가 존재하지 않는다는 것을 확인하였으나, 일반 해법은 나타나지 않았었다.

페르마의 마지막 정리를 페르마가 실제로 증명했는지는 수수께끼이며, 당시 수학의 발전 정도로 미루어 보아 증명하지 못했을 거라는 추측도 있다.

1993년, 영국의 수학자인 프린스턴 대학의 엔드류 와일즈(Andrew Wiles) 교수가 8년의 연구 끝에 이 문제를 증명했다고 발표하였다. 미비한 점이 발견되었으나 2년 후에 완벽한 증명을 했으며, 100페이지에 달하는 긴 논문이 1995년 〈수학연보〉에 실렸다. 이로써 360년 동안의 신비의 베일은 벗겨졌다.

아마도 후손들은 고대인이 모든 것을 다 잘 알았던 것은 아님을 내가 밝힌 데 대하여 고마워 할 것이다. —페르마

## (3) 골드바흐의 추측

생각열기

**(짝수)** ?=? (소수)+(소수)

빨강이 : 8 = 3 + 5, 10 = 3 + 7이니까, 8과 10은 두 소수의 합으로 나타낼 수 있어.

노랑이 : 100을 두 소수의 합으로 나타내면 100 = 47 + 53.

파랑이 : 2보다 큰 짝수는 모두 두 소수의 합으로 나타낼 수가 있을까?

수학에서 **추측**(conjecture)이란 옳다고 생각은 되지만 증명되지 아니한 명제를 말한다. 정수론에는 이러한 추측이 많다. 다시 말하면, 정수에 관한 문제 중에는 증명되지 않았지만 반례도 찾을 수 없는 추측이 많이 존재한다. 여기서는 쉽게 이해할 수 있으나, 아직 증명되지 않은 **골드바흐의 추측**(Goldbach's Conjecture)을 소개한다.

**골드바흐의 추측**

2보다 큰 모든 짝수는 두 소수의 합으로 나타낼 수 있다.
(Every even number greater than 2 is the sum of two primes.)

이 추측은 1742년 러시아의 무명 수학자 골드바흐가 오일러에게 보낸 편지에 의하여 세상에 알려졌다. 실제로 골드바흐는 가능한 수많은 예를 들었지만, 자연수는 무한하므로 그것이 일반적인 증명일 수는 없다. 오일러는 이 추측이 옳다고 생각했으나 증명은 못했고 이를 골드바흐의 추측이라고 이름지었다.

이 추측은 250년이 지난 지금도 미해결 문제로 남아서 많은 이들을 유혹하고 있다. 두 소수의 합으로 나타낼 수 있는 짝수가 많다.

$$4=2+2,\ 6=3+3,\ 8=3+5,\ 10=3+7=5+5,\ 12=5+7,\ 50=19+31$$

초등학생도 인내심만 있으면 상당히 큰 짝수를 두 소수의 합으로 나타낼 수 있으며, 골드바흐의 추측이 성립하지 않는 짝수를 발견한 사람은 아무도 없다. 그러나 아직도 증명은 못했으므로 2보다 큰 모든 짝수를 두 소수의 합으로 나타낼 수 있는지는 알 수 없다.

또한 '**5보다 큰 모든 홀수는 세 소수의 합으로 나타낼 수 있다.**'는 것은 골드바흐의 두 번째 추측이라 하는데, 1937년에 러시아의 한 수학자가 증명하는데 성공했다. 한편 중국의 수학자 천(Chen)은 '어떤 자연수 $n$보다 작고 2보다 큰 모든 짝수는 두 소수의 합 또는 하나의 소수와 두 소수의 곱의 합이다.'라는 사실을 증명하였다. 그러나 천의 증명에서는 $n$이 무엇인지 알 수 없고, 단지 그런 $n$이 존재한다는 것을 보인 것이다.

*소설 〈골드바흐의 추측〉*
소설 '골드바흐의 추측'은 골드바흐의 추측을 풀기 위해 일생을 바친 가상의 수학자 이야기이다.
출판사는 백만 달러의 상금을 걸었다. 골드바흐의 추측은 현상금 백만 달러가 붙은 금세기 최고의 퀴즈가 되었다. 골드바흐의 추측을 증명하기가 어려운 만큼, 상금을 타기 위하여 이 책이 잘 팔린다면 출판사는 손해보지는 않을 것 같다.

오늘날에는 정수론의 많은 문제에서 컴퓨터를 이용한다. 1998년에는 슈퍼컴퓨터로 400조까지 이 추측이 참임을 밝혔고, 2000년에는 $4\times10^{14}$까지 이 추측이 참임을 밝혔다.

그러나 강조했듯이, 수학에서는 가능한 예가 아무리 많을지라도 증명되지 않은 것은 참인 명제로 인정할 수 없다. 이와 같이 수학에는 옳다고 생각은 되지만 증명되지 않은 명제가 많은데, 이러한 수학적 추측은 앞으로도 끊임없이 수학자들의 관심을 끌 것이고 수학이 발전하는 동기를 제공할 것이다.

수학에서 진리를 발견하는 주된 도구는 귀납과 유추이다. – **라플라스**

## 4-2 돌·아·보·기

**1. (대학) 쌍둥이 소수**

40부터 200 사이에 있는 쌍둥이 소수 10개를 찾아보아라.

**2. (역사) 골드바흐의 추측**

50, 100, 1000, 10000을 각각 두 소수의 합으로 나타내어 보자.

두 소수의 합으로 나타내어지지 않는 짝수를 발견하였는가?

**3. (역사) 마방진**

(1) 1부터 $n^2$까지의 자연수를 정사각형 모양으로 늘어놓아 모든 행과 열의 합이 같도록 만든 것을 $n$차 마방진이라 한다.

3차 마방진과 4차 마방진을 만들어라.

(2) 다음은 오일러가 만든 8차 마방진이다. 나머지 빈 칸을 완성하여라.

| | | | | | | | |
|---|---|---|---|---|---|---|---|
| | 48 | 31 | 50 | 33 | 16 | 63 | 18 |
| 30 | | 46 | 3 | 62 | 19 | 14 | 35 |
| 47 | 2 | 49 | 32 | | 34 | 17 | 64 |
| 52 | 29 | 4 | | 20 | 61 | 36 | 13 |
| 5 | 44 | 25 | 56 | 9 | 40 | | 60 |
| 28 | 53 | 8 | 41 | 24 | | 12 | 37 |
| 43 | 6 | | 26 | 39 | 10 | 59 | 22 |
| 54 | 27 | 42 | 7 | 58 | 23 | 38 | |

### ■ 알·쏭·달·쏭 – 소수가 아니네!

수학은 느낌보다는 논리를 필요로 한다.

허풍이 : 백만일(1000001)은 소수야. 느낌이 그래.

똘똘이 : 아니야! 백만일은 소수가 아니지.

답 $1000001 = 100^3+1 = (100+1)(100^2-100+1) = 101\times9901$

# 4-3 방정식과 부등식 이야기

## ■ 쫑·알·쫑·알 – 유레카와 부등호

**히에론 왕 : 이 왕관은 순금이 아님을 밝혀라!**

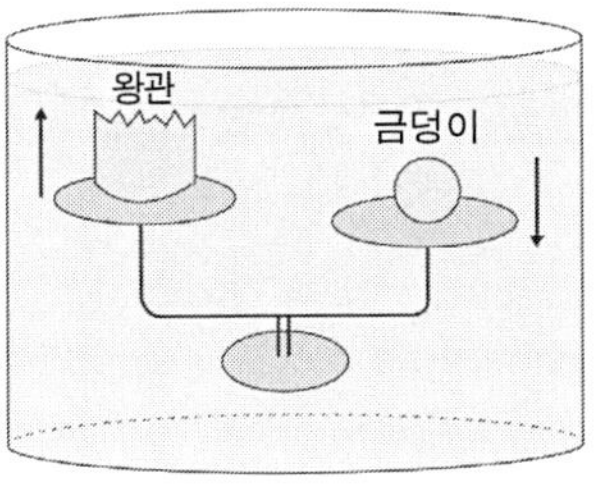


이 문제를 골똘히 생각하던 아르키메데스는 목욕탕에서 부력을 발견했다. 그는 흥분한 나머지 발가벗은 채로 유레카(Eureka, Eureka! - 발견했다.)를 외치며 거리로 뛰쳐나왔다고 한다.

**'순금으로 만든 왕관과 은이 섞인 왕관에서는 무엇이 같고, 무엇이 다른가?'**

## ■ 살·펴·보·기

방정식과 부등식은 주어진 상황을 미지수와 기호를 사용하여 나타낸 식이다. 방정식에는 이차, 삼차, 사차방정식 등 다항방정식과 분수방정식, 무리방정식 등이 있고, 부등식에는 다항부등식, 분수부등식, 무리부등식 등이 있다.

대수학의 아버지 디오판투스가 최초로 기호를 도입한 후 기호대수가 시작되었다. 그러나 덧셈, 뺄셈, 곱셈, 나눗셈의 기호와 로그, 지수 등의 기호는 역사가 불과 400여 년 밖에 되지 않았다. 기호화가 완전해지기 전에는 오늘날의 수식들이 복잡한 문장으로 표현되었었다.

삼차방정식과 사차방정식의 대수적 해법은 여러 수학자가 발견하였으나, 오차 이상의 방정식에 대해서는 일반 해법이 존재하지 않는다는 것을 아벨과 갈루아가 증명하였다. 한편 가우스는 '**$n$차 방정식은 $n$개의 복소수 해를 갖는다.**'는 대수학의 기본정리를 증명하였다.

## ■ 그·림·수·학

- $(a+b)^2+(a-b)^2=2(a^2+b^2)$

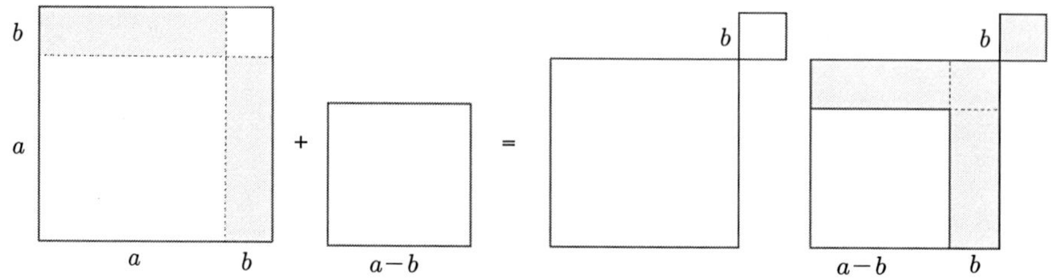


- $(a+b)^2=(a-b)^2+4ab$

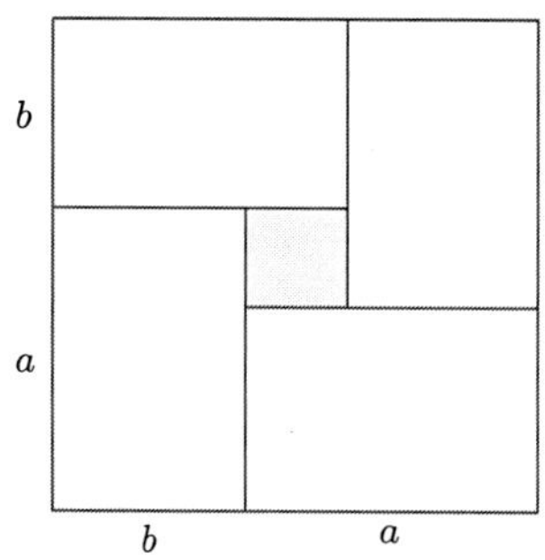


- $\sqrt{ab} \le \dfrac{a+b}{2}$

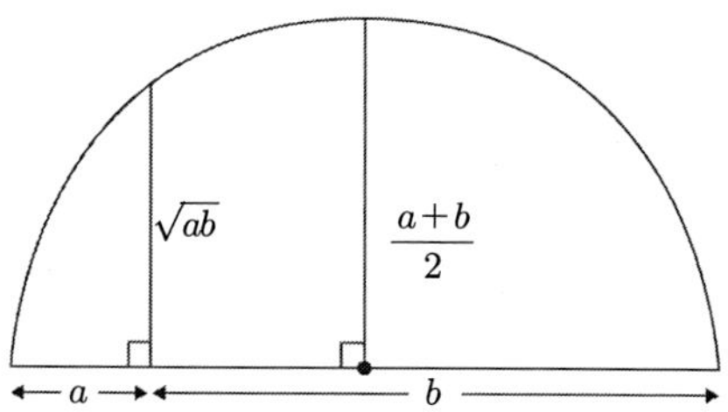


- $\dfrac{a}{b} < \dfrac{c}{d} \Rightarrow \dfrac{a}{b} < \dfrac{a+c}{b+d} < \dfrac{c}{d}$

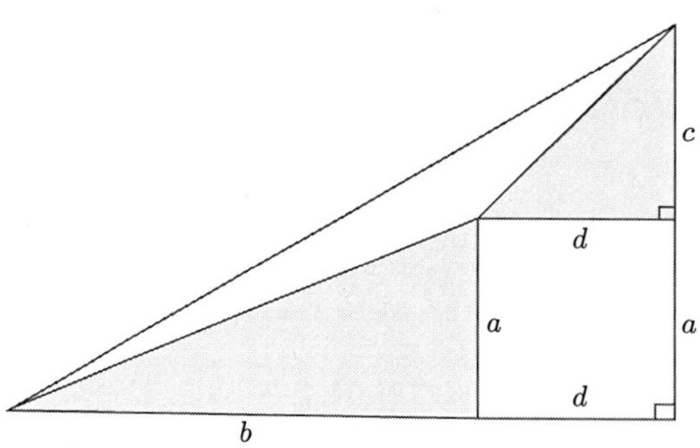

# (1) 방정식과 부등식의 역사

방정식과 부등식은 해결하고자 하는 문제 상황을 명확하게 식으로 나타낸 것이며, 이때 기호가 필요하다. 일상 용어로 된 문장제 문제를 숫자나 문자, 또는 기호를 써서 간결한 방정식이나 부등식으로 표현하고, 식을 풀어서 문제를 해결한다. 방정식과 부등식을 푸는 방법은 대수학 역사의 중심이었다. 특히 2차, 3차, 4차방정식의 근을 계수들의 사칙연산과 근호만으로 구하는 대수적 해법은 예로부터 수학자들의 관심사였다.

**〈대수학의 발전단계〉**

처음에는 식을 쓰지 않고 문장으로 문제를 표현한 **수사학 단계**이었다.

다음은 생략에 의한 **압축 단계**로, 250년경 디오판투스가 미지수를 도입한 이후부터 비에트가 기호화를 완성하기 전까지를 말한다. 대수학의 아버지 디오판투스는 수사학 단계에서 벗어나 기호를 사용한 수학자이다. 13권으로 된 저서 〈산학(Arithematica)〉은 대수의 꽃으로 평가되며, 189개 방정식의 유리수해를 구하였다. 그러나 음수해와 무리수해는 인정하지 않았으므로, 음수가 아닌 유리수해만을 구하는 방정식을 '디오판틴 방정식'이라 부른다.

⇧ 타르탈리아

그 후, 기호가 다양해지고 문장을 식으로 나타냈는 데, 이것을 **기호화 단계**라 한다. 오늘날의 식 $4x^2+3x=10$을 17세기 말에서야 $4xx+3x=10$으로 썼다.

⇧ 카르다노

**〈방정식 해법의 역사〉**

미지의 값을 알고자 하는 것은 인간의 본능이다. 일차방정식의 풀이법은 고대 이집트인과 바빌로니아인의 기록에 나타나며, 중국인과 인도인도 관심을 가졌다.

미지수를 $x$, $y$, $z$로 쓰기 시작한 사람은 데카르트이다.

비에트 (Viéte, F., 1540-1603, 프랑스)

변호사로 일하면서 여가시간에 수학연구에 몰두한 비에트는 사인표를 만들고, 삼각함수에 관한 여러 공식을 기호화하였다. 〈해석학 입문〉을 저술했으며 대수(algebra)에 대하여 해석(analysis)라는 용어를 처음 사용했다. 또 10진법 소수 표기를 주장하고 기호대수의 발전에 크게 기여한 그는 '방정식의 수학적 해법'에서 방정식의 근을 근사시키는 과정을 소개했다.

이집트의 아메스 파피루스에는 일차방정식과 간단한 이차방정식이 나타나고, 중국의 〈구장산술〉에서도 일차방정식과 비슷한 문제를 오늘날과 같은 방법으로 풀었다. 그러나 이차방정식의 근의 공식은 인도와 아라비아를 거쳐 16세기에서야 정립되었다. 인도의 브라마굽타의 저서와 아라비아의 알콰즈미의 저서에 오늘날의 공식과 비슷한 형태가 나타난다.

타르탈리아는 삼차방정식의 대수적 해법을 발견하였으나, 카르다노 해법으로 잘못 알려졌고, 카르다노의 제자인 페라리는 사차방정식의 대수적 해법을 발견하였다. 그 후 300여 년간 수학자들은 오차 이상의 방정식의 해법을 찾으려고 노력하였으나 실패하였다.

결국 아벨은 1826년 대수적 해법이 존재하는 방정식들의 공통성을 찾음으로써 오차 이상의 방정식은 대수적 해법이 존재하지 않음을 증명하였고, 갈루아는 군 개념을 도입하여 방정식의 대수적 해법이 존재하기 위한 필요충분조건을 구하였다. 이러한 갈로아의 이론은 오랫동안 풀리지 않았던 각의 삼등분선 작도나 원과 같은 넓이의 정사각형 작도가 불가능함을 증명하였다.

1799년에는 가우스가 $n$차 방정식은 복소수의 범위에서 반드시 $n$개의 해를 갖는다는 대수학의 기본정리를 밝혔다. 또한 16세기 초에 카르다노는 처음으로 음수 해를 인정하였으며, 지라르는 허수해도 인정하였다.

| 북한의 수학용어 | |
|---|---|
| 사칙연산 : 넉셈 | 예각 : 뾰족각 |
| 등호 : 같기표 | 둔각 : 무딘각 |
| 부등호 : 안같기표 | 내각 : 아낙각 |
| 대분수 : 데림분수 | 외각 : 바깥각 |
| 지수 : 제곱어깨수 | 대각 : 맞문각 |
| 교점 : 사귐점 | 내접 : 아낙닿이 |
| 합동 : 꼭맞기 | 외접 : 바깥닿이 |
| 직선 : 곧은선 | 정다각형 : 바른다각형 |
| 포물선 : 팔매선 | |

타르탈리아는 삼차방정식의 일반해법을 발견했으나, 카르다노 해법으로 잘못 알려졌다.

## (2) 여러 가지 방정식과 부등식

생각열기

**포장과 부등식**

길이가 12m인 끈으로 묶을 수 있는 직육면체 상자의 최대부피는?

$\dfrac{2a+2b+4c}{3} \geq \sqrt[3]{2a \cdot 2b \cdot 4c}$ 를 이용하여라.

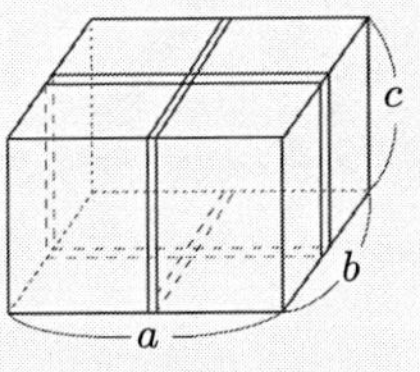


답 $4\text{m}^3$

일상생활이나 자연현상에서 나타나는 많은 복잡한 문제들은 문자와 기호 등을 이용하여 방정식이나 부등식으로 나타냄으로써 간단히 해결할 수 있다.

방정식에는 미지수가 다항식으로만 이루어진 다항방정식, 분모에 미지수를 포함한 분수방정식, 근호 안에 미지수를 포함한 무리방정식, 지수나 로그 또는 삼각함수에 미지수를 포함한 지수방정식과 로그방정식, 삼각방정식이 있다. 마찬가지로 부등식에도 다항부등식, 분수부등식, 무리부등식, 지수부등식과 로그부등식, 삼각부등식 등이 있다.

이차방정식 $x^2-2x+2=0$은 두 개의 해 $x=1+i,\ 1-i$를 가지며, 삼차방정식 $x^3-3x^2+2x=0$은 세 개의 해 $x=0,\ 1,\ 2$를 가진다. 일반적으로 $n$차 방정식은 반드시 $n$개의 복소수 해를 가짐을 가우스가 박사학위 논문에서 증명하였는데, 이것을 **대수학의 기본정리**라고 한다.

*n차 방정식은 반드시 n개의 복소수 해를 갖는다. – 대수학의 기본정리*

가우스(Gauss, K. F., 1777~1855, 독일)

'수학은 과학의 여왕이고 정수론은 수학의 여왕이다.'라고 말한 '수학의 왕' 가우스는 아르키메데스, 뉴턴과 더불어 3대 수학자로 일컬어진다. 천문학, 광학 등 다방면에 뛰어난 그는 대수학, 해석학, 기하학, 통계학 등에 공헌했으며, 수학에 엄밀성과 완전성을 도입하고, 근대수학을 확립하였다.

가우스는 18세에 정17각형 작도하여 모두를 놀라게 했고, 학생 시절에 이항정리, 산술, 기하평균을 발견했으며, 박사학위 논문에서 '대수학의 기본정리'를 증명했다. 또 복소평면을 도입하여 복소수체계를 확립했다.

그 밖에도 가우스 함수를 발견했으며, 가우스 분포를 소개하여 현대통계학의 기초를 다졌다. 위대한 저서 〈수론 연구〉는 현대정수론의 기초가 되었고, 〈일반 곡면론〉은 곡면기하 연구의 시초가 되었다.

한편 가우스는 소행성 케레스(Ceres)를 발견하고 궤도를 계산한 공으로 괴팅겐대학 천문대장이 되었다.

## 대수학의 기본정리

모든 $n$차 방정식은 반드시 $n$개의 복소수 해를 갖는다.

실제로 방정식 $x^n - 1 = 0$의 해는 다음과 같이 $n$개가 존재한다.

$$x = \cos\left(\frac{2k}{n}\pi\right) + i\sin\left(\frac{2k}{n}\pi\right) \quad (\text{단, } k = 1, 2, \cdots, n)$$

20세기에 들어와서 산업의 규모가 대폭 커지면서 여러 상황을 고려하여 계획을 세우는 일이 무엇보다 중요하게 되었다. 한정된 재료와 생산 도구를 가지고 최대의 이익을 추구하는 문제는 제약 조건의 수가 많으면 간단히 해결할 수 없는 문제가 된다. 최근 경제학이나 경영학에서는 몇 개의 일차부등식 또는 일차방정식의 조건 하에서 일차식의 최대값 또는 최소값을 구하는 문제가 계획을 세워나가는 데 중요시되고 있다.

이와 같이, 주어진 영역에서 어떤 함수의 최대값 또는 최소값을 구하는 문제를 다루는 분야를 **선형계획법**(linear programming, LP)이라 한다. 선형계획법은 1930년대 초 군사상 필요한 자재와 인원의 수송문제를 해결하기 위하여 생겨났으며, 칼로리와 영양에 필요한 음식의 혼합 비율, 군수품의 생산계획 등에 응용되었다. 1949년 미국의 단치히는 최적화의 단체법(the simplex method of optimization)으로 수학에 큰 공헌을 하였는데, 당시에 계획법(programming)으로 알려진 그의 연구는 선형계획법으로 발전되어 수학뿐 아니라 실생활에서도 그 활용 범위를 넓혀갔다. 선형계획법에서는 많은 계산이 필요하므로 컴퓨터를 사용하는 것이 필수적이다.

대수학의 아버지 디오판투스는 최초로 수학기호를 도입했다.

주어진 조건 하에서 원하는 양을 최대값 또는 최소값으로 하는 것을 **최적화**(optimization)라 한다. 이 값들은 미분을 이용하여 극댓값, 극솟값 등을 써서 구하는 경우가 많지만, 대수학의 지식으로 푸는 경우도 적지 않다.

예를 들어, 두 양수 $a$와 $b$에 대한 부등식

$$\frac{a+b}{2} \geq \sqrt{ab} \quad (\text{단, 등호는 } a=b\text{일 때 성립})$$

을 이용하면, 합이 일정할 때 곱이 최대가 되는 경우 또는 곱이 일정할 때 합이 최소가 되는 경우는 두 수가 같을 때임을 알 수 있다.

다음 코시 - 슈바르츠 부등식은 바이어스트라스의 70세 생일 파티에서 제시된 문제를 슈바르츠가 기발한 방법으로 해결한 풀이에 포함되어 있는 것이다.

### 코시-슈바르츠 부등식

$$(a^2+b^2+c^2)(x^2+y^2+z^2) \geq (ax+by+cz)^2 \quad (\text{단, 등호는 } \frac{x}{a}=\frac{y}{b}=\frac{z}{c}\text{일 때 성립})$$

이 부등식은 다음과 같이 여러 분야에서 유용하게 쓰이고 있다.

$$\|\vec{v}\|\,\|\vec{w}\| \geq |\vec{v}\cdot\vec{w}|$$

$$\left(\int_a^b f\,dx\right)^2\left(\int_a^b g\,dx\right)^2 \geq \left(\int_a^b fg\,dx\right)^2$$

⇧ 오트레드의 부등호

마지막으로 등호와 부등호의 역사에 대하여 알아보자.

등호 =는 1557년 레코드가 쓴 〈지혜의 숫돌〉에 처음 나타나며, 그 모양은 현재 것보다 더 길었다. 오트레드는 '…보다 더 크다.'와 '…보다 더 작다.'를 기호로 나타냈고, 부등호 >와 <는 헤리엇의 책에 처음 나타난다.

음이 아닌 유리수 해만을 구하는 방정식을 '디오판틴 방정식'이라 부른다.

## 4-3 돌·아·보·기

**1. (역사) 디오판투스의 묘비에 있는 문제**

디오판투스는 생의 $\frac{1}{6}$은 소년으로, 생의 $\frac{1}{12}$은 청년으로 보냈으며, 생의 $\frac{1}{7}$이 지나서 결혼했다. 결혼 5년 후에 아들을 얻었고, 그의 아들은 디오판투스 나이의 반밖에 살지 못했으며, 디오판투스는 아들이 죽은 지 4년 후에 생을 마감했다. 디오판투스가 생을 마감한 나이는?

**2. (생활) 달팽이의 우물 탈출**

깊이가 4m인 우물 바닥에 있는 달팽이는 낮 동안에는 40cm 기어올라가고, 밤 동안에는 30cm 미끄러져 내려온다.
달팽이가 우물 밖으로 나오려면 며칠이나 걸릴까?

## ■ 알·쏭·달·쏭 – 수 맞추기 마술

수학은 마술의 세계를 열어주는 열쇠이다.

가현이 : 나현아! 네가 좋아하는 수를 하나만 생각해 봐.

나현이 : 좋아, 생각했어.

가현이 : 그 수에 10을 더하고 2배한 후, 22를 빼고 3배 해봐.
이제 그 값을 6으로 나누고 10을 더하면 얼마야?

나현이 : 16

가현이 : 그럼, 네가 좋아하는 수는 7이구나.

# 4-4 선형대수와 현대대수 이야기

■ 쫑·알·쫑·알 – 정보는 크기와 방향을…

**갑식이 : 나는 이번 시험에서 성적이 올랐어.**

**을식이 : 나는 이번 시험에서 10점 달라졌어.**

**병식이 : 도대체 갑식이는 몇 점이나 올랐어?**

**도대체 을식이는 10점 오른 거야? 떨어진 거야?**

■ 살·펴·보·기

행렬과 벡터로 대표되는 대수학의 한 분야가 선형대수학이며, 선형대수학과 정수론 등을 바탕으로 폭넓은 추상대수를 다루는 분야가 현대대수학이다.

연립일차방정식을 풀기 위한 행렬식과 19세기에 시작된 행렬은 관광코스, 회로망, 선형계획 등에 편리하게 쓰인다. 길이, 넓이, 질량 등과 같이 크기만을 가지는 양을 스칼라라 하고, 속도, 가속도, 힘 등과 같이 크기와 방향을 함께 가지는 양을 벡터라고 한다. 우리는 바람이 불 때의 연기 모양, 바람결에 누운 풀의 모양, 자석에 의한 철가루의 배열, 파도치는 바닷가의 모래 무늬, 머리의 가마 등에서 벡터의 개념을 발견할 수 있다. 행렬은 크라머, 실베스터, 케일리 등이 연구했고, 벡터는 해밀턴, 그라스만, 기브스 등이 연구했다.

행렬과 벡터는 생활에서도 편리하게 이용되고 있으며, 수학의 특성인 추상화를 잘 보여주는 현대수학은 그 응용범위가 점차로 확대되고 있다.

# (1) 행렬

생각열기

**관광코스와**

**행렬**

어느 관광지의 두 지점 P, Q 사이에 관광 코스 $a$, $b$, $c$, $d$, $e$, $f$가 있다.

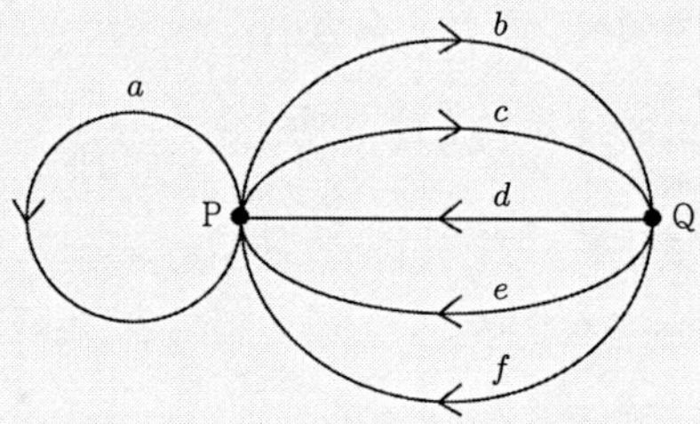


이 관광코스의 수를 나타내는 행렬은 $A=\begin{pmatrix}1&2\\3&0\end{pmatrix}$임을 확인하여라.

P지점을 출발하여 두 코스를 이어서 관광하고, 다시 P지점에 도착하는 방법은 몇 가지인가?

답 $A^2=\begin{pmatrix}7&2\\3&6\end{pmatrix}$의 (1,1) 성분이므로 7가지이다.

행렬의 개념은 실생활뿐 아니라 수학 문제를 해결하는 데에도 유용하다.

실수들을 가로와 세로로 늘어놓은 $(a_{ij})$를 $m\times n$ **행렬**(matrix)이라고 한다.

$$(a_{ij})=\begin{pmatrix}a_{11}&a_{12}&\cdots&a_{1n}\\a_{21}&a_{22}&\cdots&a_{2n}\\\vdots&\vdots&\cdots&\vdots\\a_{m1}&a_{m2}&\cdots&a_{mn}\end{pmatrix}$$

행렬는 실베스터가 지은 이름으로, 행렬의 어원은 라틴어의 'matri'이며 본래의 뜻은 '어머니'이지만 '그 안에 무엇을 만드는 것'을 나타낸다.

행렬 이론은 19세기에 케일리에 의하여 시작되었으며, 실베스터, 프로베니우스 등에 의하여 선형대수학으로 발전하였다. 이러한 행렬은 전기 회로망, 도로망, 생산공정의 연결선 등을 표현하는 데 이용되며, 컴퓨터 계산법과 관련되어 통계학, 선형계획론, 경제학 등에 폭넓게 활용되고 있다.

케일리(Cayley, A., 1821-1895, 영국),

처음으로 행렬을 언급한 케일리는 학생 시절 케임브리지 저널에 세 편의 논문이 실릴 정도로 수학적 능력이 뛰어났다. 14년동안 법률가로 일하면서 250여 편의 수학 논문을 썼으며, 케임브리지 대학 수학교수가 되었을 때는 수학에만 전념할 수 있어 행복했다고 한다.
케일리는 수학사 상 오일러와 코시에 이어 세 번째로 많은 저술을 했으며, 〈케일리 수학논문 모음집〉에는 966편의 논문이 수록되어 있다. 그는 3차원기하를 연구하였고, $n$차원기하와 비유클리드기하, 행렬대수 등을 연구했다.

역사적으로 행렬보다 먼저 나타난 **행렬식**(determinant)의 기원은 연립일차방정식의 해를 구하기 위한 것이며, determinant라는 말은 가우스가 판별식의 의미로 처음 사용하였다. 1693년 라이프니츠가 연립일차방정식을 풀기 위하여 두 변수를 소거하는 방법에서 행렬식을 처음 다루었으나, 이론적으로 정립되지는 못하였다. 연립방정식의 해법을 처음으로 발표한 사람은 크라머이며, 현재 의미의 행렬식은 1815년에 코시가 명확하게 정의하였고, 야코비에 의하여 야코비 행렬식(Jacobian determinant)으로 발전되었다.

행렬 $A=\begin{pmatrix} a & b \\ c & d \end{pmatrix}$의 행렬식은 $|A|=ad-bc$로 정의되는데, 이것은 행렬의 역행렬의 존재성, 역행렬 구하기 등 행렬이론에서 중요한 역할을 한다.

다음 정리는 $2\times 2$ 행렬 $A$에 대하여 $A^{1000}$ 과 같은 계산에 이용된다.

## 케일리-해밀턴 정리

행렬 $A=\begin{pmatrix} a & b \\ c & d \end{pmatrix}$에 대하여, $A^2-(a+d)A+(ad-bc)E=O$이다.

행렬은 우리의 생활 속에서 많이 이용되고 있다. 관광코스에 행렬이 이용되는데, 관광지도에서 관광코스의 수를 나타내는 행렬을 만들고 행렬의 연산을 이용하면 관광과 관련된 문제를 해결할 수 있다. 몇 개의 관광지를 연결하는 관광코스를 행렬로 나타내었을 때, 중간에 한 관광지를 거치는 관광코스의 수를 나타내는 행렬을 구해 보자.

두 관광지 $T_i$, $T_j$에 대하여 $T_i$에서 $T_j$로 가는 관광코스의 수를 $(i,j)$ 성분으로 하는 행렬을 만들 수 있다. 관광코스의 수를 행렬 T로 나타내었을 때, 중간에 관광지 하나를 거쳐서 $T_i$에서 $T_j$로 가는 관광코스의 수는 행렬 $T^2$의 $(i,j)$ 성분이 된다.

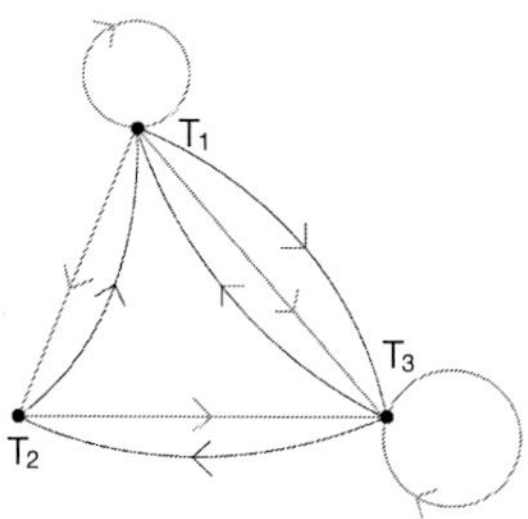


**예제** 강렬한 태양, 에메랄드 빛 바다, 순박한 주민들로 아름다운 파라다이스 섬의 관광 지도를 보자. 아프리카에서 온 청년 '깜보'는 파랑새 동산($T_1$), 흑설마을 ($T_2$), 오로라공원 ($T_3$)을 관광하려고 한다.

(1) 행렬 $T$를 구하여라.

(2) $T_i$에서 시작하여 한 관광지를 거쳐서 $T_j$로 가는 관광코스의 수를 $(i,j)$ 성분으로 하는 행렬을 구하여라.

(3) 파랑새 동산을 출발하여 한 관광지를 거친 후 오로라 공원으로 가는 관광코스의 수를 구하여라.

**풀이** (1) $T=\begin{pmatrix}1&1&2\\1&0&1\\1&1&1\end{pmatrix}$

(2) 구하는 행렬은 $T^2=\begin{pmatrix}4&3&5\\2&2&3\\3&2&4\end{pmatrix}$이다.

(3) 구하는 관광코스의 수는 행렬 $T^2$의 (1, 3) 성분인 5이다.

나의 인생은 오직 두 가지, 수학을 연구하는 것과 수학을 가르치는 것에 적합하다. –푸아송

# (2) 벡터

생각열기

**눈·비와 벡터**

● 이야기 하나

동화 속, 어느 눈 내리는 바람 없는 날,
서있는 백설공주에게 달려가는 흑설왕자가 있었다.
백설공주는 머리에 눈이 하얗게 쌓였고, 흑설왕자는 망또 앞자락에 눈이 하얗게 쌓였다.
왜일까?

● 이야기 두울

소설 속, 어느 비 내리는 바람 없는 날,
서있는 이슬비 양에게 달려가는 장대비 군이 있었다.
이슬비 양은 우산을 똑바로 위로 들었고, 장대비 군은 우산을 앞으로 기울여서 들고 달렸다.
왜일까?

만일 뉴스와 일기예보를 다음과 같이 한다면 얼마나 혼란스러울까?

**'2%의 금리 변동이 있을 것이다.'**

**'기온이 상승할 것이다.'**

도대체 금리가 2% 오를 것인지 내릴 것인지 모를 것이며, 기온이 얼마나 상승할 것인지 궁금하게 된다. 이렇듯 생활에서 크기와 방향을 동시에 말해야만 정보가 정확한 경우가 많다. 크기만을 가지는 양을 **스칼라**(scalar)라 하고 크기와 방향을 동시에 가지는 양을 **벡터**(vector)라고 하는 데, 벡터는 자연과학, 공학, 의학에서까지 두루 쓰이는 중요한 개념이다.

해밀톤(Hamilaton, W, R., 1805-1859, 아일랜드)

신동 해밀턴은 3살부터 어학공부를 했으며 13살에는 13개 외국어에 통달했다고 한다. 그는 12살에 어머니를, 14살에는 아버지를 잃었고, 15세에 수학에 관심을 가지기 시작했다. 그는 사원수를 발견하고, 사원수이론을 발전시키는데 정열을 쏟았다.

해밀턴은 사원수에 관한 논문 외에도 행렬이론에서 케일리-해밀턴 정리가 있다.

실제로 건물을 설계하고 도로를 건설하며 공항에서 이착륙하는 비행기를 통제할 때, 우리는 공간에서의 상대적인 위치를 알아야 한다. 이때 공간좌표를 사용한 벡터를 이용하면 여러 가지 도형의 성질을 쉽게 찾을 수 있고, 공간에서 직선이나 평면의 방정식도 나타낼 수 있다.

벡터는 원래 물리적인 개념으로 속도, 가속도, 힘 등과 같이 크기와 방향을 갖는 양을 뜻한다. 벡터는 뉴턴이 그의 역학 연구에서 물체의 운동을 기술하기 위하여 도입한 개념이다. 이러한 벡터개념은 19세기에 해밀턴, 그라스만, 기브스 등에 의하여 연구되면서 중요한 수학이론으로 발전하였다.

해밀턴은 위치벡터의 개념을 창안하고, 벡터에 좌표를 도입하여 벡터를 성분으로 표시함으로써 물리학 연구의 바탕이 되는 벡터해석의 기초를 세웠고, 그라스만은 벡터의 내적과 외적을 정의하였다. 특히 해밀턴의 위치벡터는 기브스에 의해 공간벡터로 확장되어 위치관계를 나타내는데 편리하게 쓰인다. 이로써 벡터이론은 도형연구를 위한 기하학은 물론이고, 대수학과 해석학의 발전에도 기여하였다. 오늘날의 벡터개념과 표기법은 1880년 기브스가 만들었다.

**more / 쉼터 해밀턴의 사원수**

해밀턴은 벡터의 연산이 교환법칙이 성립되지 않는다는 사실을 깨닫고, 비가환대수인 사원수대수를 탄생시켰다. 해밀턴은 산책하다가 사원수를 발견하였으며, 이를 기념하여 돌에 다음과 같이 새겨놓았다.

**'해밀턴 경은 1843년 10월 16일 이곳을 걷다가, 천재적인 섬광으로 발견한 사원수 곱의 기본공식 $i^2=j^2=k^2=-1$을 이 다리에 새겨 놓는다.'**

움직이는 물체의 속도나 힘의 평형은 벡터를 이용하여 나타낸다. 벡터를 이용하는 실생활 문제를 살펴보자.

예제 폭이 4 km인 강의 강물은 매시 3 km로 서쪽에서 동쪽으로 흐른다.

(1) 새마을호는 P지점에서 Q지점을 향해 달렸더니 R지점에 도착하였다. 새마을호의 흐르지 않는 물에서의 속력은 매시 4 km라고 할 때, 두 지점 Q, R 사이의 거리는 3 km이다.

(2) 희망호는 P지점에서 S지점을 향해 달렸더니 Q지점에 도착하였다. 희망호의 흐르지 않는 물에서의 속력은 매시 5 km라 할 때, 두 지점 Q, S 사이의 거리는 3 km이다.

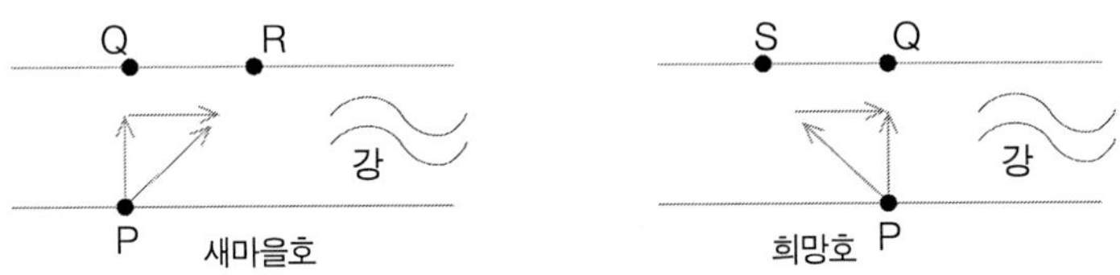


예제 10 kg 중의 물체가 다음과 같이 두 줄 A, B에 매달려 있을 때, 세 힘이 평형을 이룬다.

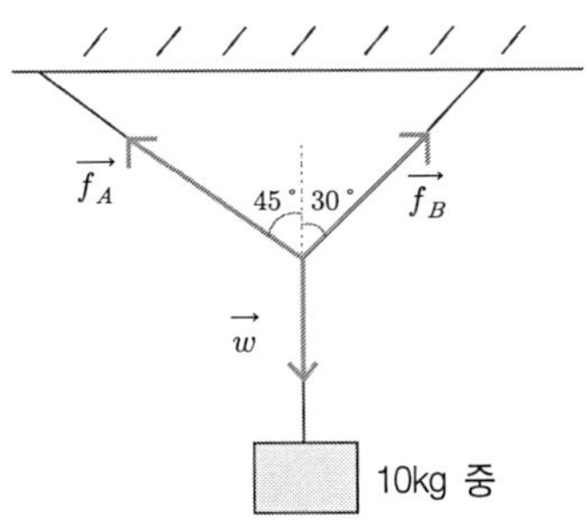


물체에 작용하는 힘을 $\vec{w}$, 두 줄에 작용하는 힘을 $\overrightarrow{f_A}$, $\overrightarrow{f_B}$로 나타내면 $\overrightarrow{f_A}+\overrightarrow{f_B}=\vec{w}$ 이므로 사인법칙에 의하여 다음이 성립한다.

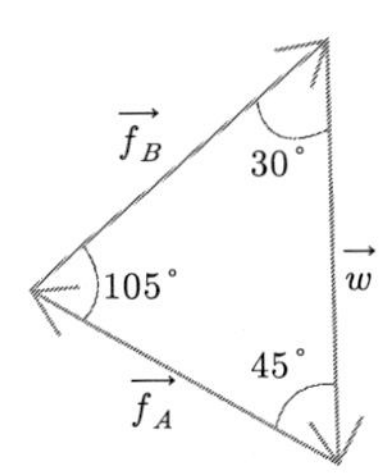


$$\frac{10}{\sin 105°}=\frac{f_A}{\sin 30°}=\frac{f_B}{\sin 45°}$$

아벨과 갈루아는 오차 이상의 방정식은 대수적으로 풀 수 없음을 보였다.

# (3) 선형대수와 현대대수

생각열기

**덧셈과 괄호**

애지 : 5+3+7은 어떻게 계산하는 거지?

중지 : 5+3=8이고 8+7=15이지.

애지 : 3+7=10이고 5+10=15이니까, (5+3)+7=5+(3+7)이 성립하네.

중지 : 그래, 일반적으로 (a+b)+c=a+(b+c)가 성립해.

수는 수학에서 기본적인 개념이고, 숫자는 수를 나타내는 기호이다. 수를 숫자로 나타내는 대신에 문자로 임의의 수를 나타낸 후, 문자를 써서 수의 관계, 계산의 법칙 등을 연구하는 분야를 **대수학**(algebra)이라 한다. 따라서 대수학의 기초는 수의 연산을 다루는 산수이지만, 대수학에서는 문자를 사용하여 규칙을 나타내고 또 문자에 수를 대입하여 연산을 한다.

대수(algebra)라는 용어는 9세기경 알콰리즈미가 쓴 책의 이름에서 온 것이다. 대수학은 4세기 경 이미 디오판투스의 저서 〈산술〉에서 형성되었고, 1200년부터 적극 연구되었으며, 비에트에 이르러 기호적인 형태가 완성되었다.

⇧ 알콰리즈미

수학에 기호가 없었다면 수학의 발전은 불가능했을 것이다. 14세기까지는 수학에서 거의 기호를 사용하지 않고 식이나 도형을 말로써 설명했으나, 15세기에 인쇄술의 발달과 함께 책이 많이 출판되면서 기호도 정비되기 시작했다. 여기서는 사칙연산 기호의 역사를 살펴보자.

덧셈기호 +는 13세기 피보나치가 처음 사용하였다. 그는 '3 더하기 5'를 '3과 5' 라고 썼으며, 영어 and와 같은 라틴어 et를 변형시켜 +를 만들었다. 뺄셈기호 −는 비드만이 '모자란다.'라는 라틴어 minus의 m을 변형시킨 것으로, 1489년 비드만의 〈상업산술〉에 +와 −가 나타난다. 곱셈기호 ×는 오트레드가 처음 사용했으나, 나눗셈 기호 ÷는 오래 전부터 쓰여왔다. 10세기경에는 '10 나누기 ÷5'와 같이 '나누기'라는 말도 함께 썼다.

대수학은 방정식의 해법연구가 중심이었으나, 19세기 이후에는 칸토어의 집합론, 프로베니우스에 의한 행렬이나 군(group)의 이론, 체(field)의 이론 등과 더불어 점차로 추상적이고 공리적인 형태로 발전되었다.

정수에서는 덧셈이 가능하고 덧셈에 대한 항등원과 역원이 존재하므로 덧셈의 역연산인 뺄셈도 가능하다. 정수에서는 곱셈은 가능하지만 곱셈의 역원이 존재하지 않기 때문에 곱셈의 역연산인 나눗셈은 가능하지 않다. 그러나 유리수에서는 사칙연산이 모두 가능하며, 실수와 복소수에서도 사칙연산은 매우 자유롭다.

## 체의 공리

집합 $F$ 위에 두 연산 +, · 가 정의되어 있고, 다음을 만족한다.

A1 : 임의의 $a, b \in F$에 대하여 $a+b=b+a$

A2 : 임의의 $a, b, c \in F$에 대하여 $(a+b)+c=a+(b+c)$

A3 : $0 \in F$가 존재하여 임의의 $a \in F$에 대하여 $a+0=0+a=a$

A4 : 임의의 $a \in F$에 대하여 $a+x=x+a=0$인 $x \in F$가 존재한다.

M1 : 임의의 $a, b \in F$에 대하여 $a \cdot b=b \cdot a$

M2 : 임의의 $a, b, c \in F$에 대하여 $(a \cdot b) \cdot c=a \cdot (b \cdot c)$

A3 : 0이 아닌 $1 \in F$가 존재하여 임의의 $a \in F$에 대하여 $a \cdot 1=1 \cdot a=a$

A4 : 0이 아닌 임의의 $a \in F$에 대하여 $a \cdot x=x \cdot a=1$인 $x \in F$가 존재한다.

D : 임의의 $a, b, c \in F$에 대하여 $a \cdot (b+c)=a \cdot b+a \cdot c$

뇌터(Noether, A.E., 1882-1935, 독일)

뇌터는 에를랑겐에서 태어나 괴팅겐대학 교수가 되었다. 그녀는 '뇌터환'을 소개하였으며, 비가환대수의 연구 등 현대대수학에 큰 업적을 남겼다. 여자교수를 반대하는 교수들에게 힐베르트는 '여기는 대학이지 목욕탕이 아니다.' 라고 반박하며 적극 주장하여 뇌터는 특별교수가 되었다. 에미 뇌터의 아버지인 막스 뇌터의 장례식에서 어떤 사람이 '에미 뇌터는 막스 뇌터의 딸'이라고 말하자, 뇌터의 능력을 존경하던 아인슈타인은 '막스 뇌터는 에미 뇌터의 아버지'라고 응수했다.

정수의 집합과 같이 공집합이 아닌 집합 $G$에 연산 $\circ$이 정의되어 있고, 결합법칙이 성립하며, 항등원과 모든 원소의 역원이 존재하면 $(G, \circ)$를 군이라 한다. 특히 교환법칙이 성립하는 군을 가환군(commutative group) 또는 아벨군(abelian group)이라 한다. 한편 유리수, 실수, 복소수 전체의 집합과 같이 체의 공리를 만족하는 집합 즉, 사칙연산이 모두 가능한 집합을 체라고 한다.

두 행렬 $A, B$에 대하여 $-3A+5B$도 행렬이고, 두 벡터 $\vec{v}, \vec{w}$에 대하여 $5\vec{v}-3\vec{w}$도 역시 벡터이다. 이와 같이 어떤 집합의 두 원소를 스칼라배하여 더하는 것을 **일차결합**(linear combination)이라 하는 데, 일차결합이 다시 같은 집합의 원소가 되고 몇 가지 공리를 만족할 때, 이 집합을 **벡터공간**(vector space)이라 한다.

대수학을 대표하는 두 분야는 **선형대수학**(linear algebra)과 **현대대수학**(modern algebra)이다. 선형대수학은 행렬, 벡터의 모임인 벡터공간과 선형성(linearity)을 다루며, 현대대수학은 덧셈군인 정수론을 기초로 일반적인 집합에서의 연산을 다루는 추상대수학(abstract algebra)이다.

## 벡터공간

집합 $V$ 위에 합(sum)과 스칼라배(scalar multiple)가 정의되고, 임의의 $\vec{u}, \vec{v}, \vec{w} \in V$와 임의의 스칼라 $k, l$에 대하여 다음을 만족하면 $V$를 벡터공간이라 한다.

$\vec{u}+\vec{v}=\vec{v}+\vec{u}$

$(\vec{u}+\vec{v})+\vec{w}=\vec{u}+(\vec{v}+\vec{w})$

$\vec{o} \in V$가 존재하여 $\vec{u}+\vec{o}=\vec{o}+\vec{u}=\vec{u}$

$\vec{u}+(-\vec{u})=(-\vec{u})+\vec{u}=\vec{o}$인 $-\vec{u} \in V$가 존재한다

$k(\vec{u}+\vec{v})=k\vec{u}+k\vec{v}$

$(k+l)\vec{u}=k\vec{u}+l\vec{u}$

$k(l\vec{u})=(kl)\vec{u}$

$1\vec{u}=\vec{u}$

## 4-4 돌·아·보·기

**1. (대학) 회로망**

행렬 $S=(s_{ij})$는 지점 $S_1$, $S_2$, $S_3$ 사이에 정보를 보내는 회로망을 나타내며, $s_{ij}$는 $S_i$지점에서 $S_j$지점으로 정보를 직접 보내는 회로의 수이다.

$S=\begin{pmatrix} 0 & 3 & 2 \\ 1 & 0 & 1 \\ 2 & 2 & 0 \end{pmatrix}$일 때, 회로망을 그려라. 또 $S_i$지점에서 한 지점을 거쳐 $S_j$지점으로 정보를 보내는 회로망을 나타내는 행렬을 구하여라.

**2. (생활) 비의 속력과 벡터**

시속 57.6 km로 달리는 기차의 창문에 부딪치는 빗방울은 수직 방향에 대하여 기차의 뒤쪽방향으로 $45°$의 각을 이루고 있다. 기차가 정지했을 때에는 비가 수직 방향으로 내린다고 할 때, 비의 속력은 얼마인가?

## ■ 알·쏭·달·쏭 – 물과 포도주스 섞기

수학은 직관으로 추측하고 엄밀한 계산으로 확인한다.

A컵에는 물이 100만큼, B컵에는 포도주스가 100만큼 들어 있다.

A컵에서 1만큼 떠서 B컵으로 옮긴 후 잘 섞은 다음, 다시 B컵에서 1만큼 떠서 A컵으로 옮긴다고 하자.

이때 A컵에 있는 포도주스의 양은 B컵에 있는 물의 양과 같은가?

답 물과 포도주스를 서로 바꾼 양이므로 같다.

B.C. 490 – 제논 – '제논의 역설' 소개

B.C. 287 – 아르키메데스 – 적분법의 시조, 구분구적법으로 넓이와 부피 계산

85 – 프톨레마이오스 – 삼각법 창시, 〈알마게스트〉 저술, 사인표 작성

1114 – 바스카라 – $\sum_{k=1}^{n} k^3 = (\sum_{k=1}^{n} k)^2$ 증명

1180? – 피보나치 – '피보나치 수열' 발견

1548 – 스테빈 – 지수이론 확립, 지수 기호 사용

1550 – 네이피어 – 로그 발견, 로그표 제작

1556 – 브리그스 – 상용로그 발견, 지표와 가수라는 용어 소개, 로그표 제작

1596 – 데카르트 – 해석기하학 창시, 〈방법서설〉 저술

1601 – 페르마 – 미분법과 유사한 방법으로 극댓값과 극솟값 구함

1616 – 월리스 – 음수지수, 분수지수 사용

1642 – 뉴턴 – 미적분 발견, 3대 수학자

1646 – 라이프니츠 – 함수(funcion)라는 용어 사용, 미적분 발견, $\frac{dy}{dx}$, $\int f(x)dx$ 사용

1661 – 로피탈 – '로피탈 법칙' 소개

1685 – 메클로린 – 미분법 체계화, '메클로린급수' 소개

1698 – 테일러 – '테일러급수' 소개

1707 – 오일러 – 로그함수 정의, 미분방정식 연구, 기호 $f(x)$ 사용

1736 – 라그랑주 – 극한, 미적분 연구, '해석학(analysis)' 용어 사용

1777 – 가우스 – '가우스함수' 소개, '가우스평면' 소개, 3대 수학자

1789 – 코시 – 함수 정의, 수열 연구, 도함수 개념 정립, 현대해석학 체계화

1815 – 바이어슈트라스 – 극한, 연속, 미분가능성 정의, 해석학의 기초 세움

1826 – 리만 – '리만적분' 소개

1831 – 데데킨트 – '데데킨트의 절단' 소개, 실수이론의 기초 확립

# Chapter 5. 해석학의 세계

해석학은 엄밀성을 강조하는 수학의 특성을 잘 보여주는 분야이다. 실체를 다루는 실험 학문인 과학과는 달리, 수학은 사고의 대상을 다루는 정신적 학문이다. 특히 계통성이 강한 수학은 논리적 결함이나 비약이 조금이라도 있었다면 수학의 역사를 다시 써야 할 것이다. 수학적 사실이 불변하는 이유는 수학의 생명인 논리적 엄밀성 때문이다.

해석학의 세계에는 실수와 수열 이야기, 여러 가지 함수 이야기뿐만 아니라, 현대수학의 핵심인 미분과 적분 및 그 활용에 관한 이야기가 있다.

제곱해서 2가 되는 수를 생각하여 무리수 $\sqrt{2}$를 만들고, 제곱하여 음수 $-1$이 되는 수를 생각하여 허수 $i$를 만들어서, 수의 범위는 유리수에서 실수, 복소수로 확장되었다. 한편 19세기 해석학의 발전으로 극한개념을 다룰 수 있게 되었으며, 제논의 역설과 같은 무한의 논쟁도 정복되었다.

# 해석학의 세계



# 5

# 5-1 실수와 수열 이야기

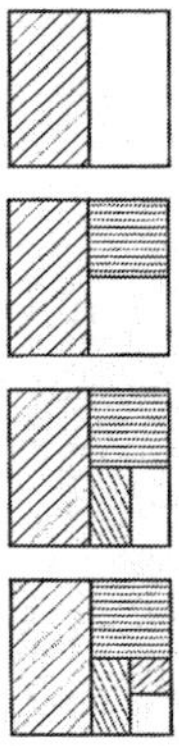

## ■ 쫑·알·쫑·알 – 그려보기 증명

**정사각형에 색칠을 해보자.**

**처음에 절반을 색칠하고, 다음에 나머지의 절반을 색칠하고,**

**그 다음에 또 나머지의 절반을 색칠하고, …**

**정사각형 넓이가 1일 때, 색칠된 넓이는 얼마인가?**

$$\frac{1}{2}+\frac{1}{4}+\frac{1}{8}+\cdots=1$$

## ■ 살·펴·보·기

유리수와 무리수의 합집합인 실수에서는 사칙연산이 가능하고 크기를 말할 수 있으며, 극한과 연속을 다룰 수 있다. 제곱하여 $-1$이 되는 허수 $i$를 생각하면 수의 범위를 복소수까지 확장할 수 있다.

수를 규칙에 따라 늘어놓은 것을 수열이라 한다. 피타고라스는 수열을 도형과 관련하여 연구하였고, 가우스는 다음 등차수열의 합을 초등학교 시절에 알았다.

$$1+2+\cdots+100=(1+100)+\cdots+(50+51)=\frac{100(100+1)}{2}$$

실생활 문제에서는 주어진 상황에 알맞은 모형을 만들면 수열이 자주 나타나며, 수열이론을 이용하면 문제를 명쾌하게 해결할 수 있다. 자연에서 발견되는 피보나치 수열은 수학의 조화로움을 느낄 수 있게 하며, 하노이 탑의 전설에 나타나는 수열도 많은 호기심을 불러일으킨다.

# (1) 실수와 복소수

생각열기

**방정식과 수의 확장**

방정식 $x+2=0$의 해는 $x=-2$, 정수.

방정식 $x^2-2=0$의 해는 $x=\sqrt{2}$, 실수.

방정식 $x^2+2=0$의 해는 $x=???$

실수는 제곱하면 0 이상이므로 $x^2=-2$인 $x$는 존재하지 않겠군!

제곱하여 음수가 되는 수를 상상해 볼까?

실수의 집합은 자연수, 정수, 유리수, 그리고 무리수 $\sqrt{2}, \pi$ 등과 같은 무리수를 포함하는 수의 집합이다. 실수의 집합에서는 사칙연산이 가능하고 대소관계가 있으며 극한 개념을 생각할 수 있으므로 **실수계**(real number system)라 한다. 해석학에서 중요한 개념인 극한, 연속, 미분가능성, 적분가능성 등은 실수계의 성질을 바탕으로 한 것이다.

실수계를 도입하는 방법에는 실수계를 직접 구성하는 구성적(constructive) 방법과 실수계의 존재성을 공리적으로 인정하는 공리적(axiomatic) 방법이 있다.

구성적 방법에서는 자연수계를 페아노 공리(Peano's axiom)를 이용하여 정의한 후, 정수계, 유리수계를 구성하고 유리수계의 결함을 보완하기 위하여 확장된 실수계를 만든다. 구성적 방법으로는 '유리수의 절단'을 이용한 데데킨트의 방법과 '유리수의 코시수열'을 이용한 코시 방법이 있다.

우리수는 유리수 수열의 극한으로 나타낼 수 있다.

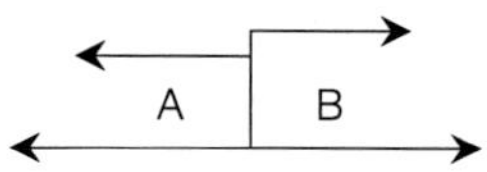


무리수의 발견은 피타고라스 학파에 의하여 이루어졌으나, 무리수 개념을 엄밀하게 정의한 사람은 데데킨트와 코시이다. 데데킨트는 유리수 전체를 직선에 나타낸 후, 아래와 위의 두 집합 $A$, $B$로 나눌 때 $A$와 $B$의 경계에 있는 수가 무리수임을 보였다. 한편 코시는 다음과 같이 무리수는 유리수 수열의 극한임을 보였다.

$$1,\ 1.4,\ 1.41,\ 1.414,\ 1.4142,\ \cdots \rightarrow \sqrt{2}$$

공리적 방법에서는 공집합이 아닌 집합 $R$에 덧셈과 곱셈이 정의되어 있고 체의 공리(field axioms), 순서 공리(order axioms), 완비성 공리(completeness axiom)를 만족시킬 때, 집합 $R$를 실수계라고 정의한다. 체의 공리는 실수에서 사칙연산이 자유롭다는 대수적 구조를 주며, 순서 공리는 두 실수 사이에 대소 관계를 준다. 완비성 공리는 유리수는 직선 위에 나타낼 때 틈이 있으므로 틈을 모두 메워서 실수를 연속이 되도록 하는 공리이다. 이러한 공리를 만족시키는 실수계가 존재하며 여러 방법으로 구성한 실수계들은 본질적으로 같다.

일반적으로 양의 실수 $x$는 $x = x_0.x_1x_2x_3\cdots$와 같이 십진법 소수로 표현할 수 있으므로, 모든 실수는 소수표현법이 가능하다. 또 실수의 집합은 직선 위의 점들과 일대일대응 시킬 수 있다. 다시 말하면, 직선 위에 한 점을 0이라 하고 0의 오른쪽에 다른 한 점을 1이라 표시하면, 실수계를 기하학적으로 다룰 수 있는데, 이 직선을 **실직선**(real line) 또는 수직선이라 한다.

수직선에서 유리수의 틈을 메우는 수에 불과한 무리수가 유리수보다 많다는 것을 발견한 사람은 칸토어이다. 칸토어는 1873년 유리수는 자연수와 일대일대응이나, 실수는 자연수와 일대일대응이 아님을 증명하였다. 즉, 유리수는 가부번 무한집합이고 실수는 비가부번 집합임을 증명하였는데, 이것은 수학적 혁명이었다.

1883년 '칸토어 집합'과 '연속체 가설'에 관한 논문을 발표하였다.

모든 실수는 소수로 표현할 수 있다.

실수계에서는 **삼각부등식**과 **아르키메데스 정리**가 성립하며, 아르키메데스 정리에 의하면 임의의 양수 $a$에 대하여 $a<n$인 자연수 $n$이 존재하고, 또한 $0<\frac{1}{n}<a$인 자연수 $n$도 존재함을 알 수 있다.

바이어슈트라스(Weierstrass, K. T., 1815~1897, 독일)

극한과 연속을 엄밀하게 정의한 바이어슈트라스는 모든 점에서 미분불가능한 연속함수를 만들었고, 복소함수 이론의 기초를 세웠다. 그는 언제나 엄밀성을 매우 강조했으며, 엄밀한 해석적 표현을 중시했다.

바이어슈트라스는 복소수 $z$의 크기를 $|z|$로 나타내면서 절대값 기호를 처음 사용하였다.

### 삼각부등식

임의의 두 실수 $a, b$에 대하여 다음 부등식이 성립한다.

$$||a|-|b||\le|a\pm b|\le|a|+|b|$$

### 아르키메데스(Archimedes) 정리

임의의 양의 실수 $a$와 임의의 실수 $b$에 대하여 $na>b$를 만족시키는 자연수 $n$이 존재한다.

극한에 대한 $\varepsilon-\delta$ 정의에 대하여 살펴보자.

수열 $\langle\frac{1}{n}\rangle$에서 $\lim_{n\to\infty}\frac{1}{n}=0$이고, 함수 $f(x)=x^2+1$에서 $\lim_{x\to2}f(x)=5$임을 직관적으로 배웠다. 그러나 수열과 함수의 극한은 엄밀하게 정의해야 한다.

> $\varepsilon$과 $\delta$는 보통 아주 작은 양수를 나타낼 때 사용되는 기호이다.

### 수열의 극한과 함수의 극한

'임의의 양수 $\varepsilon$에 대하여, 이에 대응하는 자연수 $k$가 존재하여 $k$보다 큰 모든 자연수 $n$에 대하여서는 $|a_n-\alpha|<\varepsilon$을 만족시킬 때, $\lim_{n\to\infty}a_n=\alpha$라고 한다.

'임의의 양수 $\varepsilon$에 대하여, 이에 대응하는 양수 $\delta$가 존재하여 $0<|x-a|<\delta$인 모든 $x$에 대하여서는 $|f(x)-b|<\varepsilon$을 만족시킬 때, $\lim_{x\to a}f(x)=b$라고 한다.

오일러는 허수 $\sqrt{-1}$을 기호 $i$로 표현했고, 가우스는 복소평면을 도입하였다.

*드 무아브르(De Moivre, A., 1667-1754, 프랑스)*
드 무아브르의 정리로 유명한 드 무아브르는 해석기하를 발전시키고 확률론의 선구적 역할을 했다. 통계학에서 확률적분과 정규곡선을 처음으로 다루었던 그는 이항분포의 근사를 발견했고, 사망 통계를 연구한 결과 '수명에 따른 연금'을 출간하여 보험 통계학에도 공헌했다.
드 무아브르는 〈해석기요〉에서 스털링식을 이용해 이항분포를 근사시켜 정규분포를 얻었는데, 이것은 스털링 공식으로 잘못 알려졌다.

방정식 $x^2+2=0$의 실수해는 존재하지 않으므로, 제곱하여 음수가 되는 수를 상상하여 **허수**(imaginary number)가 탄생되었고, 수의 범위는 실수에서 **복소수**로 확장되었다. 복소수의 존재는 일찍 알려져 있었으나, 수로서 인정되는 데에는 오랜 시간이 걸렸다.

16세기 카르다노와 봄벨리는 방정식의 풀이과정에서 복소수의 존재를 알았지만 수로 인정을 하지 않았다. 17세기 데카르트는 허수라는 용어를 사용하였지만, 허수에 의미를 부여하지는 않았다. 그러나 19세기에 이르러 가우스가 복소수를 좌표평면에 나타내면서부터 허수도 수로 받아들이게 되었다. 복소수란 말을 처음 사용한 사람은 가우스이며, 복소수는 과학기술의 발전에 필수적이다.

제곱하여 $-1$이 되는 새로운 수 $\sqrt{-1}$ 을 $i$로 나타내고, $i$를 **허수단위**라고 한다. 실수와 허수를 합하여 복소수라고 하는데, 실수를 $a$로, 순허수를 $bi$(단, $b$는 실수)로 나타내면 복소수는 $a+bi$로 나타내어진다. 복소수에서 사칙연산은 정의되지만, 두 복소수 사이의 대소관계는 정의되지 않는다.

드 무아브르 정리는 복소수의 계산을 간편하게 해준다.

## 드 무아브르 정리

$$(\cos x+i\sin x)^n=\cos nx+i\sin nx$$

$$\left(\frac{\sqrt{3}}{2}+\frac{1}{2}i\right)^{100}=\left(\cos\frac{\pi}{6}+i\sin\frac{\pi}{6}\right)^{100}=\cos\frac{100\pi}{6}+i\sin\frac{100\pi}{6}=-\frac{1}{2}+\frac{\sqrt{3}}{2}i$$

**more / 쉼터** **오일러의 실수**

오일러가 보인 다음 식에서 잘못된 부분을 찾아보자.

$$\sqrt{5}=\sqrt{(-1)\cdot(-5)}=\sqrt{-1}\cdot\sqrt{-5}=\sqrt{-1}\cdot\sqrt{(-1)\cdot 5}$$
$$=\sqrt{-1}\cdot\sqrt{-1}\cdot\sqrt{5}=i\cdot i\cdot\sqrt{5}=i^2\cdot\sqrt{5}=-\sqrt{5}$$

# (2) 수열

생각열기

**포장과 부등식**

한 가닥의 끈을 두 겹으로 접고, 그것을 다시 네 겹으로 접어서 한 가운데를 자른다. 끈은 몇 조각으로 나누어지는가?
또 $n$번 접어서 한 가운데를 자르면, 끈은 몇 조각으로 나누어지는가?

답 5조각, $2^n+1$

수들을 어떤 규칙에 따라 나열한 것을 **수열**(seguence)이라 하고, 수열의 합을 **급수**(series)라 한다. 수열에서 규칙을 식으로 나타내고 일반항을 예측하는 것이 수열이론이다.

가장 오래 된 수열문제는 이집트 린드 파피루스의 곡물분배 문제이다.

### 린드 파피루스에 있는 곡물분배 문제

100kg의 곡물을 A, B, C, D, E에게 나누어주었는데, A보다 B가, B보다 C가, C보다 D가, D보다 E가 각각 일정한 양만큼 많았다. A와 B의 합의 7배는 나머지 3명의 합과 같을 때, 곡물의 양을 각각 구하여라.

위 문제에서 각각 나누어 가진 곡물의 몫은 등차수열을 이룬다.

A의 몫을 $x$, 공차를 $y$라고 하면 A, B, C, D, E의 몫은 차례로 $x$, $x+y$, $x+2y$, $x+3y$, $x+4y$이다.

$$1+\frac{1}{1!}+\frac{1}{2!}+\frac{1}{3!}+\frac{1}{4!}+\cdots=e$$

문제의 조건으로부터 다음 두 방정식을 얻는다.

$$x+(x+y)+(x+2y)+(x+3y)+(x+4y)=100$$

$$7\{x+(x+y)\}=(x+2y)+(x+3y)+(x+4y)$$

이것을 풀면 $x=\frac{5}{3}$, $y=\frac{55}{6}$이므로 A, B, C, D, E가 가진 곡물의 양은 차례로 다음과 같다.

$$1\frac{2}{3},\ 10\frac{5}{6},\ 20,\ 29\frac{1}{6},\ 38\frac{1}{3}\ \text{(kg)}$$

수열은 일상 생활에서도 쉽게 접할 수 있는 것으로, 역사적으로도 수학자들의 관심사였다. 피타고라스 학파는 1부터 처음 $n$개의 홀수를 더한 것은

$$1+3+5+\cdots+(2n-1)=n^2$$

임을 그림을 이용하여 밝혔다.

수학의 왕 가우스는 3살 무렵부터 스스로 읽고 썼으며, 아버지가 계산한 임금 계산의 오류를 발견하고 정확한 답을 구하기도 했다. 초등학교 시절, 선생님이 학생들에게 문제를 푸는 데 시간을 많이 쏟게 하려고 낸 문제 '1부터 100까지의 자연수의 합을 구하라.'에서 쉽게 $50\times101=5050$이라고 답했다. 이것은 등차수열의 합의 공식으로 발전하였다.

$$1+2+3+\cdots+n=\frac{n(n+1)}{2}$$

무한히 계속되는 수의 나열을 무한수열, 무한수열의 합을 무한급수라 하는데, 무한수열과 무한급수에서 우리는 두 가지 질문을 하게 된다.

- 무한수열과 무한급수의 끝은 존재할까?
- 존재한다면 그 값은 얼마인가?

가우스는 초등학교 시절에 $1+2+3+\cdots+n=\frac{n(n+1)}{2}$을 발견하였다.

무한수열의 끝, 즉 극한이 존재할 때에는 **수렴**(converge)한다고 하며, 수열이 한없이 커지거나 한없이 작아질 때, 또는 두 개 이상의 값이 규칙적으로 나타날 때에는 **발산**(diverge)한다고 한다.

무한수열의 수렴과 발산 여부를 판정하기란 쉬운 일이 아니다. 잘 알려진 수렴판정법에는 코시판정법, 비율판정법, 근호판정법 등이 있다.

코시(Cauchy, A. L., 1789-1857, 프랑스)

18세기 근대수학의 기초를 세운 코시는 수학에 엄밀성을 도입하여 해석학의 기초를 다지고 미적분학을 발전시켰다. 그는 무한수열의 수렴조건, 극한이론의 체계화, 함수의 연속성 정의, 미분법의 기초 확립, 정적분의 개념 제시 등 여러 분야에 걸쳐 공헌한 바가 크다. 특히, 코시의 적분정리, 코시수열, 코시-리만방정식 등 그의 이름이 붙은 용어와 정리가 많다. 코시는 789편의 논문을 썼으며, 30여 페이지의 긴 논문을 일주일에 서너 개씩 제출했기 때문에 과학아카데미는 논문을 4페이지로 제한하기도 했다.

무한등비수열의 합을 처음으로 다룬 사람은 아르키메데스이다. 그는 포물선과 직선으로 둘러싸인 도형의 넓이를 구하기 위하여, $\sum_{n=0}^{\infty}\left(\frac{1}{4}\right)^n = \frac{4}{3}$를 이용하였다. 그러나 $0 \le r < 1$ 일 때, 다음 등식은 1590년경 비에타가 보였다.

$$a + ar + ar^2 + \cdots = \frac{a}{1-r}$$

**more / 쉼터** **그랜디와 라이프니츠의 논쟁**

널리 알려졌던 등식 $\frac{1}{x+1} = 1 - \frac{1}{x} + \frac{1}{x^2} - \frac{1}{x^3} + \cdots$에 $x=1$을 대입하면

$$\frac{1}{2} = 1-1+1-1+1-1+\cdots$$

그랜디 : 다음 식을 봐라. 세계는 무에서 창조된다.

$$\frac{1}{2} = (1-1)+(1-1)+(1-1)+\cdots = 0+0+0+\cdots = 0$$

라이프니츠 : $S = 1-1+1-1+1-1+\cdots$에서 짝수 항까지의 합은 0이고, 홀수 항까지의 합은 1이므로, $S$의 값은 0과 1의 평균인 $\frac{1}{2}$이다.

여러분의 생각은 어떠한가?

답 $1-1+1-1+1-1+\cdots$은 수렴하지 않는다. 주어진 등식은 $|x|<1$일 때만 성립하므로 $x=1$을 대입할 수 없다.

*사람은 죽어도 그의 행적은 남는다. －코시*

## ■ 그·림·수·학

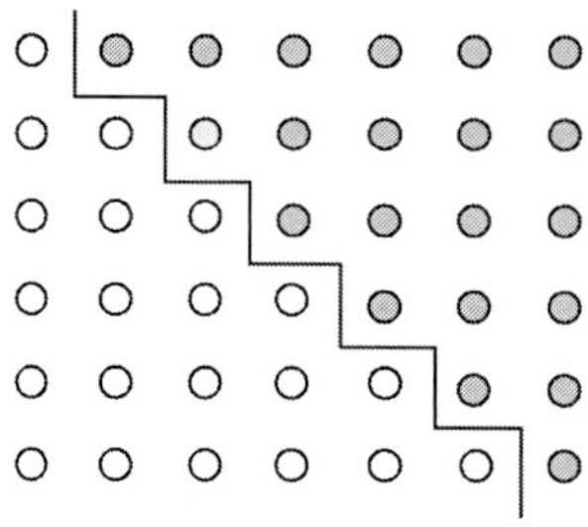

$$1+2+\cdots+n=\frac{1}{2}n(n+1)$$

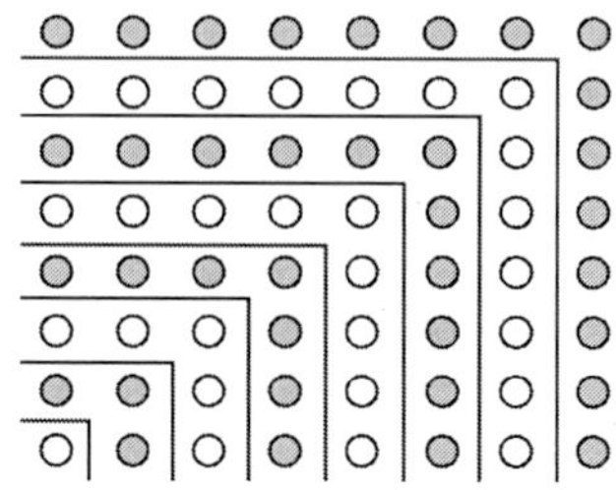

$$1+3+5+\cdots+(2n-1)=n^2$$

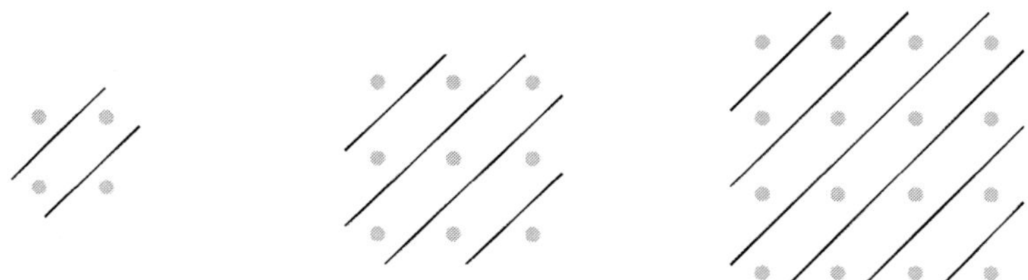

$$1+2+\cdots+(n-1)+n+(n-1)+\cdots+2+1=n^2$$

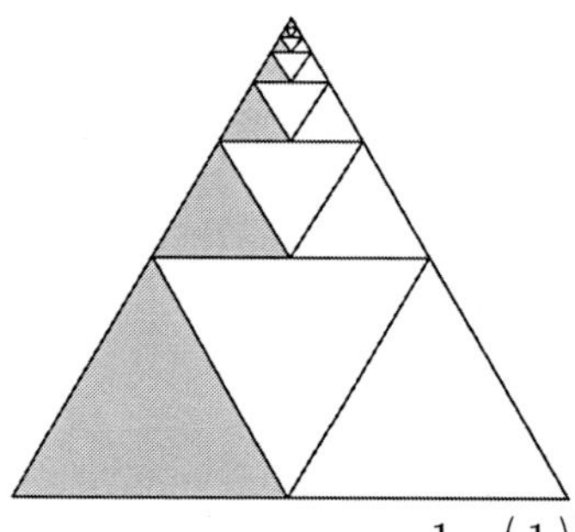

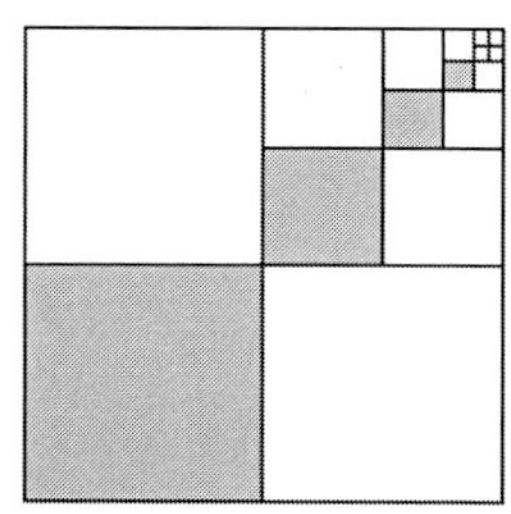

$$\frac{1}{4}+\left(\frac{1}{4}\right)^2+\left(\frac{1}{4}\right)^3+\cdots=\frac{1}{3}$$

**more / 쉼터** **황금알과 급수**

황금알을 매일 하나씩 낳는 거위를 가진 욕심장이 할아버지가 있었다.
그는 거위의 배를 갈라 무한히 많은 황금알을 한꺼번에 꺼내어 벼락부자가 되려했다.
이 할아버지의 어리석음을 규명하기 위해서는 무한등비급수를 이용할 수 있다.

# (3) 피보나치 수열

생각열기

**포장과 부등식**

다음 수의 나열에서 어떤 규칙을 발견할 수 있는가?
또 233 다음에 있는 수는 무엇인가?
1, 1, 2, 3, 5, 8, 13, 21, 34, 55, 89, 144, 233, ……

답 377

1202년 피보나치는 저서 〈산반서〉에서 토끼의 번식에 관한 문제를 소개하였다.

### 피보나치 문제

태어난 지 두 달이 지난 암수 한 쌍의 토끼는 매달 암수 한 쌍의 토끼를 낳는다고 하자. 이와 같이 계속 번식한다면 암수 한 쌍의 토끼가 태어난 지 다섯째 달에는 몇 쌍의 토끼가 있겠는가?

피보나치(Fibonacci; 1175?~1250?, 이탈리아)
피사의 수학자 레오나르도 피보나치는 아버지가 지중해 상인들 관리인이었기에 산술에 관심이 많았다. 아버지를 따라 이집트, 그리스 등을 여행하면서 수학의 실용성을 느끼고, 인도와 아라비아의 계산법을 배워 1202년 기호와 아라비아 숫자로 된 〈산반서〉를 썼다. 이 책에 피보나치 수열 문제가 등장한다.

암수 한 쌍의 토끼가 태어난 지 $n$째 달에 토끼가 $f_n$쌍 있다고 하면 $f_1 = 1$, $f_2 = 1$, $f_3 = 2$, $f_4 = 3$, $f_5 = 5$이다.

피보나치 문제에서 발견되는 다음 수열을 **피보나치 수열**이라 한다.

1, 1, 2, 3, 5, 8, 13, 21, 34, 55, 89, 144, 233, …

이 수열은 두 항 1, 1로부터 시작하여 앞의 두 항의 합을 나열한 것이다.

일반적으로, 피보나치 수열 $\langle f_n \rangle$에서 등식 $f_{n+2} = f_n + f_{n+1}$이 성립하며,

피보나치 수열은 자연 속에서 많이 발견된다.

일반항은 다음과 같다.

$$f_n = \frac{1}{\sqrt{5}}\left\{\left(\frac{1+\sqrt{5}}{2}\right)^n - \left(\frac{1-\sqrt{5}}{2}\right)^n\right\}$$

그러나 놀라운 것은 이 수열이 자연 속에 나타나고 있으며, 그 적용 범위가 매우 다양하다는 것이다. 예를 들어, 해바라기의 씨는 두 방향으로 나선을 이루고 있는데, 크기에 따라 차이가 있기는 하지만 시계 방향 나선과 반시계 방향 나선에 있는 씨의 수는 34, 55와 같이 피보나치 수열의 이웃하는 두 수이다.

또한 한 변의 길이가 피보나치 수열을 이루는 정사각형을 이어 그리고, 사분원을 그려 연결하면 조개껍질의 곡선이 그려진다.

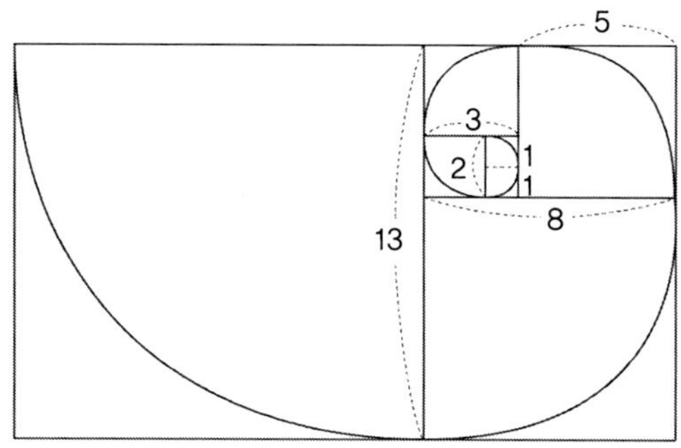

이와 같이 피보나치 수열은 꽃잎의 수, 파인애플, 솔방울, 앵무조개의 껍질, 나뭇잎이 줄기에 붙어 있는 모양 등 여러 가지 자연 현상에서 찾을 수 있으며, 광범위하게 적용되므로 많은 사람들의 관심을 끌어 왔다.

한편 피보나치 수열 $\langle f_n \rangle$에서 이웃한 두 항은 서로 소이고, 이웃한 두 항의 비의 극한은 다음과 같이 **황금비**이다.

$$\lim_{n\to\infty}\frac{f_{n+1}}{f_n} = \frac{1+\sqrt{5}}{2}$$

피보나치 수열은 황금비와 관계가 있다.

# (4) 하노이 탑

생각열기

**최소 이동횟수는?**

3개의 원판이 크기 순으로 한 막대에 끼워져 있다. 나머지 두 막대를 이용하여 이 원판을 모두 다른 한 막대로 옮기는 데 필요한 최소의 이동 횟수를 구해보자. (단, 한 개씩 옮겨야 하며, 작은 원판 위에 큰 원판을 올려놓을 수 없다.)

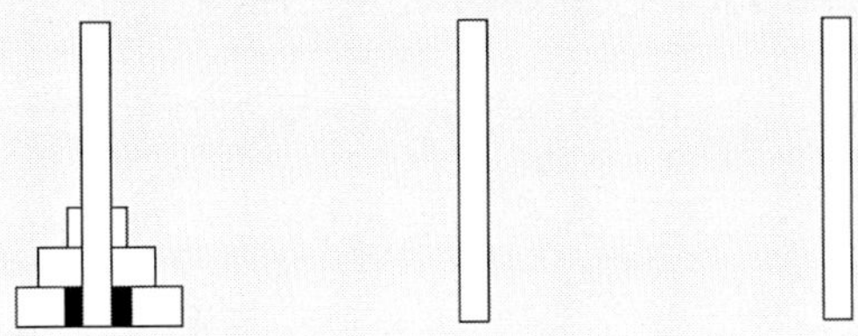

답 $2^3-1$

베트남의 하노이 근처에 있는 한 사원에는 크기가 모두 다르고 가운데에 작은 구멍이 뚫린 64개의 금으로 된 원판과 세 개의 금으로 된 막대기가 있었다.

세상을 창조할 때에 신은 64개의 원판을 작은 원판이 큰 원판 위에 오도록 한 개의 막대기에 모두 차례로 쌓아 놓았다. 신은 승려들에게 밤낮으로 쉬지 않고 한 개씩 원판을 옮기어 다른 한 막대로 모두 옮겨 놓도록 명령하였다.

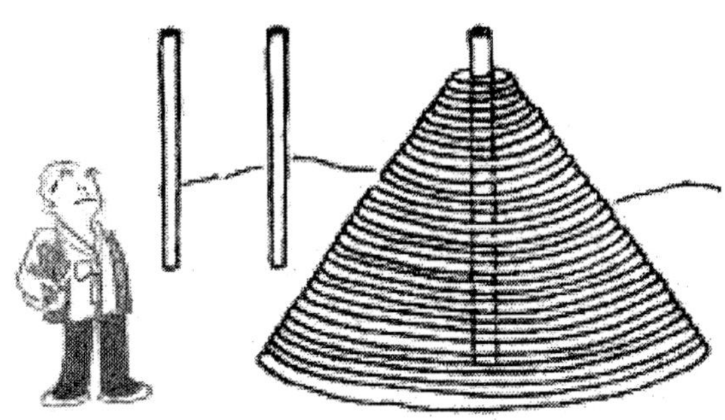

원판은 한 번에 한 개씩 옮겨야 하고, 절대로 작은 원판 위에 큰 원판을 놓을 수 없다. 64개의 원판이 모두 옮겨졌을 때에는 탑과 사원, 승려들은 모두 먼지가 되어 사라지면서 세상의 종말이 온다. 이것이 **하노이 탑**의 전설이다.

*수열의 일반항 $a_n$을 구할 때, 점화식을 이용하면 편리하다.*

## 하노이 탑과 수열

크기가 다른 $n$개의 원판이 크기 순으로 한 막대에 끼워져 있을 때, 나머지 두 막대를 이용하여 원판을 모두 다른 한 막대로 옮기려 한다. 원판은 한 개씩 옮겨야 하며 작은 원판 위에 큰 원판을 놓아서는 안 된다고 할 때, 최소 이동 횟수 $a_n$을 구해보자.

하노이 탑의 전설에서 예언된 세상의 종말은 정말로 오는 것일까?

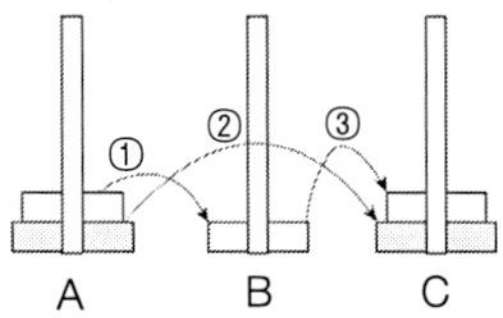


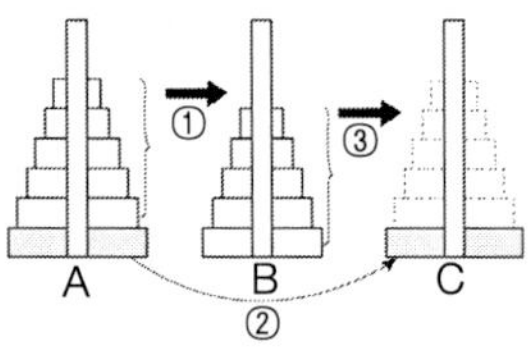


A 막대에 있는 $n$개의 원판을 모두 C 막대로 옮기려면, 위쪽에 있는 $(n-1)$개의 원판을 모두 B 막대로 옮긴 후에 맨 아래 원판을 C 막대로 옮기고, 다시 그 위에 B 막대에 있는 $(n-1)$개의 원판을 옮겨 놓으면 된다. 따라서 $n$개의 원판을 이동하는 최소 이동 횟수 $a_n$은 다음 식을 만족한다.

$$a_n = 2a_{n-1} + 1 (\text{단, } n \geq 2)$$

이때 $a_1 = 1$, $a_2 = 2^2 - 1$, $a_3 = 2^3 - 1$이고, $a_n = 2^n - 1$이다.

하노이 탑의 전설에서 최소 이동 횟수는 $2^{64} - 1$이다.

원판 1개를 옮기는 데 1초 걸린다고 할 때, 승려들이 쉬지 않고 옮겨서 모두 옮기는 데 필요한 시간은 다음과 같다.

$$\begin{aligned} 2^{64} - 1 &= 18446744073709551615(\text{초}) \\ &\fallingdotseq 583334858456(\text{년}) \\ &\fallingdotseq 5833(\text{억 년}) \end{aligned}$$

지구의 나이는 약 60억년이라 하니, 전설에서와 같이 세상의 종말이 오려면 5000억 년 이상 기다려봐야 한다.

수열과 관련된 문제에서는 상황에 알맞은 점화식을 먼저 찾는다.

## 5-1 돌·아·보·기

### 1. (고교) 행렬과 드 무아브르 정리

드 무아브르 정리는 2×2 행렬의 곱에서도 적용된다. 다음을 증명하여라.

$$\begin{pmatrix} \cos x & \sin x \\ -\sin x & \cos x \end{pmatrix}^n = \begin{pmatrix} \cos nx & \sin nx \\ -\sin nx & \cos nx \end{pmatrix}$$

### 2. (대학) 칸토르 집합

구간 [0, 1]을 3등분하여 중간 부분을 지우고,
남은 두 선분을 각각 3등분하여 중간 부분을 모두 지운다.
이와 같은 시행을 계속하여 얻은 집합을 $S$라고 하자.

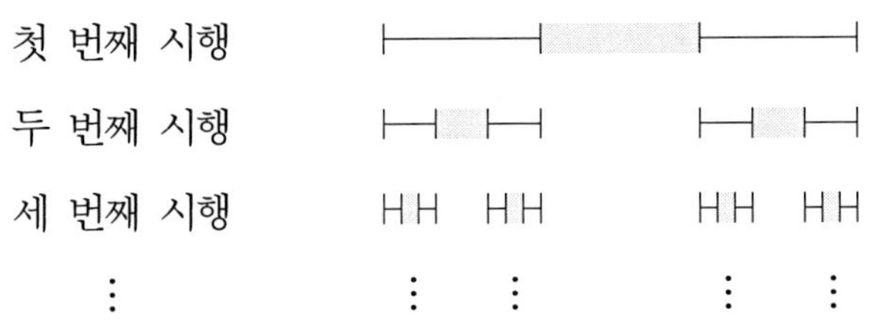


(1) $n$번째 시행에서 지워지는 선분의 길이의 합을 $l_n$이라 할 때, $\sum_{n=1}^{\infty} l_n$과 집합 $S$의 총 길이를 각각 구하여라.

(2) 구간 [0, 1]에 속하는 점을 $0.a_1a_2a_3\cdots_{(3)}$과 같이 3진법으로 나타내면 $0.0212_{(3)}$는 세 번째 시행에서 지워진다.
다음 중에서 집합 $S$에 속하는 수를 모두 찾아라.

$0.1_{(3)}$, $0.02_{(3)}$, $0.21_{(3)}$, $0.122_{(3)}$, $0.0102_{(3)}$, $0.21202_{(3)}$, $0.200202_{(3)}$

### 3. (생활) 피보나치 수열과 계단 오르기

힘찬이는 계단을 한 걸음에 한 칸 또는 두 칸 오른다.

힘찬이가 10개의 계단을 오르는 방법의 수를 구하여라.

### 4. (그림수학) 등비수열의 합

$|r|<1$일 때, 다음 합의 공식을 그림으로 설명하여라.

$$1+r^2+r^3+r^4+\cdots=\frac{1}{1-r}$$

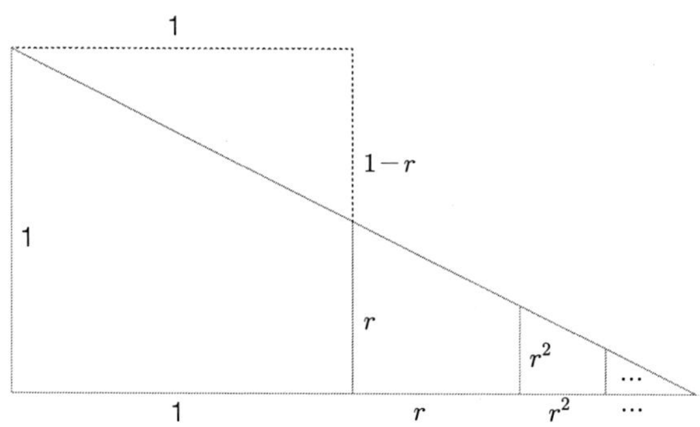


## ■ 알·쏭·달·쏭 – 발견하는 수학

수학의 본질은 자유로운 사고이다.

오른쪽 수의 나열에서 규칙을 찾아보고,

다음 항을 예측해 보자.

이것도 수열인가?

1
11
12
1121
122111
⋮

답 112213

# 5-2 함수 이야기

## ■ 쫑·알·쫑·알 — 생활 속의 함수

**함수 : 날짜와 요일, 이름과 사람, 사용량과 요금 사이에는 함수 관계가 있다.**

**주기 : 악기소리, 종소리 등의 주기는 진동수와 관계가 있다. 밀물과 썰물, 지진파 등 주기적인 현상은 삼각함수를 이용한다.**

**지수 : 세포분열, 인구증가 등을 다룰 때에는 지수함수가 필요하다.**

**로그 : 2등성 별의 밝기. 70dB의 소음, pH4.7의 주스, 규모5.6의 지진 등은 로그함수를 이용한다.**

## ■ 살·펴·보·기

자연현상 중에는 시간에 따라 변하는 것이 많고, 우리는 생활에서 일정한 관계를 가지면서 변하는 현상을 흔히 볼 수 있다. 변하는 두 양 사이의 관계를 식으로 나타내고, 좌표평면 위에 그려봄으로써 변화를 설명하고 예측할 수 있다.

변하는 두 양 사이의 관계는 다항식, 분수식, 유리식 등으로 나타난다. 연속함수는 변화를 정확하게 예측할 수 있게 해주며, 합성함수나 역함수도 우리의 생활과 밀접한 관계가 있다.

생활에서 자주 접하는 주기성을 다룰 때에는 삼각함수가 필요하고, 큰 수나 작은 수를 나타내거나, 세포분열, 인구증가를 설명할 때 지수함수가 필요하며, 소리세기, 지진규모, 산성도 등을 나타낼 때 로그함수가 편리하다.

# (1) 함수

생각열기

## 사다리타기와 함수

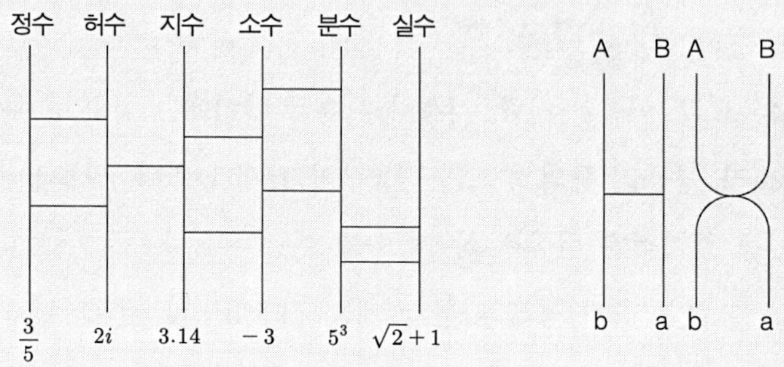


지수는 수 친구들인 소수, 분수, 정수, 실수, 허수와 함께 사다리타기 놀이를 하였다. 사다리타기는 일대일대응일까?

**함수**(function)란 보통 변하는 두 양 사이의 관계를 의미하며, 관계가 일정한 규칙이 있을 때는 규칙을 식으로 나타낼 수도 있다. 함수개념은 물리적, 사회적, 수학적 세계에서 일어나는 변화를 기술하기 위한 도구로 이용되는데, 함수의 기원은 B.C. 5세기경 바빌로니아에서 천체의 관측자료를 나타낸 수표이다.

17세기에 갈릴레이는 물체의 운동을 연구하면서 함수를 시간과 거리 등 변량 사이의 관계로 개념화하였다. 데카르트는 함수란 '따라 변하는 두 변량 사이의 대응관계' 라고 정의하였으며, 좌표평면을 만들어 함수의 그래프를 좌표평면에 나타냄으로써 기하학과 대수학을 결합시켰다.

*함수는 수학적 사고와 과학적 사고의 심장이요, 혼이다.* **–클라인**

18세기 후반에는 식으로 표현되지 않는 함수가 발견되었고, 푸리에가 함수는 삼각함수로 전개 가능함을 보이면서 전통적인 함수개념에 변화가 일어났다.

코시는 '두 변수 $x$, $y$ 사이에 관계가 있어 $x$에 따라 $y$가 결정될 때, $y$를 $x$의 함수' 즉, 독립변수와 종속변수 사이의 관계가 함수라고 정의하였다.

19세기 초에 디리클레는 함수를 '주어진 구간의 어떤 변량 $x$에 대하여 $y$가 각각 정해질 때, $y$는 $x$의 함수'라고 했는데, 이것이 함수란 하나의 식이라기보다는 대응관계라는 일반적인 함수개념의 시작이었다.

칸토르의 집합론 이후에는 함수개념이 집합 사이의 대응으로 보편화되었고, 정의역도 수나 점뿐만 아니라 임의의 집합으로 일반화되었다. 다시 말하면, 현대적 의미의 함수는 한 변수가 다른 변수에 종속되는가에 상관없이, 식으로 표현되는가에도 상관없이, 다만 한 변수의 각 값에 다른 변수의 유일한 값이 대응되는 지의 여부만 따지는 것이다.

초등수학에서는 사칙연산, 대응규칙, 표와 그래프, 비와 비례식, 정비례와 반비례 등에서 함수적 사고를 배운다. 중학교에서는 함수의 형식적인 정의를 배우고, 정비례와 반비례, 일차함수와 이차함수, 방정식과 그래프 등을 다루며, 고등학교에서는 일반적으로 합성함수, 역함수, 일대일대응, 다항함수, 지수함수, 로그함수, 삼각함수, 유리함수, 무리함수, 음함수 등을 배우고, 함수의 매개변수표현, 함수의 극한과 연속, 함수의 미분과 적분 등을 다룬다.

함수(function)라는 용어는 1692년 라이프니츠가 처음 사용하였고, 함수기호 $f(x)$는 18세기 오일러가 처음 사용했다. 우리 나라의 함수(函數)라는 말은 중국에서 온 것으로 영어 function의 중국어이다.

오일러는 처음으로 함수기호 $f(x)$를 사용했다.

# (2) 여러 가지 함수

생각열기

**누진세와 그래프**

우리 나라 과세제도는 소득이 많은 사람이 높은 세율의 세금을 내는 누진세 제도이다. 연간소득에 대한 세율을 나타낸 표를 보고, 소득에 대한 세금의 그래프를 그려보자.

| 소득<br>이상 ~ 미만 | 세율 |
|---|---|
| 0 ~ 1000 | 0 |
| 1000 ~ 2000 | 3 |
| 2000 ~ 3000 | 5 |
| 3000 ~ 4000 | 7 |
| 4000 ~ 5000 | 9 |
| ⋮ | ⋮ |

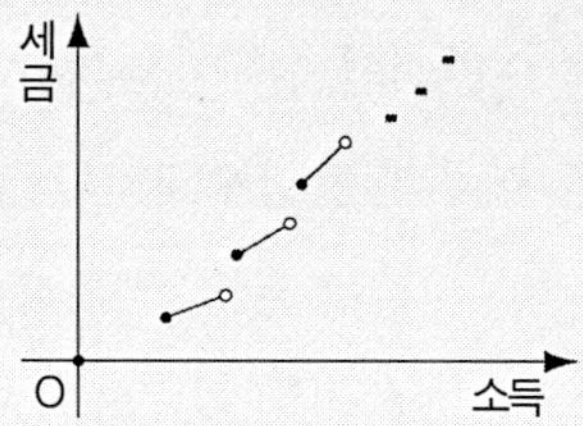


실생활이나 자연에서 일어나는 현상들을 관찰하여 규칙성을 찾고 그 규칙성을 연구하는 것은 변화를 설명하고 예측하기 위하여 필수적이며, 이때 함수개념이 필요하다. 변하는 두 양 사이의 관계는 규칙을 나타내는 관계식이 다항식이면 다항함수이고, 분수식이나 무리식이면 각각 분수함수, 무리함수이다. 다항함수, 분수함수, 무리함수뿐 아니라 삼각함수, 지수함수와 로그함수, 합성함수와 역함수 등은 생활과 밀접한 관계가 있다.

생활 속에서 찾을 수 있는 일차함수의 예를 살펴보자.

기온을 나타낼 때, 우리는 주로 섭씨(℃)를 사용하지만, 화씨(°F)를 사용하는 나라도 있다. 섭씨온도 ℃와 화씨온도 °F 사이의 관계 $F=\frac{9}{5}C+32$는 일차함

함수는 변화하는 두 양 사이의 관계를 나타낸다.

수이다. 이 식을 이용하면 35℃는 95°F임을 알 수 있고 언제든지 섭씨온도가 화씨온도로 몇 도인지를 쉽게 알 수 있다.

역으로 일차함수 $F=\frac{9}{5}C+32$의 역함수 $C=\frac{5}{9}(F-32)$도 역시 일차함수이며, 이 식을 이용하면 41°F는 5℃임을 알 수 있다.

움직이는 물체에 힘이 작용하면 속도가 변하는데, 물체의 질량 $m$, 물체에 작용하는 힘의 크기 $f$, 속력 $v$의 변화율인 가속도 $a$ 사이에는 $f=ma$가 성립한다. 이때 질량이 일정하면 힘 $f$는 가속도 $a$에 정비례하므로 일차함수이다. 한편 소리는 온도가 높을수록 빨리 전달되는데 온도 $t$와 소리의 속도 $v$ 사이의 관계는 $v=331+0.6t$라는 일차함수이다.

**연속함수**는 극한으로 정의되며, 연속적인 변화를 다룰 때 필수적이다.

### 연속함수

실수 $R$의 부분집합 $D$에서 정의된 함수 $f:D\to R$와 정의역 $D$의 원소 $a$에 대하여 $f(a)$와 $\lim_{x\to a}f(x)$가 존재하고 $\lim_{x\to a}f(x)=f(a)$일 때, 함수 $f$는 $x=a$에서 연속이라 한다.

또 함수 $f$가 정의역 $D$에 속하는 임의의 $a$에서 연속이면 $f$는 연속함수라 한다.

온도의 변화나 방사능 물질의 확산 등 자연현상 중에는 시간에 따라 연속적으로 변하는 것이 많다. 따라서 연속함수의 극한을 이용하면 이러한 현상들이 시간이 흐를수록 어떻게 변화하는지를 알 수 있게 된다.

변화하는 자연현상은 대부분 연속함수로 나타난다.

디리클레(Dirichlet, P., 1805 ~ 1859, 독일)

함수 개념을 일반화한 디리클레는 프랑스에서 유학하고 독일에서 활동했기 때문에, 당시 수학이 발전했던 두 나라 사이의 수학 교류에 큰 역할을 하였다. 또, 그는 가우스에 이어 괴팅겐 대학의 수학교수가 되었으며, 디리클레함수, 디리클레적분, 디리클레급수 등을 만들어서 해석학에 업적을 남겼다.

뉴턴의 냉각법칙에 의하면, 주위의 온도가 $K$일 때 $t$분 후의 물체의 온도 $y$는 $y = K + Ce^{kt}$(단, $C$, $k$는 상수)이다. 예를 들어, 88°C의 뜨거운 물을 18°C의 방안에 놓았을 때, $K$=18, $C$=70, $k<0$이므로 $\lim_{t\to\infty} y = 18$에서 시간이 흐를수록 점점 식어서 물의 온도는 방안의 온도와 같아짐을 알 수 있다.

또한 공기 중에 방사능 물질이 방출되는 사고가 났을 때, $t$시간 후의 공기 중에 있는 방사능 물질의 양 $y$는 $y = C(1+e^{-2t})$ (단, $C$는 방사능 물질에 따른 상수)이다. $\lim_{t\to\infty} y = C$이므로 사고 후 오랜 시간이 흐르면 사고 전의 상태가 됨을 알 수 있다.

한편 길이가 20cm인 용수철 진자를 6cm 만큼 잡아 당겼다가 놓으며, 공기의 저항 때문에 $t$초 후의 용수철 진자의 길이 $y$cm는 $y = 20 + 6 \cdot 2^{-t}\cos 2\pi t$이다. $\lim_{t\to\infty} y = 20$이므로 시간이 흐르면 진동은 점차 사라짐을 알 수 있다.

이제 함수의 개념을 변화시킨 가우스함수와 디리클레함수에 대하여 살펴보자.

**가우스함수** $y=[x]$는 실수 $x$를 넘지 않는 최대정수를 나타내는 가우스기호 $[x]$로 표현되는 함수이다. 이 함수의 그래프는 정수 $n$에 대하여 $n$ 이상 $n+1$ 미만의 모든 실수는 같은 함수값 $n$를 가지며, 그 그래프는 모든 정수에서 끊어져 있는 계단 모양이다.

한편 디리클레는 하나의 식으로 나타나지 않고, 그래프로 그려지지도 않으며 모든 실수에서 불연속인 **디리클레함수** $D(x)$를 만들었다.

$$D(x) = \begin{cases} 0, & x\text{는 유리수} \\ 1, & x\text{는 무리수} \end{cases}$$

디리클레는 디리클레함수를 만들어 보임으로써 함수 개념을 임의의 두 집합 사이의 대응으로 일반화하였다.

디리클레는 정수론에서도 해석학적 연구방법을 도입하였다.

# (3) 삼각함수

생각열기

**바이오 리듬**

우리의 신체리듬, 감성리듬, 지성리듬은 주기적으로 변하고, 그 주기는 각각 23일, 28일, 33일이다. 이러한 리듬의 변화는 개개인의 바이오리듬을 예측할 수 있게 하므로, 시합 또는 수술 날짜를 잡아야하는 스포츠, 의학에서 이용될 수 있다.

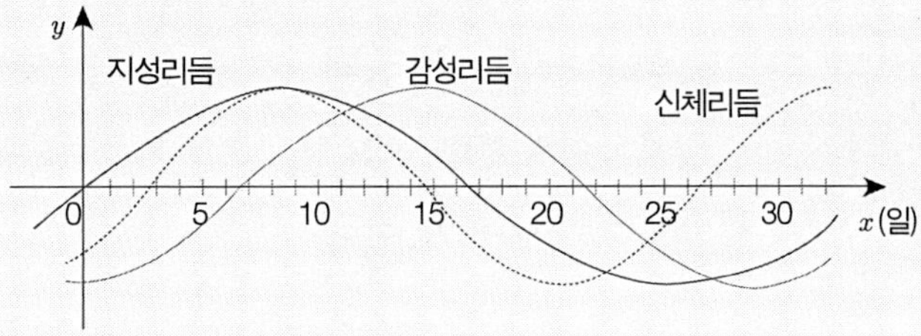


토지 측량에서 생겨난 삼각비는 천문학과 항해술의 발달에 크게 공헌했으며, 삼각함수로 발전되었다. 삼각함수는 오늘날 통신신호, 전자레인지, 라디오의 주파수, 자기공명단층촬영기(MRI), 우주선 등에서 널리 이용되는 데, 그 이유는 삼각함수가 주기적인 현상을 잘 표현해 주는 **주기함수**이기 때문이다.

생활과 자연에 늘 존재하는 개념인 주기는 진자, 계절의 변화, 소리 또는 빛의 파동 등에서 찾아 볼 수 있다.

### 주기함수

상수함수가 아닌 함수 $f(x)$가 정의역의 모든 $x$에 대하여 $f(x+p)=f(x)$를 만족시키는 양수 $p$가 존재하면, 함수 $f(x)$를 주기함수(periodic function)라고 한다.

아라비아 수학은 천문학과 관련하여 삼각법이 발달했다.

코발레프스키(Kovalevsky, S., 1850-1891, 러시아)
모스크바의 귀족인 코발레프스키는 해석학, 특히 편미분방정식의 발전에 공헌한 바가 크다. 여성이라는 이유로 대학진학이 금지되자 고생물 학자와 결혼하여 독일로 유학을 떠났다. 독일에서도 여성은 대학에 입학할 수 없다는 반대에 부딪혔으나, 그녀의 재능을 아끼던 바이어슈트라스에게서 개인적으로 수학을 배웠다. 그 후, 그녀는 괴팅겐대학에서 박사학위를 받았으며 논문이 뛰어나서 많은 상금도 받았다.
코발레프스키는 여성이라는 어려움을 딛고 수학사에 이름을 남긴 여성수학자였다.

고대이집트인들은 나일강의 홍수로 인한 토지측량과 천체운동을 알기 위하여 삼각법을 만들었으며, 그리스의 천문학자 히파르코스를 중심으로 발전하였다. 프톨레마이우스는 저서 〈알마게스트(Almagest)〉에서 원의 중심각에 대한 현의 길이를 구하였는데, 이는 오늘날의 사인표에 해당한다. 그리스의 삼각법은 인도로 전하여졌고, 인도의 아리아바타는 원의 중심각에 대한 반현을 계산하였다. 사인(sine)의 어원은 반현을 뜻하는 인도말이며, 탄젠트(tangent)는 접선이란 뜻에서 붙여졌고, 코사인(cosine)은 사인의 여각(complement)을, 코탄젠트(cotangent)는 탄젠트의 여각을 뜻하는 말이다. 그 후 삼각법은 비에트에 의하여 삼각함수에 관한 여러 공식으로 기호화되었으며, 15세기에는 이론적으로 체계화되었다. 삼각비가 일반각으로 확장된 것은 17세기 이후이다.

각의 크기를 나타내는 방법은 60분법과 호도법이 있다. 고대 바빌로니아인들은 일년은 약 360일이고 원은 반지름의 길이에 의하여 6등분되므로, 한 바퀴 회전한 각을 360°라 하고, 360의 1/6인 60진법을 사용했다. 호도법은 수학자들이 정의했는데, 호의 길이와 반지름의 비는 원의 크기에 관계없이 일정함을 이용하였다. 호도법은 각의 크기를 호의 길이와 반지름의 비로 나타내며, 단위는 라디안(radian)을 사용한다.

호도법으로 각의 크기가 $\theta$일 때, $\sin\theta$, $\cos\theta$, $\tan\theta$를 차례로 사인(sine)함수, 코사인(cosine)함수, 탄젠트(tangent)함수라고 한다. 또 이들의 역수를 각각 코시컨트(cosecant)함수, 시컨트(secant)함수, 코탄젠트(cotangent)함수라고 하며, 이들을 통틀어 **삼각함수**라 한다.

호도법에서는 각의 크기가 실수이므로 각의 크기와 삼각함수의 값을 좌표평면에 나타내어 그래프를 그릴 수는 있다. 또 미분과 적분은 실수를 변수로 하는 함수를 다루므로 호도법이 여러 가지로 편리하다.

# (4) 지수함수와 로그함수

생각열기

**작아도 모이면**
**큰 수**

한 장의 두께가 0.1mm인 신문지를 반으로 접어 보자.
그것을 또 반으로 접고, 그리고 그것을 다시 반으로 접어 보자.
이렇게 반으로 접는 시행을 50번 반복하면 신문의 두께는 얼마일까?

답 $0.1 \times 2^{50} \fallingdotseq 112590000$(km)

지구에서 태양까지의 거리는 $1.5 \times 10^8$km, 탄소원자 $6.02 \times 10^{23}$개의 질량은 12g이다. 이와 같이 엄청나게 큰 수나 매우 작은 수를 나타낼 때, 지수를 사용하면 간편하다. **지수함수**(exponential function)는 생물의 성장, 개체수의 변화, 방사능 물질의 양 등의 현상을 설명하고, 그 변화를 예측하는 데 필수적이다. 엄청나게 큰 수나 매우 작은 수를 다룰 때 이용되는 **로그**(logarithm)는 1614년 네이피어가 발견하였으며, 밑이 10인 상용로그는 브리그스가 발견하여 브리그스 로그라고도 한다.

로그(log)는 영어 logarithm의 약자이며, 라틴어로는 '비율을 나타내는 수(ratio number)'라는 뜻이다. 네이피어가 'Logarithm'이란 말을 처음 사용하였고, 케플러가 이것을 줄여서 'Log'로 사용하였다.

**more / 쉼터** **네이피어의 초능력**

네이피어가 기르는 닭들은 기이한 능력이 있었다고 한다. 그러나 사실은 네이피어의 창의성이었다.
예를 들면, 도둑을 잡기 위해, 네이피어는 하인들에게 깜깜한 닭장에 들어가서 닭의 등을 두드리면 닭들이 누가 도둑인지를 알려 줄 것이라고 말했다. 그러나 사실은 닭들의 등에 까만 물감을 칠해 놓았던 것이다. 도둑이 아닌 하인들은 닭의 등을 자신있게 두드리겠지만, 도둑은 두려워서 닭의 등을 두드리지 못할 것이라는 점을 이용한 것이다.

또한 네이피어는 그의 곡식을 자꾸 먹어버리는 비둘기들을 마법으로 가둬버렸다고 한다. 그러나 사실은 술에 담근 곡식을 뿌려 먹게 한 후, 술에 취한 비둘기들을 쉽게 가두었던 것이다.

네이피어(Napier, J., 1550-1617, 영국)

귀족출신인 네이피어는 열렬한 신교도였으며 예언에 관한 저술도 했다. 그는 복잡한 계산을 간단하게 하기 위하여 20년의 연구결과 로그를 발견하였으며, 1614년 〈놀라운 로그법칙의 기술〉에서 로그의 성질을 밝혔다. 1616년 브리그스와 함께 상용로그표를 만들기 시작했으나 완성시키기 못하고 죽어 브리그스가 완성하였다.

네이피어는 네이피어 막대를 고안했는데, 이것은 열 칸으로 된 열 개의 막대로, 수를 기계적으로 곱하고, 나누고, 제곱한 일종의 계산기이다.

산성비, 인구 증가, 방사성 물질의 붕괴, 소음, 지진 등은 우리 생활과 직접 관계가 있으므로 모든 사람의 관심거리이다. 그러나 이들을 나타나는 과학적인 수치는 매우 복잡하여 일반인들이 쓰기에는 불편하다. 이때 로그가 이용된다.

실제로 90dB의 소음, pH5.2의 산성비, 규모4.1의 지진 등 우리가 실생활에서 접하는 수치는 **로그함수**를 이용하여 복잡한 수치를 간단하게 바꾼 것이다.

토양, 주스, 또는 비의 산성의 정도를 알려주는 수치인 pH는 용액 $1\,l$ 중에 있는 수소이온농도 $[H^+]$에 대하여 $pH=-\log_{10}[H^+]$로 정의한다. pH가 4.7인 주스는 $[H^+]=10^{-4.7}$이고, pH가 작을수록 더욱 더 산성이다.

지진의 세기를 나타내는 규모(magnitude)는 1935년 리히터가 정의하였으며, 지진이 일어난 곳으로부터 100km 떨어진 지점에서 측정된 지진의 최대진폭이 $I$ 미크론일 때, 규모 $M$은 $M=\log_{10}I$ 로 정의된다.

**예제** 밤하늘에 반짝이는 별들은 지구로부터 멀리 있으므로 지구와 별의 거리는 보통 단위로는 엄청나게 큰 수가 필요하다.
이러한 천문학적인 수는 어떻게 표현할까?
또한 1등성, 2등성 등의 별의 밝기는 어떻게 정의할까?

**풀이** 지구에서 별까지의 거리는 빛이 1년 동안 가는 거리인 광년을 이용하여 표현한다. 그런데도 10억 광년이나 되는 별들이 무수히 많은데, 1광년은 $10^{16}$m이므로 10억 광년은 $10^{25}$m이다.
B.C. 2세기경 히파르코스는 별의 밝기를 6등급으로 나타내었는데, 1등성의 밝기는 6등성의 100배이다.

네이피어는 로그를 발명하여 천문학적 계산을 쉽게 만들었다.

1856년 포그슨이 만든 포그슨의 공식(Pogson's formula)에 의하면 별의 등급 $m$과 별의 밝기 $I$ 사이의 관계는 $m=-\frac{5}{2}\log I+C$ (단, $C$는 상수)이다.

따라서 2등성의 밝기 $I_2$와 4등성의 밝기 $I_4$ 사이에는 $2-4=-\frac{5}{2}\log\frac{I_2}{I_4}$ 에서 $I_2 \fallingdotseq 6.25I_4$이므로, 2등성은 4등성보다 6.25배 밝음을 알 수 있다.

이것은 우리 눈에 보이는 별의 밝기이므로 실시등급이라 한다. 반면, 별이 모두 같은 거리에 있다고 가정하여 별 자체의 밝기를 나타내는 등급을 절대등급이라 한다. 북극성은 절대등급이 −3.7인 밝은 별이지만 아주 멀리 있기 때문에 실시등급이 겨우 2.1이고, 태양은 절대등급이 4.8인 어두운 별이지만 아주 가깝기 때문에 실시등급은 −26.7이나 된다.

한편 박테리아의 번식, 복리로 늘어나는 원리합계, 오르는 물가, 그리고 방사능 물질의 양을 나타낼 때에도 지수함수와 로그함수가 이용된다.

브리그스(Briggs, H., 1556-1631, 영국)
브리그스는 네이피어와 함께 상용로그를 만들고, 상용로그의 성질을 밝히고, 상용로그표를 만드는 데 정열을 쏟았다. 1617년에 〈1부터 1000까지 수의 로그〉에서 상용로그표를 소개하였고, 1624년에는 1부터 20,000까지와 90,000에서 100,000까지 수의 상용로그표를 포함하는 〈로그산술〉을 저술하였다. 한편 지표와 가수라는 용어도 브리그스가 만들었다.

**more / 쉼터** **체스판의 밀알**

체스를 좋아했던 페르시아의 왕은 64 칸으로 된 체스 발명가에게 그가 청하는 것을 상으로 주고 싶었다. 그러나 체스 발명가는 겸손하게도 체스판 각 칸에 밀알을

1개, 2개, 4개, 8개, 16개, …

와 같이 앞의 칸의 두 배를 놓아 달라고 청했다.
매우 소박한 요구라고 생각한 왕은 밀 한 자루만을 주었다고 한다.
과연 왕은 체스 발명가의 청을 들어 준 것일까?

기호법을 완성시킨 데카르트는 지수기호 $a^n$을 처음 사용하였다.

## 5-2 돌·아·보·기

**1. (고교) 로그자**

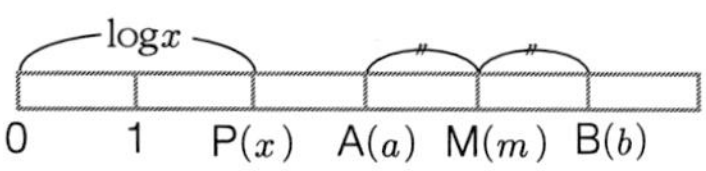


$x>1$인 실수 $x$에 대하여, 점 O로부터 오른쪽으로 $\log x$만큼 떨어진 점 P에 $x$라고 표시된 자가 있다. 이 자에서 $a$, $b$로 표시되어 있는 두 점 A, B의 중점 M을 표시하는 값 $m$을 구하여라.

**2. (생활) 지수적 증가**

박테리아 한 마리가 번식하여 용기 속의 박테리아수는 다음과 같다.

1분 후에 2마리, 2분 후에 4마리, 3분 후에 8마리, …

이 박테리아가 1시간 후에 용기에 가득 찼다면, 용기의 절반을 채운 시간은?

**3. (생활) 박테리아의 번식과 지수함수**

세 종류의 박테리아 A, B, C는 매일 일정한 비율로 번식한다. 박테리아의 수가 A는 2일만에 2배, B는 3일만에 3배, C는 4일만에 4배가 된다고 할 때, 박테리아 A, B, C의 번식 속도를 비교하여라.

**4. (컴퓨터) 수학프로그램**

GrafEq를 사용하여 다음 두 도형을 그려보자.

$x^2+y^2=10, \quad x+2y=5$

# 5-3 미분과 적분 이야기

## ■ 쫑·알·쫑·알 – 생활 속의 변화율

**뉴스속보 : 태풍 매미가 지나간 지금, 한강 수위의 증가율이 둔해지고 있어 안심입니다.**

**경제일보 : 우리 경제가 발전은 하고 있지만, 경제성장률이 감소하고 있어서 걱정입니다.**

**생활신보 : 소비자의 물가가 오르고는 있지만, 물가상승률은 마이너스이어서 다행입니다.**

**수학소식 : 역설처럼 들리는 수많은 변화율을 명쾌하게 해주는 미분이 있어서 행복합니다.**

## ■ 살·펴·보·기

미분과 적분은 자연과학, 공학, 경제, 경영 등 전반에 걸쳐서 필요한 수학의 한 분야이다. 실제로 과학기술의 발전은 상상하기조차 힘든 것들을 가능하게 하였으며, 이러한 발전의 수학적 기초는 바로 미분과 적분이다.

'수학은 무한의 본질을 규명하는 과학이다.'라는 수학의 특징과 같이, 무한의 정복은 미분과 적분 발전의 원동력이 되었다. 17세기 뉴턴과 라이프니츠가 발견한 미분은 계산 기술로서 발전하다가 오늘날의 형태를 갖춘 것은 실수 이론이 엄밀해진 19세기 이후이다.

미분방정식은 자연의 현상과 법칙을 이해하는 데 필수적이며, 테일러 급수에서는 삼각함수, 지수함수, 로그함수 등을 다항함수의 극한으로 나타낸다. 방정식의 실근의 근삿값을 구하는 수치해석에서도 미분과 적분을 활용한다.

# (1) 미적분학의 역사

미분 개념은 17세기에 뉴턴과 라이프니츠에 의하여 독립적으로 발견되었다. 뉴턴은 연속적으로 변하는 물체의 운동을 기술하기 위해서 미분을 발견하였고, 라이프니츠는 곡선의 접선 문제로부터 미분을 발견하였다.

적분 개념은 미분과 관계없이 그리스의 구적법까지 거슬러 올라간다. 고대 그리스인들은 원의 넓이를 구하기 위하여 원에 내접하는 정$n$각형의 넓이를 이용했는데, 이는 $n$의 값이 커질수록 정다각형의 넓이는 원의 넓이에 점점 가까워진다는 사실에 근거한 것이다. 이것을 실진법(method of exhaustion)이라 한다.

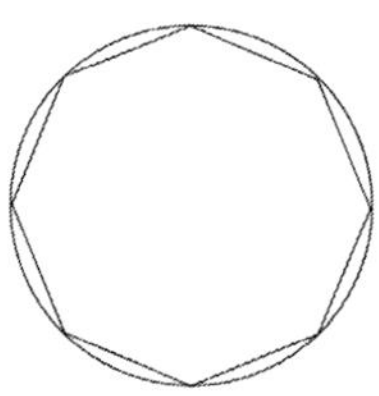

아르키메데스는 실진법으로 포물선과 직선으로 둘러싸인 부분의 넓이 $S$를 구하였다.

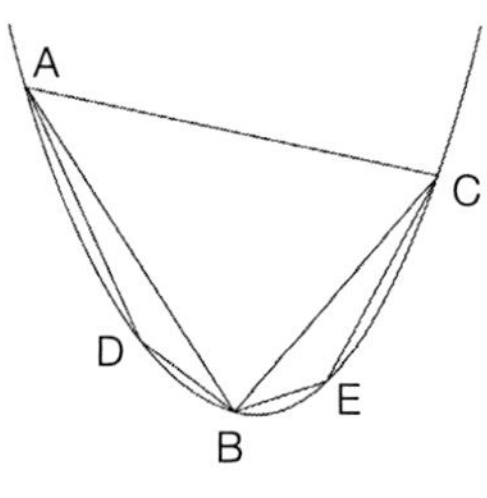


$$S = \triangle ABC + (\triangle ADB + \triangle BEC) + \cdots$$
$$= \triangle ABC + \frac{1}{4}\triangle ABC + \frac{1}{4^2}\triangle ABC + \cdots$$
$$= \frac{4}{3}\triangle ABC$$

이때에는 극한개념을 이용한 것은 아니다. 처음으로 극한개념을 이용하여 넓이를 구한 사람은 케플러이다. 한편 카발리에리는 평면도형은 폭이 없는 평행한 선들의 모임이고 입체도형은 두께가 없는 평행한 면들의 모임으로 생각하여 충격을 주었다. 이와같이, 도형의 넓이와 부피를 구분구적법으로 구한 것이 적분의 시작이었으며, 뉴턴과 라이프니츠에 의하여 정적분 개념이 구체화되었다.

17세기에는 극한의 개념이 명확하지 못하여 하나의 계산기술로만 발전하던 미적분은 19세기에 실수에 대한 이론이 데데킨트와 칸토르에 의하여 엄밀하게 다듬어지면서 오늘날의 미적분학이 된 것이다. 그 후 미분은 라그랑주, 코시, 베르누이 형제 등에 의하여 발전되었으며, 적분은 19세기 말 리만에 의하여 리만 적분법이 소개되었고, 20세기 초에는 르베크에 의하여 일반화된 적분론이 만들어졌다.

라이프니츠는 수많은 미분과 적분의 기호를 고안하였다. 뉴턴은 미분기호 $\dot{x}$를 사용하였으나, 라이프니츠는 $dF(x)=f(x)dx$와 같이 $dx$를 사용하였으며, 적분기호 $\int f(x)dx$도 사용하였다. 그러나 다음은 코시에 의하여 만들어졌다.

$$\frac{\Delta y}{\Delta x}=\frac{f(x+\Delta x)-f(x)}{\Delta x},$$

$$\frac{dy}{dx}=\lim_{\Delta x\to 0}\frac{f(x+\Delta x)-f(x)}{\Delta x}$$

미적분학의 발전에 크게 기여한 라그랑주는 함수 $y=f(x)$를 미분하여 얻어진 함수를 '도함수'라 부르고, 기호 $y'=f'(x)$로 표시했다.

월리스(Wallis, J., 1616-1703, 영국)

케임브리지대학에서 신학을 공부하고 성직자가 되었던 월리스는 점차 수학에 관심을 가져 옥스퍼드 대학 수학교수가 되었다. 그는 최초로 수학사를 저술했으며, 천문학, 역학, 식물학, 생리학, 음악 등 여러 분야의 책을 썼다.

미분적분학에서는 뉴턴의 계승자였던 그는 극한개념으로 미적분학을 연구한 〈무한소 산술〉과 원뿔곡선을 연구한 〈원뿔곡선에 대하여〉를 저술했다.

월리스는 무한 곱

$$\frac{2}{\pi}=\frac{1\cdot3\cdot3\cdot5\cdot5\cdot7\cdots}{2\cdot2\cdot4\cdot4\cdot6\cdot6\cdots}$$

을 발견했고, 무한대 기호(∞)와 분수지수, 음수지수를 처음 사용하였다.

**more / 쉼터** **무한대 기호 (∞)와 닮음 기호 (∽)**

무한대를 뜻하는 기호 ∞는 월리스가 처음 사용한 것이며, 1000을 나타내는 로마숫자 CIↃ 에서 이 기호를 만들었다. 그러나 ∞ 는 수가 아니며, 수직선에서 끝에 있는 한 점을 나타내는 기호도 아니고, '한없이 커져 간다.' 또는, '어떠한 양수보다도 크다.' 는 뜻의 기호이다.

한편 닮음을 나타내는 기호 ∽는 라이프니츠가 처음 사용한 것이며, 영어의 similar에 해당하는 라틴어 similis의 첫 글자 s를 기호화한 것이다.

# (2) 미분과 적분

생각열기

**제주도와 구분구적법**

제주도의 넓이를 구하는 방법을 알아보자.
한라산의 부피를 구하는 방법을 이야기 해 보자.

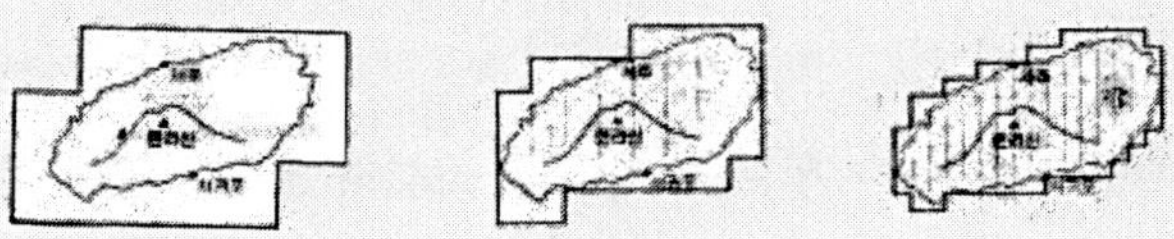

사과를 한없이 잘게 썰어 나가는 것이 미분이고, 잘게 썰어진 조각을 합하여 원래의 사과로 환원시키는 것이 적분이라 생각할 수 있다. 이러한 미분과 적분은 변화의 현상을 탐구하는 수학적 도구이다.

우리의 생활과 자연현상 등 세상은 운동과 변화로 꽉 차 있다. 계절의 변화, 밀물과 썰물, 움직이는 물체의 속도와 가속도, 물가의 변동, 생산비의 증감, 인구의 변화 등 수많은 운동과 변화에는 질서와 규칙이 있기 마련이다. 이 질서와 규칙을 수학적으로 다루는 도구가 곧 미분과 적분인 것이다.

미분과 적분을 발견한 뉴턴과 라이프니츠 이전에도 아르키메데스, 배로, 케플러, 페르마 등 많은 사람들이 미적분의 개념을 부분적으로 알고 있었다. 그러나 뉴턴과 라이프니츠가 획기적인 계산법을 소개하여 수학과 과학의 발전에 크게 기여했기에 이들을 미적분의 창시자라 한다. 뉴턴은 물리나 천문학에 응용되는

뉴턴은 무한소 개념을 도입하여 미분적분학의 기초를 세웠다.

개념에 집중했고, 라이프니츠는 뉴턴보다 더 쉬운 계산법을 발전시키는데 주력했다. 뉴턴은 선은 점이 연속적으로 움직인 결과이며, 면은 선이, 입체는 면이 연속으로 움직인 결과라고 생각하였다. 라이프니츠는 곡선의 접선을 구하는 문제와 곡선을 구하는 문제는 서로 관계가 있다는 사실에 착안했다.

뉴턴 (Newton, I., 1642~1727, 영국)

3대 수학자 중 한 사람인 뉴턴은 성탄절에 태어났으며, 미분법을 창시하였고 역학체계를 확립했다.
그는 23세에 일반화된 이항정리를 얻어, 무한급수로 발전시켰으며, 1969년 미분법인 유율법을 발표하였다. 또 그는 광학에 관한 첫 실험을 하였으며 만유인력법칙을 증명하였다. 뉴턴의 저서 〈프린키피아〉에는 완전한 역학계와 천체운동의 수학화가 나타난다. 라이프니츠가 "뉴턴 시대까지의 수학 중 뉴턴이 이룩한 업적이 반 이상이다."라고 말할 정도로 뉴턴은 많은 업적을 이룩했다.

미분은 변화하는 현상을 수학적으로 기술하고자 노력한 결과이다. 뉴턴은 미분법을 발견한 이후에야 만유인력 법칙을 포함하는 뉴턴역학을 명확하게 설명할 수 있었다. 미분은 증가하거나 감소하는 상태를 분석하는 도구이므로 자연현상, 사회현상, 심지어 심리현상을 연구하는 분야에서도 미분이 필수적이다.

**미분**(differential)는 라이프니츠가 처음 명명했고, **적분**(integral)는 야곱 베르누이가 처음 명명하였다. 함수 $y=f(x)$가 미분가능할 때, 미분하여 얻은 함수를 **도함수**(derived function)라 하며, 다음과 같이 나타낸다.

$$f'(x),\quad y',\ \frac{dy}{dx},\quad \frac{d}{dx}f(x)$$

함수 $f(x)$의 도함수 $f'(x)$도 분명히 함수이며, 도함수의 도함수 즉 $(f'(x))'$를 $f(x)$의 이계도함수 $f''(x)$라고 한다. 이계도함수가 또 미분가능하면 3계도함수를 얻고, 이런 과정을 계속하면 $n$번 미분하여 $n$계도함수 $f^{(n)}(x)$를 얻는다. 한편 적분기호 $\int$는 무한히 적은 양을 합한다는 뜻으로 합한다는 라틴어 summa의 첫글자 $S$를 길게 늘인 기호이다.

극한은 함수에 대한 이해를 돕고 수학적 사고를 한 차원 끌어올린 극한개념은 미적분학의 기초가 되었다.

뉴턴의 미분기호 $\dot{x}, \ddot{x}$은 오늘날에도 물리학에서 이용된다.

*라이프니츠(Leibniz, G. W., 1646~1716, 독일)*
미분을 발견한 라이프니츠는 근대과학의 기초를 다진 철학자이자 수학자이다. 그는 데카르트, 파스칼, 페르마 등의 업적을 연구하여 미분적분학의 기본정리를 발견하고, 많은 기호를 도입하였다.
그는 $\frac{dy}{dx}$ 와 $\int f(x)dx$ 를 만들었으며, $(x^n)' = nx^{n-1}$, 곱과 몫의 미분법 합성함수의 미분법 등을 증명했다.
계산기를 만들기도 한 라이프니츠는 이진법을 연구하였는데, 신은 1로, 무는 0으로 나타내어 신은 무에서부터 모든 것을 창조했다고 주장하였다. 그는 역사편찬에 종사하는 한편 종교분쟁을 해결하고, 학문의 발전을 위한 세계 아카데미를 계획했으며, 모든 학문을 통일시키기 위한 보편학, 보편기호학, 보편언어학을 세웠다.

예를 들어, 각뿔의 부피가 각기둥의 $\frac{1}{3}$ 임을 실험하지 않고 수학적으로 증명하려면 극한개념이 필요하다. 각뿔을 몇 개의 각기둥으로 나누어 각기둥들의 부피의 합을 구하고, 또 한없이 작은 각기둥으로 나누어서 각뿔의 부피를 구할 수 있다. 이와 같이, 한없이 잘게 나누어 도형의 넓이나 부피를 구하는 방법을 **구분구적법**이라 하는데, 구분구적법은 정적분으로 발전되었다.

19세기에 리만은 리만적분이라는 새로운 적분개념을 제시하였고, 라이프니츠가 소개한 미적분학의 기본정리를 증명하였다.

**미적분학의 기본정리**는 미분과 적분을 연결시켜주는 해석학에서 가장 중요한 정리라고 할 수 있다.

### 미적분학의 기본정리

함수 $f(x)$가 구간 $[a, b]$에서 연속이고 $F(x) = \int_a^x f(t)dt$이면

$F'(x) = f(x)$이다.

또 $F'(x) = f(x)$일 때, $\int_a^b f(x)dx = F(b) - F(a)$이다.

기호 $\frac{dy}{dx}$는 분수꼴이지만 $dy$를 $dx$로 나눈다는 뜻이 아니라 $y$를 $x$에 대하여 미분한다는 뜻이며, '디와이($dy$) 디엑스($dx$)'라 읽는다. 기호 $\frac{d}{dx}$는 함수를 $x$에 대하여 미분하라는 뜻이며, 함수 $f$를 $x$에 대하여 미분하라는 기호 $\frac{d}{dx}f$는 주로 $\frac{df}{dx}$로 쓴다.

라이프니츠는 곡선의 접선 연구에서 미분적분을 발견하였다.

# (3) 미분과 적분의 활용

생각열기

**도넛의 부피는 적분으로**

다음 도넛의 부피는 $\pi r^2 \cdot 2\pi R = 2\pi^2 r^2 R$ 임을 설명하여라.

그림과 같이 원판을 회전시켜서 생기는 입체의 부피를 구하여라.

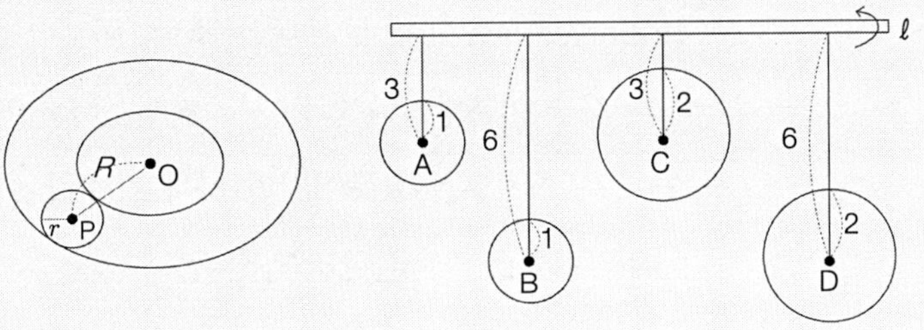


$r$ : 도넛 단면의 반지름의 길이

$R$ : 도넛의 중심에서 단면의 중심까지의 거리

도넛 단면의 반지름의 길이가 $r$, 도넛 중심에서 단면의 중심까지의 거리가 $R$인 도넛의 부피는 원 $x^2+(y-R)^2=r^2$(단, $R>r$)의 내부를 $x$축 둘레로 회전시켜 생기는 입체의 부피와 같다. 또한 이 도넛의 부피는 밑면은 반지름의 길이가 $r$이고 높이가 $2\pi R$인 원기둥의 부피와 같으므로 $\pi r^2 \cdot 2\pi R$이다.

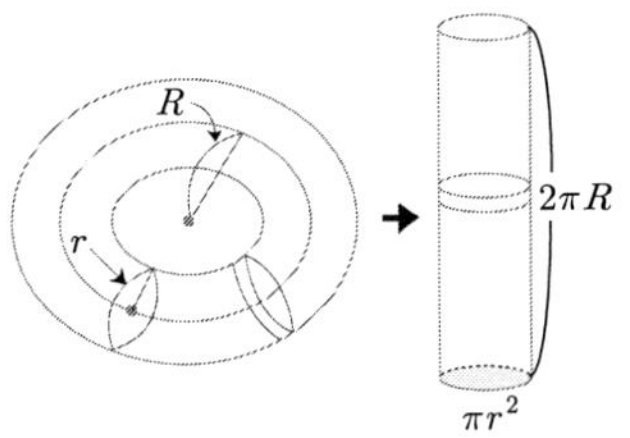


도넛 A의 부피는 $V_A=\pi {r_A}^2 \cdot 2\pi R_A$이므로 도넛 A, B, C, D의 부피의 비는 다음과 같다.

$$V_A : V_B : V_C : V_D = 1:2:4:8$$

라이프니츠는 미분기호 $\frac{dy}{dx}$와 적분기호 $\int f(x)dx$를 도입하였다.

미분과 적분은 활용이 다양하기 때문에 오늘날 수학의 핵심 분야가 되었다. 미분과 적분의 활용으로는 속도, 가속도, 길이, 넓이, 부피 등을 구하는 문제와 미분방정식, 테일러급수, 뉴턴방법 등이 있다.

**〈미분방정식〉**

변수 $x$, 미지의 함수 $y(x)$와 그 도함수들 사이에 성립하는 방정식을 **미분방정식**(differential equation)이라 하며, 미분방정식을 만족시키는 함수 $y(x)$를 구하는 것을 미분방정식을 푼다고 한다. 미분방정식의 해는 $y(0)=1$, $y'(0)=1$과 같은 초기조건이 주어지면 하나로 구할 수 있다.

예를 들면, $y''+y'+y=x^3+3x^2+6x$, $y''+9y=0$, $y'=y$는 모두 미분방정식이며, 함수 $y=x^3$, $y=A\sin 3x$, $y=Ae^x$은 각각 미분방정식의 해이다. 여기서 초기조건이 주어지면 $A$를 구할 수 있다.

미분방정식에서 독립변수가 오직 1개이면 상미분방정식(ordinary differential equation), 독립변수가 2개 이상이고 미지 함수의 편도함수(partial derivative)를 포함하면 편미분방정식(partial differential equation)이라 한다. 미분방정식의 해를 구하는 방법은 기본적인 해법과 급수해 방법, 수치해법, 라플라스 변환법 등이 있으며, 계산기 또는 Maple, Mathematica 등을 이용할 수도 있다.

미분방정식은 자연과 사회의 현상과 법칙을 이해하고 분석하는데 필수적이므로 과학과 공학뿐 아니라, 사회학, 경제학 등에서 광범위하게 쓰인다.

예를 들어, 생활과 밀접한 일기현상은 미분방정식으로 표현된다. 또한 미분방정식은 경제에도 큰 영향을 미치는데, 실제로 미분방정식론이 금융시장에도 잘 적용되므로 금융시장의 흐름을 예측할 수 있게 한다.

### 〈테일러 급수와 맥로린 급수〉

삼각함수, 지수함수, 로그함수 등과 같이 함수 $f(x)$가 계속 미분가능할 때, 다항함수로 접근시키는 방법인 **테일러 급수**(Taylor series)는 다음과 같다

$$f(x)=f(a)+f'(a)(x-a)+\frac{f''(a)}{2!}(x-a)^2+\frac{f'''(a)}{3!}(x-a)^3+\cdots$$

특히 $a=0$일 때, **맥로린 급수**(Maclaurin series)라고 한다.

$$f(x)=f(0)+f'(0)x+\frac{f''(0)}{2!}x^2+\frac{f'''(0)}{3!}x^3+\cdots$$

*라그랑주(Lagrange, J. L., 1736~1813, 프랑스)*

기호 $y'$, $f'(x)$를 사용한 라그랑주는 이탈리아의 토리노 출생이며 19세 때 왕립 육군학교 수학교수가 되었다. 또 그는 오일러의 후임으로 베를린 과학 아카데미 수학부장에 취임하였으며, 1787년 파리로 이사하여 혁명정부의 미터법 제정위원장으로 일하기도 했다. 저서 〈해석역학〉에 나타난 역학은 뉴턴의 미적분에 의한 운동방정식이 확립된 이후 발전된 해석학을 역학에 응용한 것이다.
라그랑주는 치환군에 착안하여 5차 이상의 방정식의 해법을 연구했고, 정수론, 타원함수론, 불변식론 등에 관해 많은 업적이 있다.

다음은 맥로린 급수를 이용한 등식이다.

$$\sin x=x-\frac{1}{3!}x^3+\frac{1}{5!}x^5-\frac{1}{7!}x^7+\cdots \text{ (단, } x\text{는 실수 전체)}$$

$$e^x=1+x+\frac{1}{2!}x^2+\frac{1}{3!}x^3+\frac{1}{4!}x^4+\cdots \text{ (단, } x\text{는 실수 전체)}$$

$$\ln(1+x)=x-\frac{1}{2}x^2+\frac{1}{3}x^3-\frac{1}{4}x^4+\cdots \text{ (단, } -1<x\le 1)$$

위 등식에서 $x=0.1$, $x=1$, $x=1$을 각각 대입하면 다음을 얻는다.

$$\sin 0.1=0.1-\frac{1}{3!}(0.1)^3+\frac{1}{5!}(0.1)^5-\frac{1}{7!}(0.1)^7+\cdots$$

$$e=1+\frac{1}{1!}+\frac{1}{2!}+\frac{1}{3!}+\cdots$$

$$\ln 2=1-\frac{1}{2}+\frac{1}{3}-\frac{1}{4}+\cdots$$

한편 맥로린 급수 $\tan^{-1}x=x-\frac{1}{3}x^2+\frac{1}{5}x^3-\cdots$ 로부터 다음을 얻는다.

$$\frac{\pi}{4}=1-\frac{1}{3}+\frac{1}{5}-\frac{1}{7}+\frac{1}{9}-\cdots$$

라그랑주는 직관을 피하고 해석적으로 엄밀한 증명방법을 발전시켰다.

**〈뉴턴방법〉**

자연과학이나 공학에서는 방정식의 실근을 구해야 하는 경우가 많다. 이차방정식의 근은 근의 공식을 이용하면 언제나 구할 수 있지만, 일반적인 고차방정식에서는 쉽지 않다.

함수의 그래프로부터 방정식 $f(x)=0$이 실근을 가짐을 알 수 있을지라도, 방정식 $x-\cos x=0$과 같이 근을 구하는 방법이 없는 것이 대부분이다.

뉴턴방법은 미분을 이용하여 실근의 근삿값을 구하는 방법이다.

## 뉴턴방법(Newton method)

미분가능한 함수 $f(x)$에 대하여 방정식 $f(x)=0$의 실근 $r$의 근삿값들의 수열 $\langle x_n \rangle$을 구하면, $\lim_{n\to\infty} x_n = r$가 성립한다.

① 함수 $y=f(x)$의 그래프에서 $x=r$ 근방의 $x_1$을 적당히 정한다.

② 점 $P(x_1, f(x_1))$에서의 접선의 방정식은

$$y-f(x_1)=f'(x_1)(x-x_1)$$

③ 이 접선과 $x$축과의 교점을 $x_2$라고 하면

$$x_2 = x_1 - \frac{f(x_1)}{f'(x_2)}$$

④ 점 $Q(x_2, f(x_2))$에서의 접선의 방정식은

$$y-f(x_2)=f'(x_2)(x-x_2)$$

이 접선과 $x$축과의 교점을 $x_3$라고 하면

$$x_3 = x_2 - \frac{f(x)}{f'(x_2)}$$

⑤ 이 과정을 반복하면

$$x_{n+1} = x_n - \frac{f(x_n)}{f'(x_n)}$$

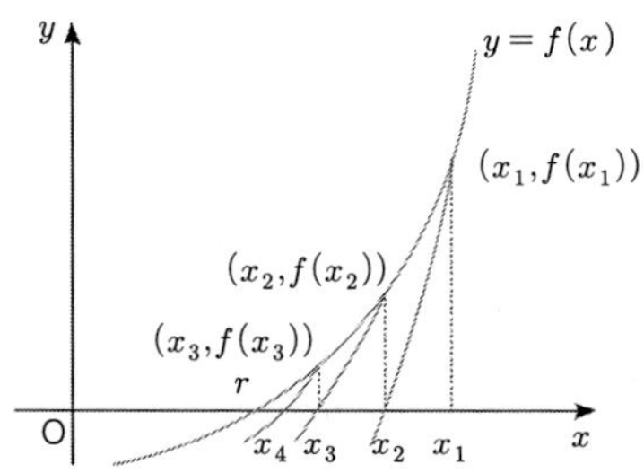


라그랑주는 도함수 기호 $y'$, $f'(x)$를 사용하였다.

# (4) 생활 속의 미분과 적분

생각열기

**속도위반과**
**미분**

광속이는 자동차로 12시에 서울 톨게이트를 통과하여 429km를 달린 후, 오후 3시에 부산 톨게이트를 통과했다.

경찰 : 속도 위반입니다.
광속 : 증거가 있습니까?
경찰 : 평균값의 정리가 알려줍니다.

자동차가 서울 톨게이트를 통과 후 $t$시간 동안 달린거리를 $f(t)$라고 하자.
평균값의 정리에 의하여 $\dfrac{f(3)-f(0)}{3-0}=429\div 3=143=f'(c)$인 $c$가 구간 (0, 3)에 반드시 존재하므로, 적어도 어느 한 지점에서 자동차의 순간속도가 143km이었다.

**도대체 미분과 적분은 생활 어디에서 쓰인단 말인가?**

이 질문에 대답하기란 수학을 전공한 사람들에게도 그리 쉽지 않다. 그러나 분명히 미분과 적분은 생활에서뿐만 아니라, 자연과학, 사회과학, 경제와 경영에서도 필수적이다.

세상의 모든 것은 변하고 있다. 모양, 위치, 온도가 변화 뿐만 아니라, 변화의 양상이 다양하며 변화의 양상 그 자체도 역시 변한다. 어떻게 변하고 있는지를 연구하는 것이 미분이고, 변화의 결과가 어떻게 되었는지를 다루는 것이 적분이다. 한편 우리는 거시적으로 전체를 내려다보기도 하지만 극히 작은 범위를 확대하여 보기도 한다.

미분과 적분은 변화를 수학적으로 다룬 것이다.

예를 들면, 인공위성에서 찍은 지구의 사진은 지구가 둥글다는 것을 보여주지만, 내가 서 있는 부근만을 생각하면 평평하다. 포물선 $y=x^2$도 아주 작은 부분은 직선처럼 보인다. 또한 박물관에 전시된 유물 토기는 발굴 당시에는 조각나 있었지만, 복원작업을 거쳐 원래의 모습을 하고 있다. 토기가 부서지는 과정이 미분이라면 조각들을 모아서 전체를 만드는 과정은 적분이라 할 수 있다.

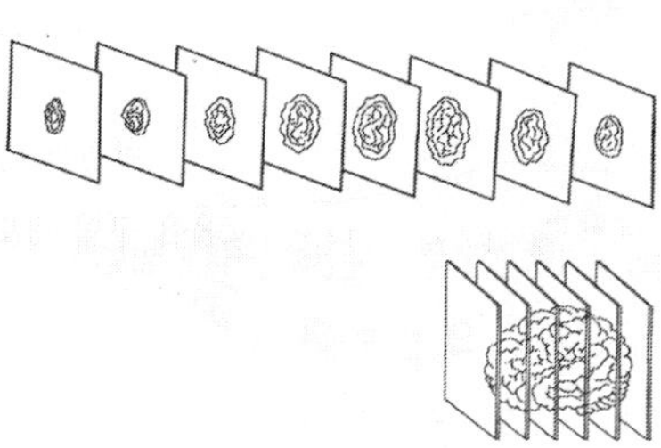

교통 사고로 머리를 다쳤을 때, 머리의 내부를 조사하기 위한 CT촬영의 원리는 머리 내부를 얇게 자른 형태로 사진을 계속 촬영한 뒤, 한 장 한장을 보는 것이며 이 사진들을 종합하면 머리 내부 전체가 된다. 이와 같이, 얇게 나누어서 종합하는 사고방식 즉, 미분과 적분은 의학이나 공학 등 첨단 기술에서도 이용된다.

야구 투수가 공을 던질 때나 자동차의 과속 단속 등에서 속도는 모두 순간속도이며, 순간속도는 순간변화율이다. 이러한 순간변화율은 순간속도뿐 아니라 경제의 경기변동이나 주식의 주가변동에서 중요하다.

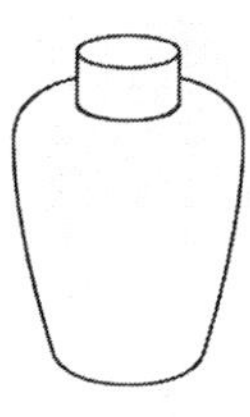

생활에서 흔히 사용하는 용기를 생각해 보자. 화장품 용기 중에는 화장품을 매일 일정하게 사용하는데도 불구하고, 처음에는 줄어드는 것 같지 않다가 나중에는 하루가 다르게 줄어듦을 느끼게 하는 것이 있다. 또 윗부분이 잘록한 물병에 물을 부을 때에는 일정한 속도로 물을 붓는데도 불구하고 나중에는 갑자기 넘치게 된다. 그 이유는 부피의 변화가 일정할지라도 높이의 순간변화율은 그릇의 모양에 따라 다르기 때문이다.

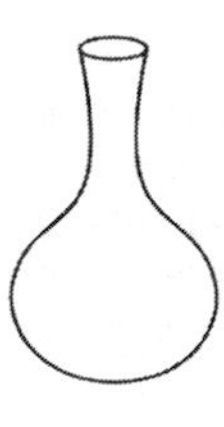

$\int_1^e \frac{1}{x}dx=1$이고 $\int_0^{\frac{\pi}{2}}\sin x dx=1$이다.

예제 호수에 돌을 던지면 동심원의 파문이 생긴다. 가장 바깥쪽 파문의 반지름이 매초 2m의 비율로 커질 때, 5초 후의 파문의 넓이의 변화율을 구하여라.

풀이 $t$초 후 파문의 반지름의 길이를 $r$라 하자. 파문의 넓이 $S=\pi r^2$의 양변을 $t$에 대하여 미분하면 $\frac{dS}{dt}=\pi \cdot 2r \cdot \frac{dr}{dt}$이다.

여기서 $\frac{dr}{dt}=2(\text{m}/\text{초})$이고, 5초 후 $r=10(\text{cm})$이므로 5초 후의 파문의 넓이의 변화율은 $\frac{dS}{dt}=40\pi\ (\text{m}^2/\text{초})$이다.

문제 반지름이 20cm인 구 모양의 풍선에 공기를 넣어, 매초 1cm씩 반지름이 커지고 있다. 10초 후의 풍선의 겉넓이와 부피의 변화율을 구하여라.

문제 키가 165cm인 사람이 높이 3m인 가로등 아래로부터 일직선으로 매분 90m의 속도로 걸어갈 때, 그림자 길이의 변화율을 구하여라.

미분과 적분은 일조시간이나 바다깊이와 같이 주기적으로 변하는 것의 변화율을 구할 때도 절대적으로 필요하다.

어느 항구에서 일조시간과 바다깊이가 3월 21일 정오를 $t=0$이라고 할 때, $t$일 후 일조시간 $y_1$(시간)과 $t$시간 후 바다깊이 $y_2$(m)는 다음과 같았다.

$$y_1=3\sin\frac{2\pi}{365}t+12, \qquad y_2=12-4\cos\frac{\pi}{6}t$$

일조시간의 그래프에서 일조시간이 가장 긴 때와 짧은 때를 알 수 있고, 5월 21일의 일조시간의 변화율도 구할 수 있다. 또한 일조시간의 변화가 없는 때와 일조시간이 가장 많이 짧아지는 때도 알 수 있다. 또 바다깊이의 그래프에서 밀물과 썰물인 시각을 알 수 있고, 바다깊이가 10m인 순간의 바다깊이의 변화율도 알 수 있다.

야곱 베르누이(Jacob Bernoulli, 1654-1705, 스위스), 요한 베르누이(Johann Bernoulli, 1667-1748, 스위스)
10명의 수학자와 과학자를 배출한 베르누이 가문에 야곱 과 요한 형제가 있다.
'적분(integral)'이란 이름을 붙인 형 야곱은 미적분학, 무한수열의 합, 확률론에 공헌했다. 그의 사후에 나온 〈추측술〉에는 대수의 법칙이 실려 있으며, '베르누이 분포', '베르누이 정리', '베르누이 수' 등 야곱 베르누이의 이름 붙은 업적이 많다. 미적분학을 유럽 대륙에 전파시킨 동생 요한은 라이프니츠와 빈번히 서신 교류를 했으며, 그의 업적은 후작 로피탈의 이름으로 발표되었다. 베르누이의 연구 결과가 실려있는 〈무한소 해석〉에는 접선, 극대 및 극소, 변곡점, 곡률, 로피탈의 법칙이 있다.

미분과 적분은 생활과 가장 밀접한 태풍, 비 등의 기상변화를 분석하고 예측하기 위해서도 필요하다. 기온, 기압, 바람, 습도 등의 초기값과 원하는 시각의 기온, 기압, 바람, 습도 등을 계산할 수 있다.

미분과 적분은 화석의 연대측정이나 인구문제에서도 이용된다. 오래 전에 살았던 동물의 화석에 남아 있는 방사성탄소의 양을 이용하면 그 동물이 어느 시대에 살았는지를 추정할 수 있다. 공기 중에 탄소($_6C^{12}$)와 방사성탄소($_6C^{14}$)의 비율은 일정하므로 동물의 몸 속에도 그 비율은 일정하다. 그러나 동물이 죽으면 호흡이 멈추므로, 시간이 오래될수록 화석에 남아 있는 탄소의 양은 일정하지만 방사성탄소는 붕괴되어 감소하게 된다.

**예제** $t$년 전에 살았던 동물의 화석에 남아 있는 탄소의 양 $A$g과 방사성탄소의 양 $y$g으로부터 화석의 연대 $t$를 추정해보자.

**풀이** 먼저 남아있는 탄소의 양 $A$g으로부터 화석이 살아 있던 때의 방사성탄소의 양 $y_0$g을 계산하자. 방사성탄소의 붕괴속도 $\frac{dy}{dt}$는 방사성탄소의 양 $y$에 비례하며 $\frac{dy}{dt}=-ky$(단, $k \fallingdotseq 1.2\times10^{-4}$)가 성립한다. 이 미분방정식의 해는 $y=y_0e^{-kt}$이므로 $A=y_0e^{-kt}$로부터 $t$를 구한다.

**문제** 어느 도시의 $t$년 후의 인구 $y$의 증가율은 $\frac{dy}{dt}=6000e^{0.006t}$이다.
2000년에 인구가 1000000명이라면 2020년에는 몇 명이 될까?

## 5-3 돌·아·보·기

1. **(대학) 적분에 관한 평균값 정리**

   함수 $f$가 구간 $[a,\ b]$에서 연속이면 $\int_a^b f(x)dx = (b-a)f(c)$를 만족시키는 $c$가 $a$와 $b$ 사이에 적어도 하나 존재함을 보여라.

2. **(역사) 뉴턴방법**

   무리수 $\sqrt[6]{2}$는 방정식 $x^6 - 2 = 0$의 한 실근이다.
   뉴턴방법으로 $\sqrt[6]{2}$의 근삿값을 구하여라.

3. **(컴퓨터) 수학프로그램**

   Maple을 사용하여, $\int_0^\pi \sin x dx = 2$임을 확인하여라.

4. **(생활) 높이의 변화율**

   잔에 일정하게 주스를 따를 때, 주스 높이의 변화율은 잔의 모양에 따라 다르다. 높이의 변화가 빨라지는 잔과 일정한 잔을 각각 그려 보자.

## ■ 알·쏭·달·쏭 – 바보들의 수학

수학은 공식을 잘못 적용하면 바보되기 십상이다.

$$\frac{1}{2}+\frac{1}{3}=\frac{1}{2+3}=\frac{1}{5}$$

$$\sqrt{13}=\sqrt{4+9}=\sqrt{4}+\sqrt{9}=2+3=5$$

$$1+2^2+2^3+2^4+\cdots=\frac{1}{1-2}=-1$$

$$2=\log 100=\log 10\times 10=\log 10\times \log 10=1\times 1=1$$

$$\log 20=\log(10+10)=\log 10+\log 10=1+1=2$$

$$\sin 75^\circ=\sin(30^\circ+45^\circ)=\sin 30^\circ+\sin 45^\circ$$

$$(fg)'=f'g'$$

B.C. 640 – 탈레스 – 기하학의 시조
B.C. 572 – 피타고라스 – 피타고라스 정리, 논증기하 발전에 기여
B.C. 460? – 히포크라테스 – 정육면체 배적 문제 연구
B.C. 275 – 에라토스테네스 – 닮음으로 지구의 둘레 측정
B.C. 130 – 헤론 – '헤론의 공식' 발견
B.C. 330 – 유클리드 – 기하학의 아버지, 〈원론〉 저술
B.C. 287 – 아르키메데스 – 도형의 넓이와 부피 구함, $\pi$ 연구
B.C. 262 – 아폴로니우스 – 이차곡선 연구, 〈원뿔 곡선론〉 저술
B.C. 300 – 파푸스 – '파푸스 정리' 발견
430 – 초충지 – $\pi$의 근삿값 구함
1571 – 케플러 – 행성 궤도가 타원임을 밝힘
1593 – 데자르그 – 사영기하학 연구
1596 – 데카르트 – 좌표 도입, '해석기하학' 창시
1623 – 파스칼 – 사영기하학 연구
1629 – 호이겐스 – 곡선 연구
1728 – 람베르트 – $\pi$가 무리수임을 증명
1793 – 로바체프스키 – '비유클리드기하학' 소개
1826 – 리만 – '리만기하학' 소개
1849 – 클라인 – 대수학과 기하학의 통일에 기여
1852 – 린데만 – $\pi$의 초월성 증명
1862 – 힐베르트 – 공리론적 방법 연구, 〈기하학의 기초〉 저술
1879 – 아인슈타인 – 비유클리드기하학을 이용하여 '상대성이론' 발표

# Chapter 6. 기하학의 세계

도형을 다루는 기하학은 고대이집트에서 실용적 목적으로 시작되었으나, 엄밀한 연역적 증명을 추구하는 그리스인들에 의하여 이론적으로 발전하였다. 탈레스에 이어 피타고라스가 발전시킨 논증기하학은 유클리드에 의하여 논리적인 체계가 확립되었다. 그 후, 비유클리드기하학이 탄생되었고, 리만기하학은 유클리드기하학과 비유클리드기하학을 통합했으며, 기하학은 해석기하학, 미분기하학, 대수기하학 등으로 발전하였다.

기하학의 세계에서는 전통적인 유클리드기하학, 비유클리드기하학 이야기와 여러 가지 도형 이야기를 다룬다. 도형은 생활과 매우 밀접한 관계가 있는데, 여기서는 생활 속에서 접할 수 있는 흥미로운 도형 이야기도 다룬다.

기하학은 역사적으로 오랫동안 중요시 되어온 학문이며, 수학의 다른 영역과도 밀접한 관계가 있다. 또한 기하학은 문제의 해결방법이 다양하여 창의적 사고력을 기르는 데 크게 도움이 된다.

# 기하학의 세계



# 6

# 6-1 유클리드기하학과 비유클리드기하학 이야기

## ■ 쫑·알·쫑·알 – 유클리드와 기하학

톨레미 I세가 묻자, 유클리드가 대답한다.

**톨레미 I세** : **기하학을 배우는 쉬운 방법은 없느냐?**

**유 클 리 드** : **기하학에는 왕도가 없습니다.**

증명을 이해하지 못한 학생이 묻자, 유클리드는 그를 교실 밖으로 쫓아낸다.

**이해짱 학생** : **도형의 증명은 배워서 무엇을 얻을 수 있습니까?**

**유 클 리 드** : **저 아이에게 동전 한 푼을 주어서 내보내라.**
**그는 배운 것으로부터 반드시 무엇인가를 얻어야 하니까.**

## ■ 살·펴·보·기

이집트와 바빌로니아에서 시작된 도형연구는 그리스에서 기하학으로 꽃피었다. 도형을 최초로 연구한 탈레스에 이어 피타고라스 학파는 논증기하학을 발전시켰으며, 유클리드는 기하학의 논리적 체계와 수학의 기초를 확립시켰다.

유클리드가 도형의 성질을 〈원론〉으로 집대성함으로써 유클리드기하학이 시작되었으나, 비유클리드기하학이 나타났고 리만은 리만기하학을 소개하였다.
한편 기하학은 데카르트가 좌표를 도입함에 따라 해석기하학으로 발전하였으며, 힐베르트는 기하학을 공리적으로 엄밀하게 구성하였다.

기하학의 연구는 평면과 공간을 확장하여 $n$차원 공간을 생각하게 되었으며, 오늘날에는 미적분을 이용하는 미분기하학과 대수적 기법을 이용하는 대수기하학으로까지 발전하였다.

# (1) 기하학의 역사

B.C. 2500년경 일찍부터 문명이 발달한 고대 이집트에서는 나일강의 홍수로 토지측량을 자주 했다. 그들은 토지측량뿐 아니라 피라미드 건설 등 토목공사를 위하여 도형을 연구하였는데, 그 결과 토지(geo)와 측량(metry)이 결합하여 도형을 연구하는 기하학(geometry)이 탄생했다. 고대 이집트의 아메스 파피루스에는 정사각형, 직사각형, 이등변삼각형, 등변사다리꼴의 넓이와 정사각뿔의 부피를 구하는 공식이 기록되어 있다.

고대 이집트에서 실용적인 목적에서 시작된 도형연구는 엄밀한 연역적 증명을 추구하는 그리스인들에 의하여 기하학으로 발전하게 되었다.

**탈레스**는 이집트의 도형에 대한 지식을 체계적으로 정리하고 증명하면서 기하학의 기초를 세웠다. 이어서 **피타고라스** 학파에서는 논증기하학을 발전시켜 피타고라스 정리를 증명하였을 뿐 아니라, 정다면체가 다섯 가지뿐임을 보였다.

그 후 기하학의 논리적인 체계를 확립한 수학자는 유클리드이다. 한편 **아르키메데스**는 구분구적법으로 원, 포물선, 타원의 넓이, 구의 겉넓이와 부피를 구했으며, **아폴로니오스**는 원뿔곡선인 타원, 포물선, 쌍곡선의 성질을 연구하였다. **히파르코스**, **프톨레마이오스** 등은 천체운동의 기하학적 모델을 연구하였다.

17세기 데카르트에 의해 시작된 해석기하학은 대수학과 기하학을 연결시켰으며, 좌표를 쓰지 않고 도형을 직접 연구하는 사영기하학은 데자르그, 몽주, 퐁슬레에 의하여 발전하였다. 19세기에는 비유클리드기하학이 생겨나서, 기하학을 새로운 방향으로 발전시켰으며, 힐베르트는 유클리드기하학에서 완전한 공리계를 찾아내었다.

플라톤은 학교 현관에 '기하학을 모르는 자는 출입을 금함'이라고 썼다.

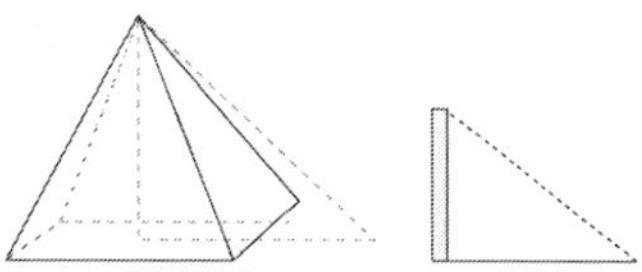


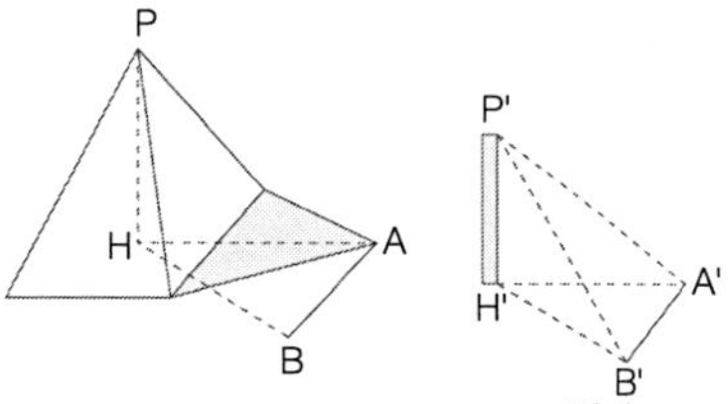


**〈피라미드 이야기〉**

탈레스는 최초로 피라미드의 높이를 측정하였다. 그는 막대를 수직으로 세우면 막대 길이와 막대 그림자의 길이가 같을 때에 피라미드 높이와 피라미드 그림자의 길이도 같음을 이용했다고 한다.

그런데 피라미드 그림자의 길이는 그림자가 이등변삼각형이 될 때에만 잴 수 있다. 따라서 피라미드와 막대 그림자의 끝을 각각 A, A′라 하고, 몇 시간 지난 후의 피라미드와 막대 그림자의 끝을 각각 B, B′라 하면 다음 비례식을 이용하면 편리하다.

(피라미드 높이) : (막대 길이) = $\overline{AB}$ : $\overline{A'B'}$

탈레스(Thales, 640?-564? B.C., 고대그리스)

플루타크 영웅전에서 고대그리스 7현인의 한 사람인 탈레스는 닮음을 이용하여 피라미드의 높이를 측정했다.
그는 만물의 근원을 물로 보고 지구는 무한한 대양 위에 떠 있는 편평한 판이며, 물의 파동으로 진동이 커진 것이 지진이라고 주장하는 등 최초로 신화에서 벗어나 과학적인 방법으로 고찰하였다.

피라미드는 세계 7대 불가사의 중 하나이다.

최대 규모의 쿠푸왕 피라미드는 밑면은 한 변 길이가 233m인 정사각형이고 높이는 약 148m이다. 밑면의 한 변을 높이의 반으로 나누면, 약 3.14이다.

한편 피라미드의 옆면과 밑면이 이루는 각은 약 51°이다. 그런데 모래를 자연스럽게 원뿔 꼴로 쌓을 때 모래의 경사도가 약 51°라고 한다. 실제로 무거운 돌로 만든 피라미드를 안전하면서도 높이 쌓으려면 이 경사도가 가장 적당하다.

## 탈레스가 발견한 정리

- 맞꼭지각의 크기는 서로 같다.
- 두 대응변의 길이와 그 끼인각의 크기가 각각 같은 두 삼각형은 합동이다.
- 한 대응변의 길이와 그 양 끝 각의 크기가 각각 같은 삼각형은 합동이다.
- 이등변삼각형의 두 밑각의 크기는 같다.
- 지름은 원의 넓이를 이등분한다.
- 지름에 대한 원주각의 크기는 90°이다.
- 원주각의 크기는 중심각의 크기의 반이다.

탈레스는 닮음을 이용하여 최초로 피라미드의 높이를 측정하였다.

# (2) 유클리드의 원론

생각열기

**정말로 1+2=3??**

귀염이 마을에서 재롱이 마을까지의 거리는 1km이다.
재롱이 마을에서 꿈돌이 마을까지의 거리는 2km이다.
그러면 귀염이 마을에서 꿈돌이 마을까지의 거리는 몇 km일까?

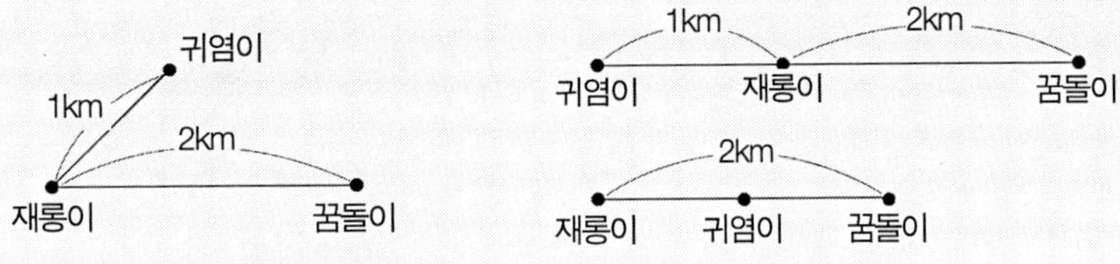


기하학의 논리적인 체계를 수립한 유클리드는 당시의 주요한 수학적 결과들을 모아 〈**원론**(elements)〉을 저술하였다. 원론이란 연역적 추론에서 일반적으로 널리 이용되는 주요한 정리를 의미한다.

13권으로 된 〈원론〉에서 유클리드는 정의(definition), 공리(axiom), 공준(postulate)에만 근거를 두고, 기하학의 모든 명제를 연역적인 추론에 의하여 유도해 냈다. 더 이상 정당성을 보일 필요가 없이 인정해야 하는 명제를 공리 또는 공준이라 한다. 공리는 자명한 것으로 가정된 명제로, 모든 학문에 공통적이며 명백하면서도 쉽게 이해할 수 있는 가정이다. 반면에 공준은 자명한 것으로 가정된 작도로, 특별한 학문에서의 고유한 가정이며 반드시 명백하거나 이해하기 쉬울 필요는 없는 것에 대한 가정이다.

젊었을 때 〈원론〉을 읽고 황홀하지 않은 사람은 이론을 탐구할 자격이 없다. – 아인슈타인

## 유클리드의 공리

A1. 동일한 것과 같은 것들은 모두 서로 같다.
A2. 같은 것에 어떤 같은 것을 더하면 그 전체는 서로 같다.
A3. 같은 것에서 어떤 같은 것을 빼면 나머지는 서로 같다.
A4. 서로 일치하는 것은 서로 같다.
A5. 전체는 부분보다 크다.

## 유클리드의 공준

P1. 서로 다른 두 점 P, Q를 지나는 직선은 유일하게 존재한다.
P2. 두 선분 AB, CD에 대하여 B가 A와 E 사이에 있고, 선분 CD가 선분 BE와 합동인 점 E가 유일하게 존재한다.
P3. 서로 다른 두 점 O, A에 대하여 중심이 O이고 반지름이 $\overline{OA}$인 원이 존재한다.
P4. 모든 직각은 서로 합동이다.
P5. 직선 $l$과 $l$ 위에 있지 않은 점 P가 주어질 때, 점 P를 지나서 직선 $l$과 평행인 직선 $m$이 유일하게 존재한다.

〈원론〉에 기초하여 발달한 기하학을 **유클리드기하학**이라 부른다. 유클리드기하학은 직관적인 관찰을 기초로 만들어졌으나, 그 증명은 귀납적이 아니라 정의, 공리, 공준에만 근거를 두고, 많은 명제를 엄밀하게 제시하고 그 법칙들을 연역적으로 증명한다.

〈원론〉에서는 23개의 정의와 10개의 공리 또는 공준으로부터 465개의 명제를 유도했으며, 이와 같이 매우 적은 것으로부터 매우 많은 것들이 추론되었다는 점이 〈원론〉이 아름다운 이유이다.

유클리드의 〈원론〉은 서양에서 성경 다음으로 많이 읽혀진 책이다.

〈원론〉은 그 엄밀한 논리체계 때문에 인간의 논리적 사고력을 연마하는 데 꼭 필요한 책으로 여겨져 왔고, 2000년 동안이나 기하학 교과서로 사용되었다. 〈원론〉에서는 명제가 참이라는 것을 오직 공리계를 바탕으로 한 논리적인 추론만으로 증명하는데, 이러한 방법론은 순수수학의 원형으로 여겨졌으며, 〈원론〉은 수학적 방법론을 확립시켰다고 하겠다.

〈원론〉은 B.C. 300년경에 만들어졌으나 안타깝게도 당시의 것은 남아있지 않다. 또한 〈원론〉은 1000판 이상 출판되었으며, 서양에서는 성경 다음으로 많이 읽혀진 책이다.

## 유클리드의 〈원론〉

제 I 권 – 정의, 공리, 공준, 합동, 평행, 피타고라스 정리
제II권 – 면적변환과 피타고라스 학파의 기하대수
제III권 – 원, 현, 호
제IV권 – 원에 내접 또는 외접하는 다각형의 작도
제V권 – 에우독소스의 비례론에 관한 해설
제VI권 – 닮은도형, 이차방정식의 기하학적 해, 각의 이등분선
제VII권 – 유클리드 호제법
제VIII권 – 연속비례, 등비수열
제IX권 – 정수론, 소인수분해, 등비수열의 합, 완전수,
'소수의 개수는 무한하다.'의 증명
제X권 – 실진법과 무리수
제XI권 – 공간에서 직선과 평면에 대한 정리, 평행육면체에 관한 정리
제XII권 – 실진법을 이용한 부피문제
제XIII권 – 정다면체의 성질과 정다면체는 5가지뿐임을 증명

유클리드는 13권으로 된 〈원론〉에서 당시의 수학을 집대성했다.

# (3) 피타고라스 정리

생각열기

**피타고라스 정리**

피타고라스는 어느 사원의 보도 블록을 보고 피타고라스 정리를 발견했다.
그림에서 피타고라스 정리를 찾아 설명하여라.

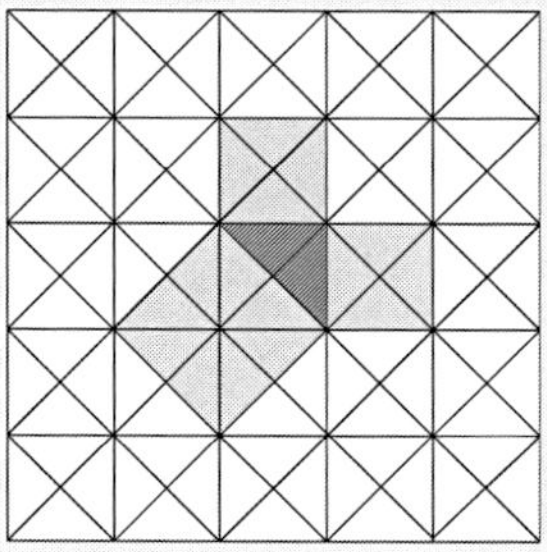

대부분의 건물은 벽면이 바닥과 수직이 되도록 만든다. 고대인들은 세 변의 길이가 3, 4, 5 또는 5, 12, 13인 삼각형은 직각삼각형이 된다는 것을 알고, 매듭으로 길이가 3, 4, 5인 직각삼각형을 만들어 건축할 때 이용하였다. 이러한 사실은 고대 중국, 이집트에서도 알려져 있었으나, 일반적인 직각삼각형에 대한 피타고라스 정리는 피타고라스에 의하여 발견되었다.

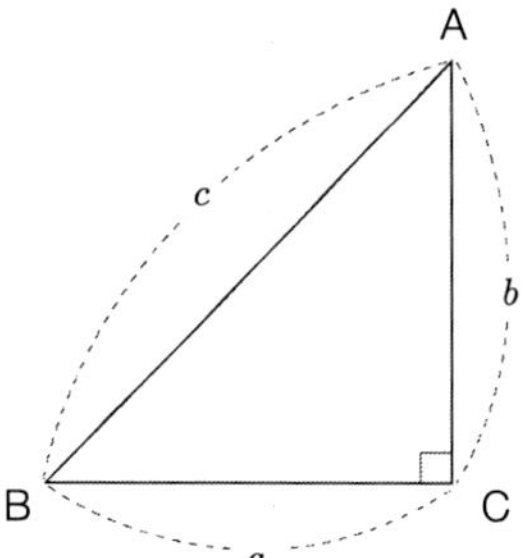


$a^2+b^2=c^2$

**피타고라스 정리**

직각삼각형에서 빗변을 한 변으로 하는 정사각형의 넓이는
나머지 두 변을 각각 한 변으로 하는 정사각형의 넓이의 합과 같다.

직각삼각형에서 빗변의 제곱은 직각을 낀 두 변의 제곱의 합과 같다.

피타고라스(Pythagoras, 570-479? B.C., 고대그리스)

탈레스의 제자인 피타고라스는 그리스 사모스 섬에서 태어나 이집트와 바빌로니아, 인도 등을 여행하여 동양의 신비주의와 많이 접하였다. 영혼의 전이를 믿었으며, 매 맞는 강아지에 친구의 영혼이 들어 있으며 친구의 목소리가 들린다고 말하기도 했다.

피타고라스는 정치에도 관여하여 사모스에서 추방당한 후 이탈리아 크로톤에 정착하여 비밀단체를 조직했는데, 정치적 반대파에 의해 해산당하고 그는 자객에 살해당했다.

피타고라스 정리는 그 역도 성립한다.

3, 4, 5와 5, 12, 13이라는 세 수 사이에는

$$3^2+4^2=5^2,\quad 5^2+12^2=13^2$$

인 관계가 성립하므로 피타고라스는 이러한 관계식을 일반화시켜 피타고라스의 정리의 역을 발견하였다. 피타고라스 정리는 피타고라스 이전에 이미 이집트, 바빌로니아 등 고대 문명을 이룬 여러 민족들이 토목공사를 할 때 직각을 만들기 위해 이용했던 사실이었다. 그러나 피타고라스는 이 사실을 일반화하여 정리를 만들고 증명한 것이다.

피타고라스 학파는 이 정리의 발견으로, 너무나 기쁜 나머지 황소 100마리를 신의 제단에 바쳤다고 한다. 그러나 이 정리로 인하여 무리수가 발견되었고 유리수가 만물의 근원이라던 그들의 믿음은 깨지기 시작했다.

예제 테오도로스 바퀴는 피타고라스 정리를 이용하여 길이가 $\sqrt{2}$, $\sqrt{3}$, $\sqrt{4}$, $\sqrt{5}$, … 인 선분들을 작도한 것이다.

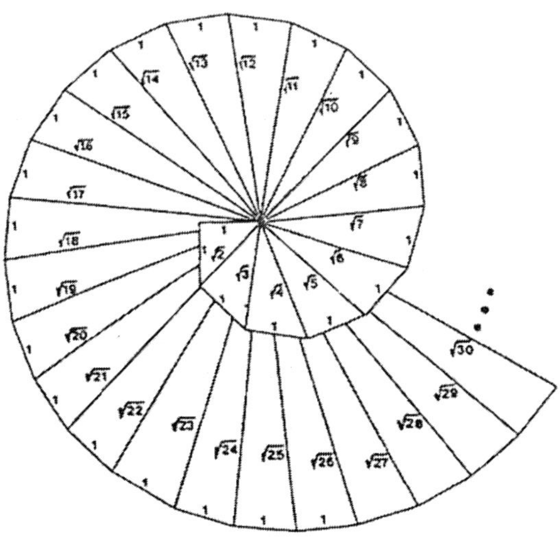

테오도로스 바퀴

B.C. 6세기 고대그리스의 탈레스는 최초의 수학자이다.

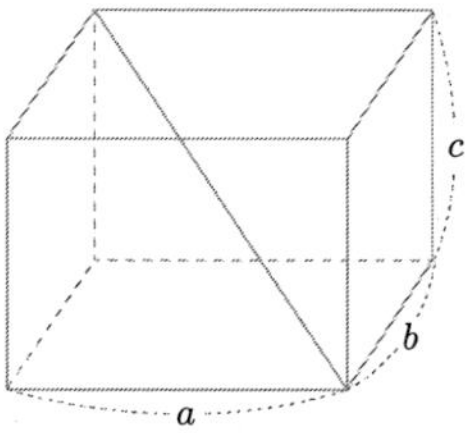


피타고라스 정리를 입체도형에 적용하면, 가로가 $a$, 세로가 $b$, 높이가 $c$인 직육면체의 맞모금의 길이 $d$에 대하여 $a^2+b^2+c^2=d^2$이 성립한다. 또 닮은 두 직각삼각형에서는 $aa'+bb'=cc'$가 성립하며, 일반화된 것으로는 제이코사인법칙 $c^2=a^2+b^2-2ab\cos C$가 성립한다.

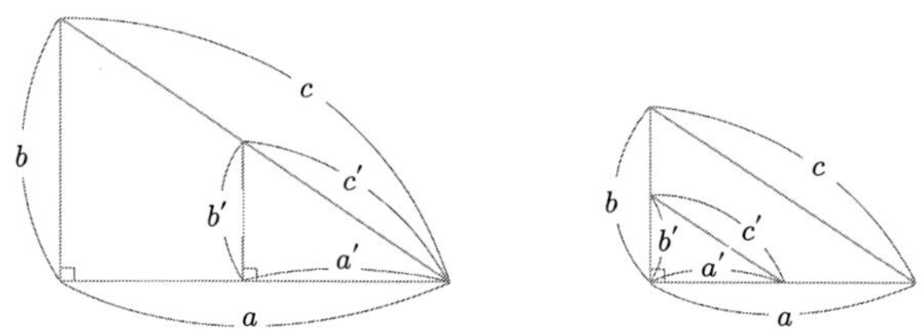


$cc'=aa'+bb'$

피타고라스는 어느 사원의 보도 블럭을 보고 이 정리를 발견했다고 전해진다. 그는 사원의 바닥에 깔려 있던 보도 블럭의 직각이등변삼각형에서 성립하는 것을 일반화하여 임의의 직각삼각형에 대하여도 성립하는 피타고라스 정리를 만들었다. 그 후 피타고라스의 정리의 증명은 많은 수학자들에 의하여 이루어졌으며, 그 증명방법이 360가지가 넘는다.

### 〈피타고라스의 증명〉

피타고라스가 자신의 정리를 어떤 방법으로 증명하였는지는 확실하지 않으나, 한 추측에 의하면 정사각형을 분할하여 피타고라스 정리를 증명하였다.

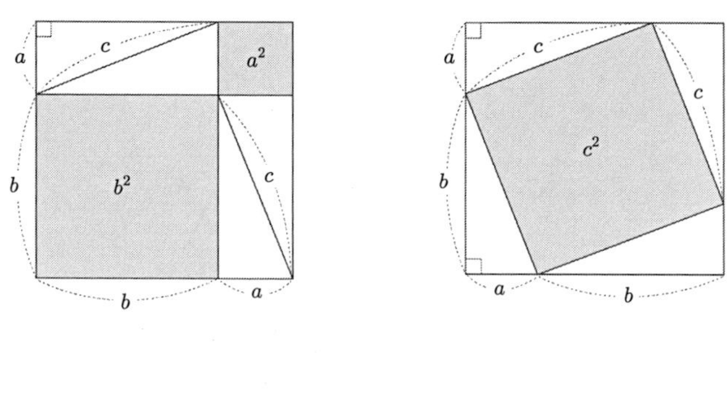

**〈유클리드의 증명〉**

유클리드는 〈원론〉에서 신부의 의자라고 일컬어지는 그림을 이용하였다.

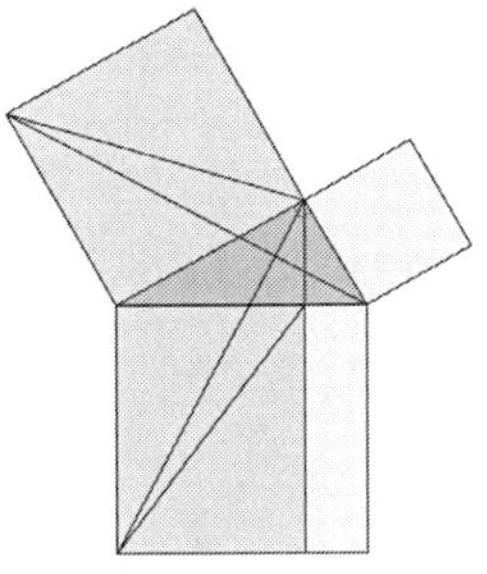

**〈인도 바스카라의 증명〉**

직각삼각형 4개와 작은 정사각형 한 개로 큰 정사각형을 만들면 큰 정사각형은 직각삼각형의 빗변을 한 변으로 하는 정사각형이 된다. 이들을 다시 짜 맞추면 $c^2=(a-b)^2+4\cdot\frac{ab}{2}=a^2+b^2$이 성립한다.

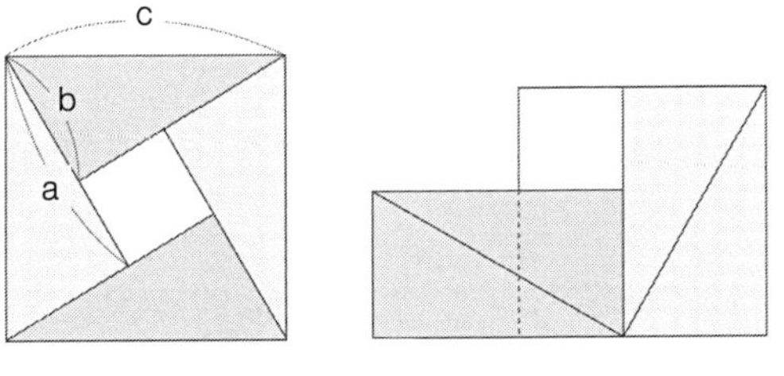


**〈중국 주비산경의 증명〉**

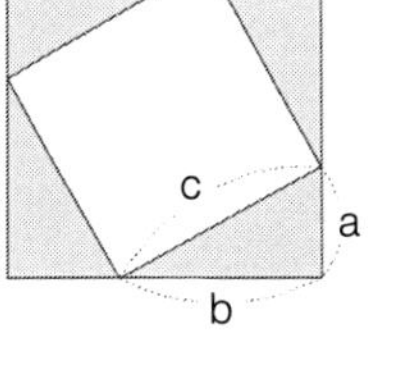


〈주비산경〉에는 '3 : 4 : 5로 이루어진 삼각형은 직각삼각형이다.'라는 사실이 직각삼각형의 세 변을 일컫는 구, 고, 현을 이용하여 '구고현 정리'로 실려있다. 그림에서 $(a+b)^2=c^2+4\cdot\frac{1}{2}ab$이므로 $a^2+b^2=c^2$이 성립한다.

'구고현의 정리'는 동양의 피타고라스 정리이다.

**〈피타고라스 학파〉**

피타고라스를 신처럼 따르던 추종자들은 비밀집회를 가지며 피타고라스의 지식을 전수받아 피타고라스 정리를 비롯한 많은 수학적 발견을 했는데, 이들을 피타고라스 학파라고 한다. 오각별을 그들의 상징으로 달고 다녔으며, 결속력이 강하여 정치에 영향을 주자, 반대파들이 피타고라스를 살해했다. **'만물의 근원은 수(All is number)'**라는 믿음을 가졌던 피타고라스 학파의 업적은 다음과 같다.

- 피타고라스 정리
- 정다면체는 5가지뿐임을 증명
- 정오각형 작도법 발견
- 무리수 $\sqrt{2}$ 발견
- 산술평균, 조화평균 발견
- 삼각수, 사각수, 오각수 등 도형수 연구
- 조화수열 발견 – 현의 1, 2/3, 1/2 지점을 퉁길 때, 조화로운 음정이 됨
- 수의 분류 – 홀수, 짝수, 소수, 합성수, 완전수, 친화수

## 파스칼의 육각형

타원에 내접하는 육각형에서 마주보는 두 변의 연장선의 교점은 모두 한 직선 위에 있다.

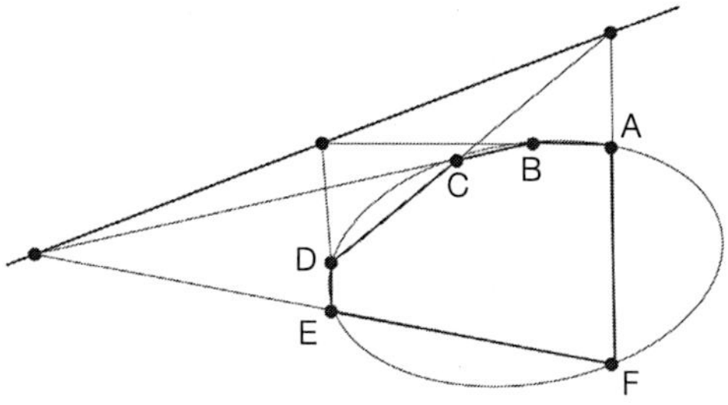


피타고라스 추종자들인 피타고라스 학파는 오각별을 달고 다녔다.

# (4) 여러 가지 기하학

생각열기

**곡면과 삼각형**

일두 : 삼각형의 세 내각의 합은 180°이다.

이두 : 구면에서는 그렇지 않아!

적도에 있는 두 지점 P, Q와 서울 S를 연결해 봐.

삼각형 SPQ의 세 내각의 합은 180°보다 크잖아.

삼두 : 오목한 곡면에서는 180°보다 작을 것 같네!

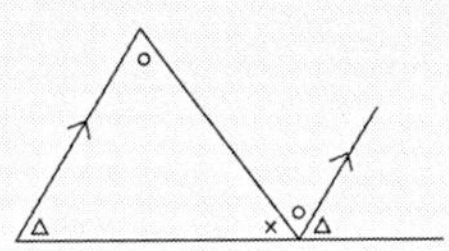

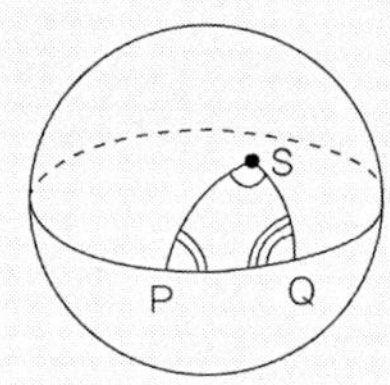


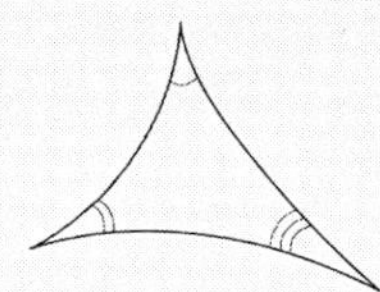

17세기 유럽에서는 아라비아의 영향으로 대수학이 발달하였고, 해석학도 현저하게 발전하였다. 이에 데카르트는 수식과 도형을 연결하는 좌표를 도입하여 도형 문제를 대수적으로 해결하는 **해석기하학**(analytic geometry)을 탄생시켰다.

해석기하학에서는 직선, 원, 타원, 포물선, 쌍곡선과 같은 도형을 일차방정식, 이차방정식등 식으로 표현하고, 이것을 평면 위에 그래프로 나타낸다.

데카르트 (Descartes, R., 1596-1650, 프랑스)

철학자, 수학자, 과학자로 근대 자연과학의 아버지 데카르트는 수학적 증명만이 과학적이고 엄밀하다고 생각했다. 그는 조금이라도 불확실한 것은 모두 의심해야 하지만, 의심을 하고 있는 자신의 존재만은 의심할 수가 없다고 생각했다. '나는 생각한다, 고로 존재한다.'라는 그의 사상이 〈방법서설〉에서 확립되었다.

데카르트는 지수기호 $a^n$을 처음 사용하였으며, 미지수를 $x$, $y$, $z$로 쓰기 시작했다.

**more / 쉼터** **해석기하학의 탄생 일화**

어려서부터 몸이 약했던 데카르트는 늦게까지 침대에 누워 명상했다. 이때 천장을 기어다니는 파리를 보고 좌표에 대한 착상이 떠올랐다. 그는 파리의 이동경로는 두 벽과 파리의 위치를 연결시키는 관계로 나타낼 수 있다고 생각했다.

또한 데카르트는 군대의 야영장에서 꿈을 꾸었는 데, 그 꿈 덕분에 그의 인생의 목표가 명확해졌고 놀라운 발견을 하는 데 모든 노력을 다하기로 결심했다고 한다. 이 놀라운 발견 중의 하나가 해석기하학이다.

18세기에 해석기하학은 오일러, 몽주 등에 의하여 발전하였다. 반면, 좌표를 쓰지 않고 도형을 직접 연구하는 총합(synthetic)기하학 또는 순수(pure)기하학도 발전하여 데자르그, 파스칼 등이 사영(projective)기하학을 탄생시켰다.

한편 오랫동안 완전한 논리체계로 여겨져 왔던 유클리드의 〈원론〉은 19세기에 논리적 결함이 있음이 밝혀졌다. 이에 로바체프스키, 볼리아이 등에 의하여 유클리드의 '평행선공리'를 부정한 새로운 공리계를 갖는 **비유클리드기하학**이 탄생되어 발전하였다.

## 유클리드의 평행선공리

임의의 직선 $l$과 $l$ 위에 있지 않은 점 P에 대하여, $l$과 P로 정해지는 평면에서 점 P를 지나고 직선 $l$과 만나지 않는 직선이 오직 하나 존재한다.

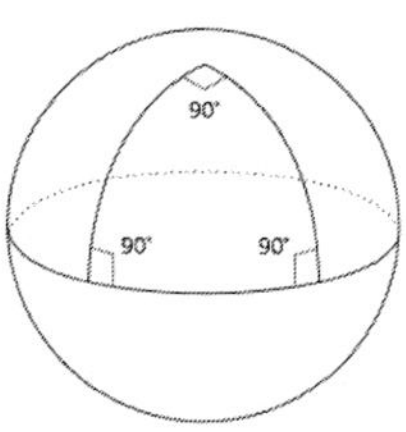


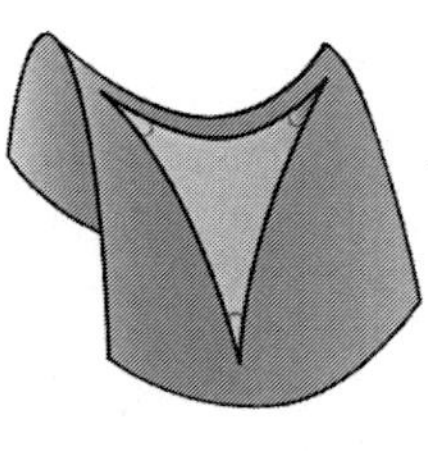

유클리드기하학과 비유클리드기하학을 통합시키고, 기하학을 새로운 방향으로 발전시킨 사람은 리만이다. 유클리드 공간에서는 두 점을 잇는 최단 경로는 직선이며, 삼각형의 세 내각의 크기의 합은 180°이다. 그러나 굽은 공간에서는 두 점을 잇는 최단 경로는 곡선이며 삼각형의 세 내각의 크기의 합도 180°보다 크거나 또는 작다. 우리가 살고 있는 공간이 구부러져 있다고 생각한 가우스의 제자 리만은 가우스의 생각을 발전시켜 굽은 공간을 연구하였다.

리만은 혁명적인 개념들을 제시하고 리만곡면을 탄생시켰으며, 이것에 대한 연구는 복소기하학과 리만기하학으로 발전하였다.

데카르트가 좌표를 발견하여 해석기하학이 시작되었다.

리만은 리만곡면에서의 곡률을 정의하였다. 비유클리드기하학은 곡률이 음인 특별한 공간이며, 곡률이 양인 곡면에서의 기하학을 리만기하학이라 한다. 구면에는 직선이 대원으로 정의되며, 구면에서 두 직선은 반드시 두 점에서 만나게 되어 평행선은 없다.

리만기하학은 유클리드기하학을 탈피하여 수학과 과학의 이론들을 설명하는 도구가 되었다. 무한차원 우주공간이나 4차원 공간을 설명할 수 있는 것도 리만기하 덕분이며, 리만기하학이 없었더라면 현대과학의 발전을 기대하기 어려웠을 것이다. 아인슈타인은 리만의 생각을 적용하여, 우주를 3차원 공간에 시간의 축을 더한 4차원의 굽은 공간으로 생각하고 상대성이론을 발표하였다. 리만은 유클리드기하학을 포물(parabolic)기하학, 비유클리드기하학을 쌍곡(hyperbolic)기하학, 리만기하학을 타원(elliptic)기하학으로 분류하였다.

리만(Riemann, G. F. B., 1826-1866, 독일)

리만은 괴팅겐 대학 신학부에 입학했으나, 수학에 열정적이었다. 그는 가우스, 야코비, 디리클레, 아인슈타인 등에게서 배웠으며, 가우스에게서 박사 논문을 썼다.
복소변수론을 연구하여 '리만곡면'을 만든 리만은 리만적분을 소개했고 코시-리만 방정식, 리만-제타 함수도 만들었다. '리만가설'로 유명한 리만은 결핵으로 39세에 생을 마감했다.

여러 기하학이 출현했는데, 결국 19세기 말에 에르랑겐(Erlangen) 프로그램에서 클라인은 변환군(group of transformation)에 의하여 여러 기하학을 분류하는데 성공했다. 클라인의 아이디어는 모든 기하학은 하나의 변환군에 의해 특징지어지며, 기하학은 변환군에 이하여 불변인 도형의 성질을 연구하는 것이다. 변환에는 합동변환, 닮음변환, 아핀(affine)변환, 사영(projective)변환 등이 있다.

평행이동이나 대칭이동 등 모양과 크기가 변하지 않는 합동변환에 의하여 불변인 성질 즉, 넓이, 모양, 각의 크기, 두 점 사이의 거리 등을 연구하는 기하학을 유클리드기하학이라 한다. 한편 확대나 축소 등 닮음변환에 의하여 불변인 성질은 점의 위치의 순서관계, 각의 크기, 선분 길이의 비, 두 직선의 평행 등이다.

광선이 모델을 비추고 모델과 스크린이 평행할 때 생기는 변환 중 광선이 평행하면 합동변환, 한 점에서 나오는 광선이면 닮음변환이다. 아핀변환과 사영변

수학이란 진리만을 다루는 가장 논리적인 학문이다. -유클리드

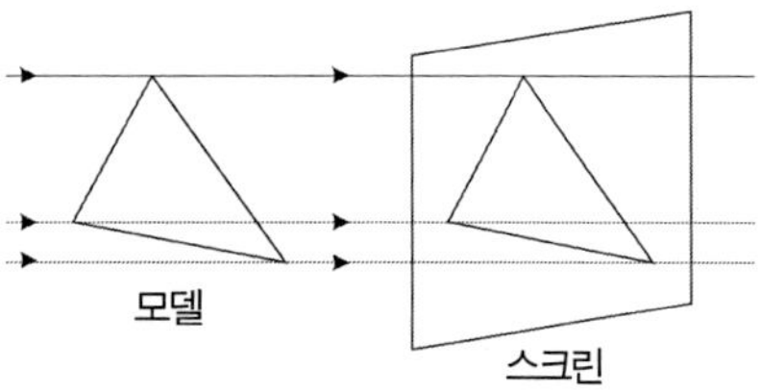


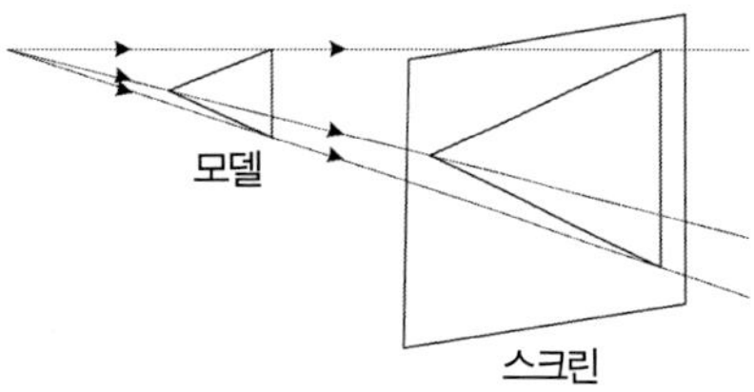


환은 모델과 스크린이 평행하지 않을 때 생기는 변환이다. 아핀변환에 의하여 두 직선의 교점이나 평행관계 등은 지켜지지만, 길이, 각의 크기, 모양 등은 변한다.

아핀기하학에서는 아핀변환에 의하여 불변인 성질 즉, 변들 사이의 비, 평행, 한 점을 공유하는 직선, 한 직선 위에 있는 점들의 성질을 연구한다.

사영기하학은 아핀평면에 한 점, 즉 무한원점을 첨가하여 사영평면을 만들고 사영평면에서 정의된 사영변환에 의하여 불변인 성질을 연구한다. 사영기하학은 유클리드기하학과 아핀기하학을 특수한 경우로 포함하는 가장 일반적인 기하학이다.

힐베르트(Hilbert, D., 1862~1943, 독일)

19세기, 20세기의 수학을 이끈 힐베르트는 괴팅겐 대학을 수학의 메카로 만들었다. 그는 〈기하학의 기초〉에서 점, 직선, 평면에 관한 21개의 공리를 소개했다.
그는 정수론, 불변량, 함수해석학, 적분방정식, 수리물리, 미적분학 등의 분야에 공헌했고, '힐베르트 공간'이라는 무한차원공간을 만들었다.
힐베르트는 1900년 파리 세계수학자대회에서 '수학의 문제들'이란 연설을 통해 20세기에 해결해야 할 23개의 중요한 문제를 제시하였다. 또한 아인슈타인보다 먼저 상대론의 핵심인 중력방정식을 발견한 그는 물리학의 수학화에 적극 나섰다.

**〈힐베르트 공리계〉**

유클리드는 '수학이란 진리만을 다루는 가장 논리적인 학문이다.'라고 주장했지만, 공리를 진리로 보는 것은 오류임이 밝혀졌다. 힐베르트는 '공리는 진리가 아니라 약속에 지나지 않으며, 수학을 엄밀하게 전개할 때 처음 필요한 것이 공리이다.' 라고 주장했다.

19세기 후반, 힐베르트는 유클리드기하학의 평행선공리가 다른 공리계와 독립임을 보임으로써 비유클리드기하학이 성립함을 밝혔다.

또한 그는 유클리드기하학에서 완전한 공리계를 찾아내었고, 수학과 과학의 공리화를 시도했다. 그의 시도는 성공하는 듯했으나, 괴델의 불완전성 정리에 의하여 힐베르트의 공리주의는 잘못되었음이 밝혀진다.

힐베르트는 〈기하학의 기초〉에서 다음 다섯 개의 공리를 제시하였다.

결합 공리(axioms of incidence)　　순서 공리(axioms of order)
합동 공리(axioms of congruence)　　평행선 공리(axioms of parallel)
연속성 공리(axioms of congruence)

힐베르트는 유클리드기하학에서 완전한 공리계를 찾아내어 공리주의의 선구자가 되었다.

## 6-1 돌·아·보·기

**1. (대학) 피타고라스 정리와 무리수**

그림에서 $\overline{OA}=\overline{OA'}=1$일 때, $\overline{OB}$, $\overline{OC}$의 길이를 각각 구하여라.

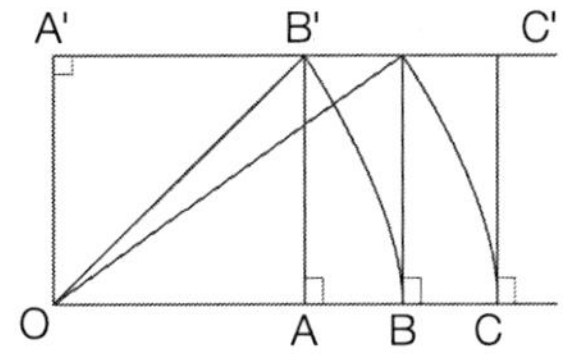


**2. (역사) 피타고라스 정리의 증명**

다음 피타고라스 정리의 증명을 설명하여라.

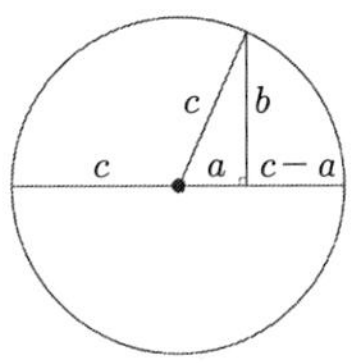


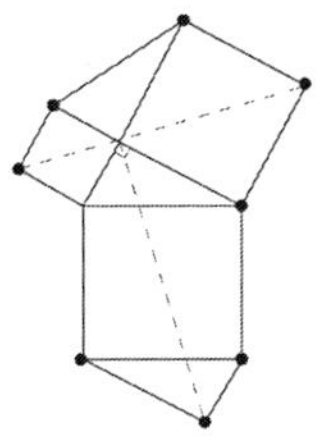

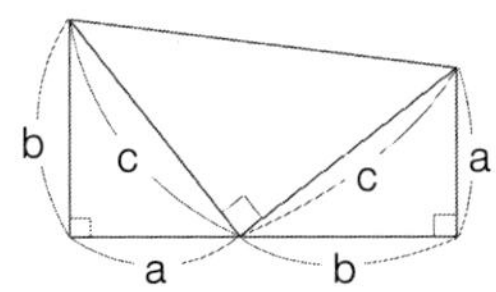


**3. (생활) 도형의 패러독스**

(1) 정사각형을 그림과 같이 분할하여 새로운 직사각형을 만들었다. 이상한 점을 발견할 수 있는가?

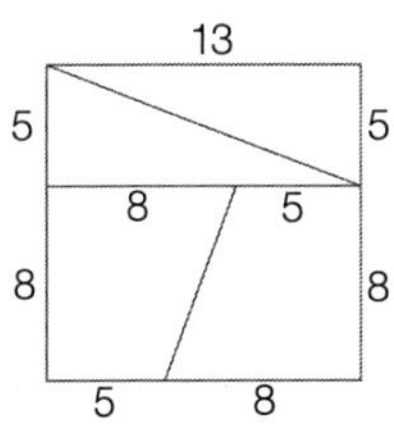


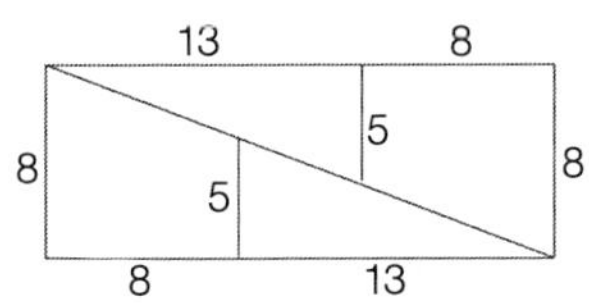


(2) 왼쪽 도형을 분할하여 오른쪽 도형을 만들었다. 이상한 점은?

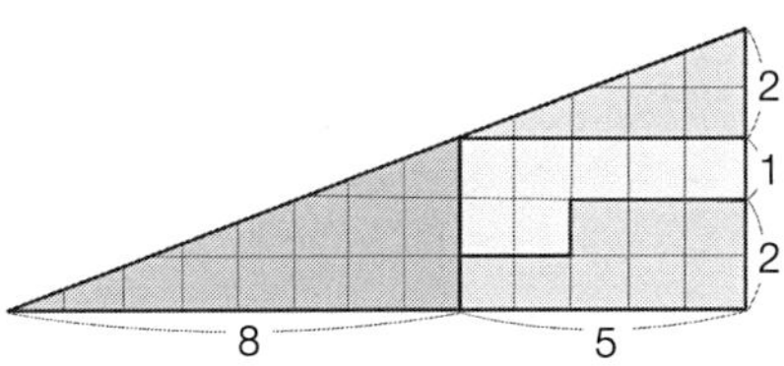


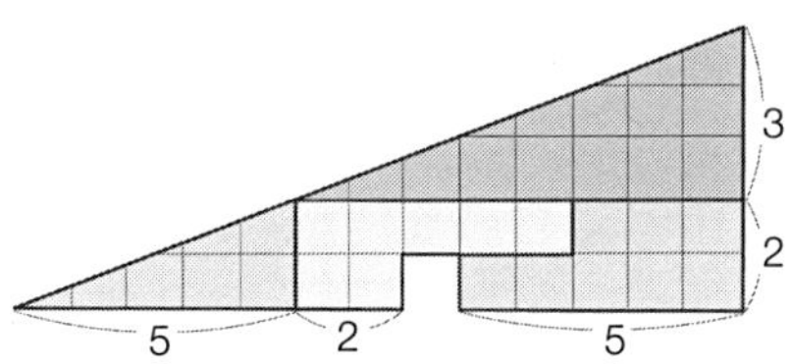

# 6-2 도형 이야기

## ■ 쫑·알·쫑·알 – 플라톤과 기하학

평생을 교육에 바친 플라톤은 아카데미 정문에 다음과 같이 썼다.

**「기하학을 모르는 자는 이 곳에 들어오지 말라」**

또 플라톤은 다섯 가지 정다면체를 우주의 근본으로 여겼다.

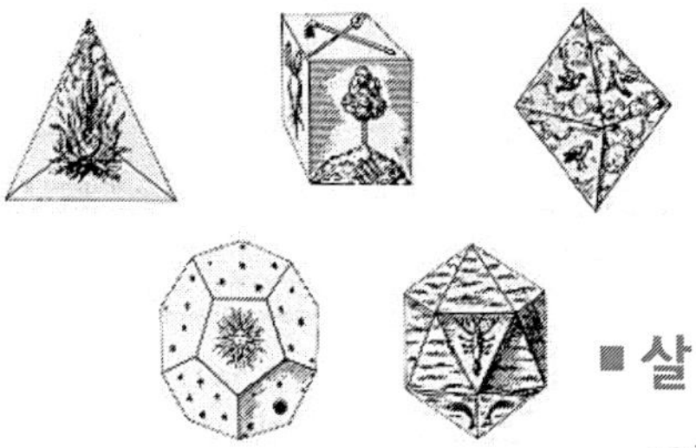

**정사면체(불), 정육면체(흙), 정팔면체(공기), 정십이면체(우주), 정이십면체(물)**

## ■ 살·펴·보·기

도형에는 원, 삼각형, 사각형 등의 평면도형과 구, 사면체, 육면체 등의 입체도형이 있으며, 곡선과 곡면은 완벽한 아름다움을 주는 도형이다.

예로부터 사람들은 눈금없는 자와 컴퍼스만으로 도형을 그리는 작도에 매력을 느껴왔으며, 3대 작도불능문제를 해결하려는 수 천년 동안의 노력은 수많은 결과를 낳았다. 또 정다면체는 플라톤과 피타고라스 등 그리스인들의 철학이었으며, 흥미로운 여러 곡선의 발견은 생활에서 도형의 중요성을 말해준다.

한편 원주율에 관한 관심도 대단하여, 원주율의 정확한 값을 구하기 위한 노력은 수학 전분야에 걸쳐서 많은 성과를 얻는 동기가 되었다.

기하학은 도형의 성질을 연구한다. 우리는 도형으로 둘러싸여 살고 있으므로, 주변에서 도형의 성질을 발견할 수 있을 뿐 아니라 도형의 성질을 이용하면 생활의 편리함과 아름다움도 느낄 수 있다.

# (1) 작도

생각열기

**작도와 다리 위치**

산수골과 수학골 사이를 흐르는 강에 다리를 놓으려 한다. 통행로의 길이를 가장 짧게 하는 다리의 위치를 찾아보자.

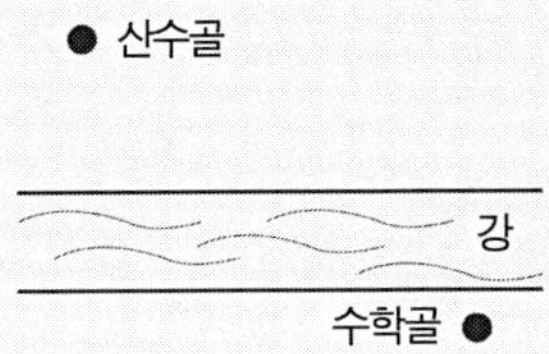


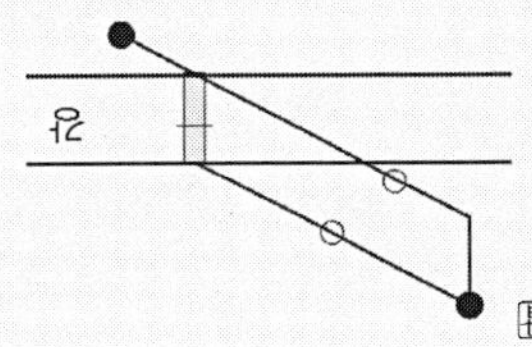

**작도**란 눈금없는 자와 컴퍼스만을 사용하여 도형을 그리는 것을 뜻한다. 이때 자는 임의의 두 점을 지나는 직선을 긋는 것이고, 컴퍼스는 임의의 점을 중심으로 하고 임의의 다른 한 점을 지나는 원을 그리는 것이다. 눈금없는 자와 컴퍼스를 유클리드 도구라고 부른다. 도형을 작도할 수 있을 때는 '작도가능'이라 하고, 도형은 존재하나 작도할 수 없을 때는 '작도불능'이라 한다.

예제 다음은 선분 AB의 수직이등분선과 ∠XOY의 이등분선의 작도이다.

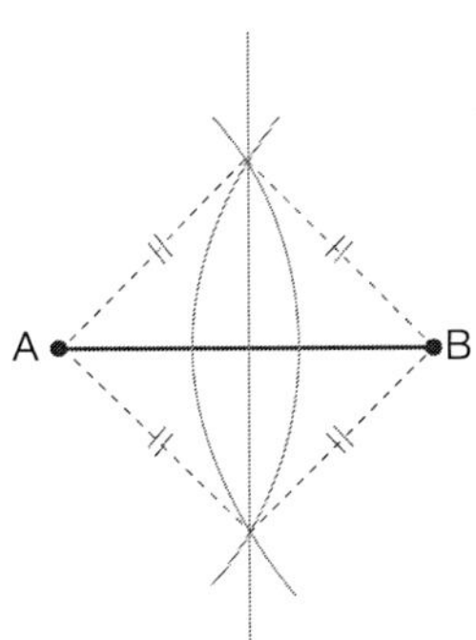


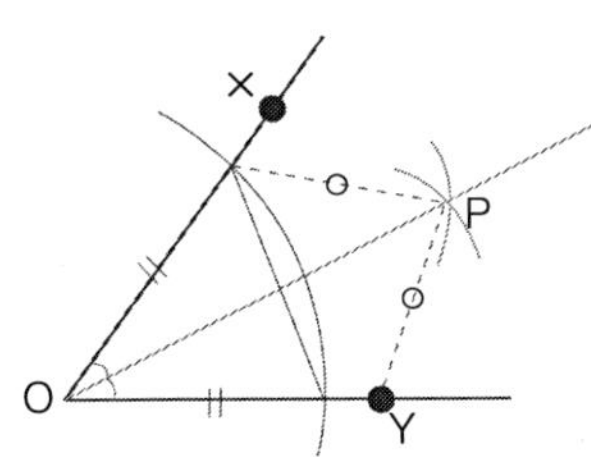

기하학에는 왕도가 없다. **–유클리드**

작도가능 문제는 작도법을 찾고 그 작도가 옳음을 증명하지만, 작도불능 문제는 작도가 불가능함을 증명하기 전까지는 작도법을 찾으려고 노력한다. 그리스 시대부터 관심을 끌었던 **3대 작도불능문제**에 대하여 알아보자.

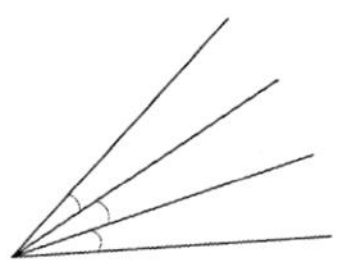

첫째, **임의의 각의 삼등분선은 작도불능이다.** 임의의 각의 이등분선과 직각의 삼등분선은 작도할 수 있으나, 임의의 각의 삼등분선은 절대로 작도할 수 없다. 이 문제는 정9각형을 작도하기 위하여 생겨났다.

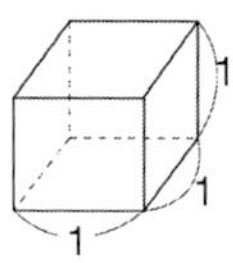


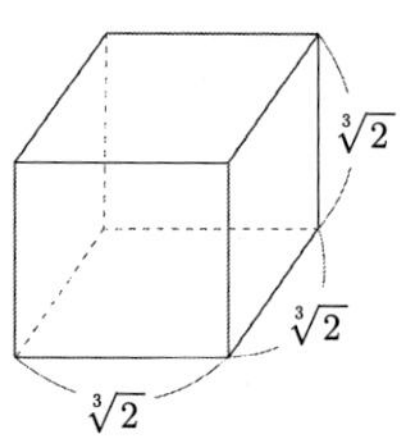


둘째, **부피가 주어진 정육면체의 두 배인 정육면체는 작도불능이다.** 정육면체의 부피를 두 배로 하려면 한 모서리의 길이는 $\sqrt[3]{2}$ 배이어야 하며, 길이가 $\sqrt[3]{2}$ 인 선분은 작도할 수 없다. 이 문제는 신전에 있는 정육면체 제단을 두 배로 확장하라는 신의 명령에 의하여 생겨났다.

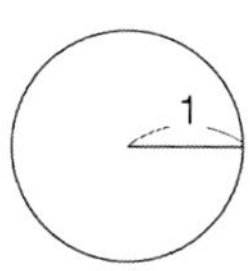


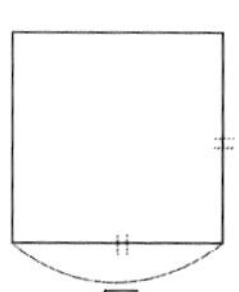


셋째, **넓이가 주어진 원과 같은 정사각형은 작도불능이다.** 주어진 원의 넓이와 같은 넓이를 가진 정사각형의 한 변의 길이는 원의 반지름의 길이의 $\sqrt{\pi}$ 배이며, 길이가 $\sqrt{\pi}$ 인 선분은 작도할 수 없다. 이 문제는 한 희극에서 수학자를 놀리기 위하여 만들어냈다.

3대 작도불능문제는 2000여 년이 지난 19세기에 증명되었으나, 매혹적인 작도문제를 풀기 위하여 끊임없는 도전이 이루어졌다. 도형의 작도문제를 대수적으로 바꾸어 보려고 시도했으며, 그 결과 도형과 방정식을 연결하는 해석기하학이 탄생되었다.

작도가 가능한가의 문제는 대수적으로 일차방정식과 이차방정식의 해가 작도 가능한가의 문제가 된다. 두 직선의 교점을 작도하는 것은 일차방정식의 해를 작도하는 것이고, 직선과 원의 교점을 작도하는 것은 이차방정식의 해를 작도하는 것과 같다. 일차방정식과 이차방정식의 해는 계수들의 사칙연산과 제곱근만을 써서 나타낼 수 있으며, 계수가 모두 유리수이고 해가 계수들의 사칙연산과 제곱근만으로 표현되는 방정식의 해는 작도가능하다.

작도문제를 방정식으로 나타냈을 때, 계수가 모두 유리수이고 그 해가 계수들의 사칙연산과 제곱근만으로 표현되는 방정식이면 작도가능하지만, 그 외는 작도 불가능하다.

이제 3대 작도불능문제를 방정식 문제로 바꾸어 해결해 보자.

첫째, 임의의 각 $\alpha$의 삼등분선의 작도는 $\sin 3\theta = 3\sin\theta - 4\sin^3\theta$ 에 의하여 방정식 $4x^3 - 3x + \sin\alpha = 0$의 해를 작도하는 것이다. 둘째, 부피가 주어진 정육면체의 두 배인 정육면체의 한 모서리의 작도는 방정식 $x^3 - 2 = 0$의 해를 작도하는 것이다. 셋째, 넓이가 주어진 원과 같은 정사각형의 한 변의 작도는 방정식 $x^2 - \pi = 0$의 해를 작도하는 것이다.

그런데 $4x^3 - 3x + \sin\alpha = 0$의 해는 특수한 각이 아니면 작도불능이고, $x^3 - 2 = 0$의 해 $\sqrt[3]{2}$는 사칙연산과 제곱근으로 표현되지 않으며, $x^2 - \pi = 0$은 계수가 유리수가 아니므로, 모두 작도불능이다.

한편 가우스는 정17각형을 작도하였으며, 소수 $p$에 대하여 정$p$각형이 작도가능할 필요충분조건은 $p = 2^{2n} + 1$임을 밝혔다. 가우스의 결과에 의하면, $p$가 3, 5, 17, 257, 65537, …일 때에 정$p$각형은 작도가능하다.

가우스는 정17각형의 작도법을 발견했다.

# (2) 평면도형과 입체도형

생각열기

**이것이 축구공!!**

축구공은 검은색의 정오각형 12개와 흰색의 정육각형 20개로 이루어져 있다.
정이십면체로 축구공을 만들어 보자.

답 정이십면체의 각 모서리를 삼등분하여 각 꼭짓점 부분을 잘라낸다.
정이십면체는 꼭짓점이 12개이고 각 꼭짓점에는 정삼각형이 5개씩 모여 있으므로,
12개의 정오각형이 생기고 20개의 정삼각형은 모두 정육각형이 된다.

평면도형은 평면에 있는 점, 선, 면으로 이루어진 도형으로 직선, 곡선, 원, 정다각형, 그리고 다각형 등이 있다. 입체도형은 공간에 있는 점, 선, 면으로 이루어진 도형으로 구, 정다면체, 그리고 기둥과 여러 가지 뿔 등이 있다.

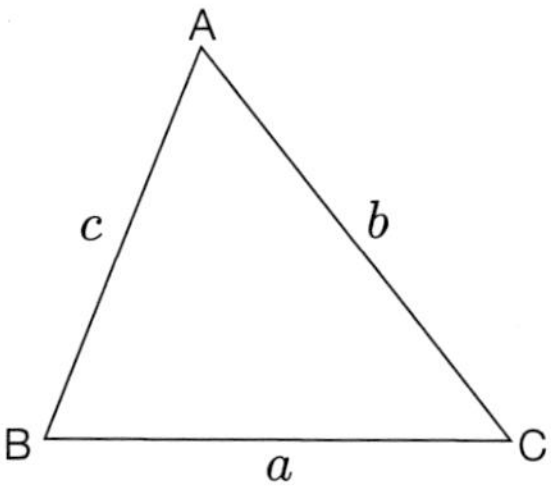

삼각형의 6요소

오일러는 삼각형에서 각을 A, B, C로, 각각의 대변의 길이를 $a$, $b$, $c$ 로, 삼각형의 내접원과 외접원의 반지름의 길이를 각각 $r$, $R$로 표현했다. 삼각형에서 A, B, C, $a$, $b$, $c$ 를 삼각형의 6요소라고 부르며, 이 중에서 3요소 이상을 알 때 사인법칙과 코사인법칙 등에 의하여 나머지 요소를 구하는 것을 **삼각형을 푼다**고 한다.

오일러는 삼각형에서 세 각을 A, B, C 로, 대변을 $a$, $b$, $c$ 로 썼다.

헤론은 〈측량술〉이라는 저서에서 삼각형의 세 변의 길이로 삼각형의 넓이를 구하는 **헤론의 공식**을 소개했다. 또 삼각형의 성질 중에는 중선과 각의 이등분선에 대한 **파포스 정리**와 **각의 이등분선 정리**가 있다.

헤론의 공식 : $\triangle ABC = \sqrt{s(s-a)(s-b)(s-c)}$, $s = \dfrac{a+b+c}{2}$

파포스 정리 : $\overline{AB}^2 + \overline{AC}^2 = 2(\overline{AM}^2 + \overline{BM}^2)$ (단, M은 $\overline{BC}$의 중점)

각의 이등분선 정리 : $\overline{AB} : \overline{AC} = \overline{BN} : \overline{CN}$ (단, $\overline{AN}$은 각 A의 이등분선)

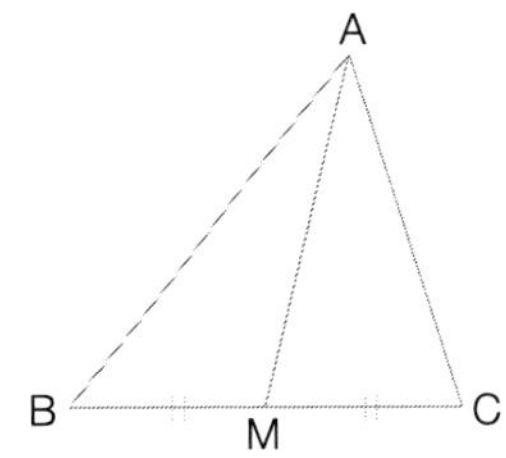


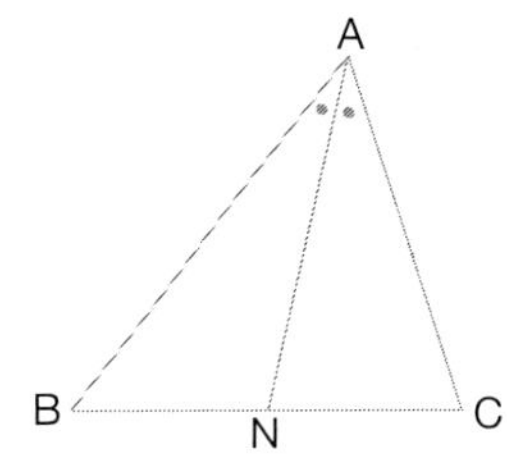


오일러는 평면도형이나 입체도형에서 면(face)의 수 $f$, 선(edge)의 수 $e$, 점(vertex)의 수 $v$를 이용하여 도형의 연결상태를 알려주는 오일러 공식을 밝혔다. 평면도형인 사각형은 면이 1개, 선이 4개, 점이 4개이므로 $f-e+v=1$이고, 오각형이나 육각형에서도 $f-e+v=1$이다. 이러한 도형은 모두 원과 연결상태가 같은 평면도형이다. 한편 정육면체는 면이 6개, 선이 12개, 점이 8개이므로 $f-e+v=2$이고, 사면체나 육각기둥 등 연결상태가 구와 같은 입체도형에서는 $f-e+v=2$가 성립한다.

각 꼭짓점에 합동인 정다각형이 같은 개수씩 모인 입체를 **정다면체**라 한다. 정다면체 중에서 정사면체, 정육면체, 정팔면체는 이집트인들도 알고 있었으나, 정십이면체와 정이십면체는 플라톤의 친구가 발견했다. 이 다섯 가지의 정다면체를 **플라톤 입체**(Platon's bodies)라고 부르는데, 플라톤은 정사면체를 불, 정육면체를 흙, 정팔면체를 공기, 정이십면체를 물, 정십이면체를 우주의 상징으로 생각하였다. 피타고라스 학파는 정다면체는 다섯 가지뿐임을 증명했다.

*헤론의 공식은 세 변의 길이를 아는 삼각형의 넓이를 구하는 공식이다.*

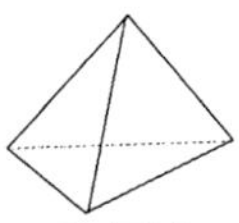
정사면체

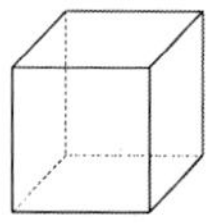
정육면체

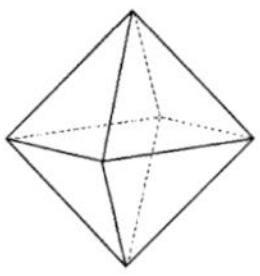
정팔면체

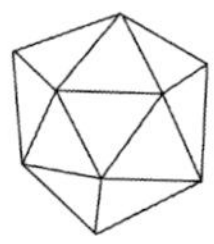
정이십면체

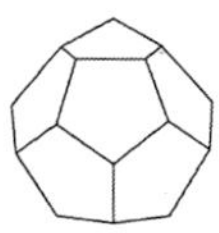
정십이면체

**예제** 정다면체는 5가지뿐임을 보여라.

**풀이** 정다면체의 각 꼭짓점에 정$n$각형이 $m$개씩 모여 있다고 하면

$$m \cdot \frac{n-2}{n} \cdot 180° < 360° \text{ 즉, } (m-2)(n-2) < 4$$

이므로, $(m, n)$은 (3, 3), (3, 4), (3, 5), (4, 3), (5, 3) 뿐이며, 이들은 차례로 정사면체, 정팔면체, 정이십면체, 정육면체, 정십이면체이다.

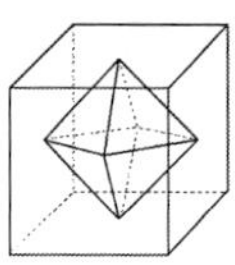

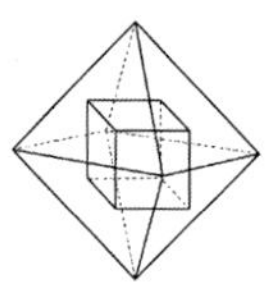

정다면체는 내접하는 구와 외접하는 구를 가지며, 정다면체의 모든 면의 무게중심은 내접구에 있고, 이 점들을 꼭짓점으로 입체는 새로운 정다면체가 된다. 이 새로운 정다면체에서 꼭짓점의 수는 원래 정다면체의 면의 수와 같고, 모서리의 수는 원래 정다면체의 모서리의 수와 같다. 이러한 두 정다면체를 서로 **쌍대적**(dual)이라 한다. 정팔면체와 정육면체, 정이십면체와 정십이면체는 서로 쌍대적이고, 정사면체는 자신과 쌍대적이다.

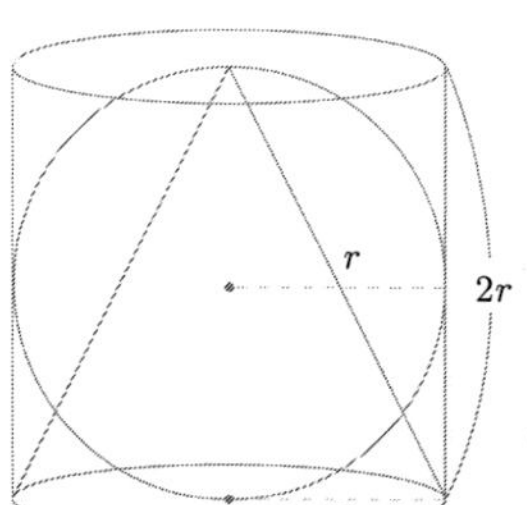


아르키메데스는 반지름의 길이가 $r$인 구를 잘게 쪼개어 구의 겉넓이가 원기둥의 옆넓이 $2\pi r \cdot 2r = 4\pi r^2$과 같음을 보였다. 또 비슷한 방법으로 구와 원뿔의 부피는 각각 원기둥 부피의 $\frac{2}{3}$, $\frac{1}{3}$임을 밝힘으로써 구의 부피 공식 $\frac{4}{3}\pi r^3$을 찾았다. 결국 아르키메데스는 다음의 멋진 부피의 비가 성립함을 보인 것이다.

**(원뿔의 부피) : (구의 부피) : (원기둥의 부피)**= 1 : 2 : 3

피타고라스학파는 정다면체가 다섯 가지뿐임을 증명했다.

플루타르크 영웅전에 의하면, 아르키메데스는 모래 위에서 도형을 연구하다가 로마 병사에게 살해당했다. 적이지만 아르키메데스를 존경했던 로마장군은 그가 발견한 원뿔, 구, 원기둥이 내접한 그림을 묘비에 새겨주었다고 한다.

아르키메데스(Archimedes, 287?~212 B.C., 고대그리스)

유클리드, 아폴로니우스와 함께 고대 3대 수학자이며, 수학사 전체에서 뉴턴, 가우스와 함께 3대 수학자로 불리는 아르키메데스는 시칠리 섬의 시큐러스에서 태어나 알렉산드리아의 왕립학교에서 공부했다.

그는 로마군에 대항하기 위하여 투석기와 기중기를 만들었고, 적의 배를 불태우기 위해 커다란 거울을 사용했으며, 물을 끌어올리는 나선부(screw)와 복합도르레도 만들었다. 지렛대의 원리를 밝힌 그는 "나에게 있을 자리와 거대한 지렛대를 다오. 그러면 지구를 움직여 보이겠다."고 말했다고 한다.

10여 편의 논문만 전해지지만, 구분구적법을 발견한 아르키메데스는 위대한 독창성, 놀라운 계산기술과 논증의 엄격함을 보여준 최고의 수학자이다.

## more / 쉼터 오솔길을 걸으며…

**• 돌의 장점**

강석두 : 제 머리가 돌인가 봐요.

강한돌 : 그렇다면 돌의 장점을 살려라…

강석두 : 돌의 장점이 뭐죠?

강한돌 : 새기기는 어려워도, 한 번 새기면 절대로 지워지지 않지!

**• 당신은 나의 거울**

랍비 : 두 아이가 굴뚝 청소를 했다.
한 아이는 하얀 얼굴이고 한 아이는 까만 얼굴이다. 누가 세수를 할까?

돌이 : 그야, 까만 아이죠.

랍비 : 아니야, 하얀 아이가 세수를 한단다.
까만 아이는 하얀 아이를 보고 자기도 하얗다고 생각하니까…
다시 묻겠다. 두 아이가 굴뚝 청소를 했다.
한 아이는 하얀 얼굴이고 한 아이는 까만 얼굴이다. 누가 세수를 할까?

돌이 : 당연히, 하얀 아이잖아요.

랍비 : 아니다. 그런 일은 없다. 잘못된 문제이다.
같은 굴뚝을 청소하고 나왔는데, 어찌 하얀 얼굴과 까만 얼굴이 되겠는가?

**• 나는 당신의 거울**

놀부 : 빵집 주인 흥부가 저울을 속입니다. 흥부네 빵의 무게가 점점 줄고 있어요.

흥부 : 저는 저울을 속인 적이 없습니다. 제겐 저울이 없습니다.

솔로몬 : 그렇다면, 빵의 무게를 어떻게 아는가?

흥부 : 저는 놀부네 목장 치즈로 빵을 만드는데, 치즈와 똑같은 무게의 빵을 만듭니다.

나에게 있을 자리와 거대한 지렛대를 다오. 그러면 지구를 움직이겠다. – 아르키메데스

# (3) 곡선과 곡면

생각열기

**색종이의 효율성??**

색종이에서 원을 잘라서 쓰고 나머지를 버릴 때, 가장 효율적인 사람은 누구일까?

하나 : 난 한 개의 큰 원을 만들었어.

두리 : 난 4개의 원을 만들었지.

서이 : 난 9개의 원을 만들었는데.

오두 : 모두 같지 않을까?

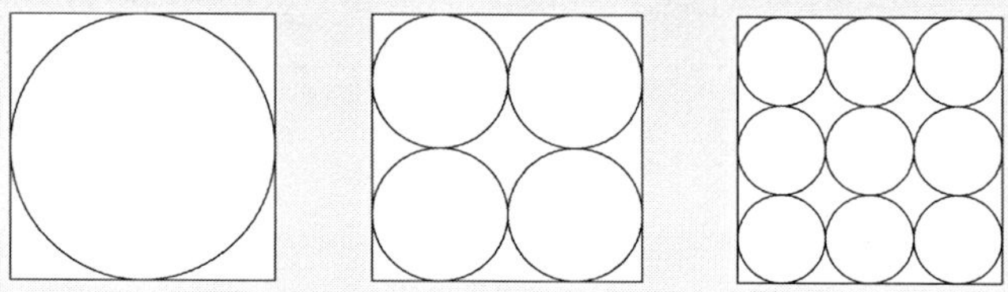

답 색종이의 넓이가 1일 때,
원 $n^2$개의 넓이는 $n^2 \cdot \pi \cdot \left(\frac{1}{2n}\right)^2 = \frac{\pi}{4}$이므로, 모두 같다.

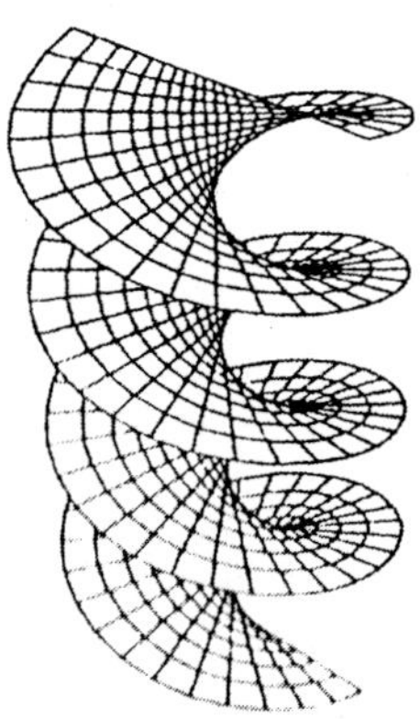

헬리코이드(helicoid)

태양, 시계, 원탁, 물방울 등 우리의 생활이나 자연에는 원이나 구의 형태가 참으로 많다. 예로부터 원은 가장 아름답고 완전한 평면도형으로 여겨졌고, 구는 완전한 공간도형으로 여겨졌다.

원이나 구는 중심을 지나는 무수히 많은 직선이나 평면에 대하여 대칭이며, 그들의 중심을 중심으로 회전시켜도 늘 대칭이다. 또 이들은 모두 닮은꼴이다. 원은 둘레의 길이가 일정할 때 넓이가 가장 큰 평면도형이며, 구는 겉넓이가 일정할 때 부피가 가장 큰 입체도형이다. 음료수 캔과 같이 공장에서 물건을 만들 때, 재료비를 아끼려면 적어도 밑면은 원이어야 한다.

그리스인들은 원을 가장 중시했으며, 원을 완벽한 도형으로 생각하였다.

바닥에 원모양 타일을 붙일 때, 타일이 붙여진 넓이가 크도록 하려면 타일의 크기는 작은 것이 좋을까? 큰 것이 좋을까?

예를 들어, 한 변의 길이가 100인 정사각형 바닥에 반지름이 1인 타일을 붙인다면 전체 넓이 중 타일 넓이의 비는 $\frac{2500\pi}{100^2}=\frac{\pi}{4}$이다. 따라서 타일이 붙여진 넓이의 비는 타일의 크기와는 관계없이 일정함을 알 수 있다.

**예제** 반지름이 10인 수박 56개를 정사면체 모양으로 쌓아 놓고 판다고 할 때, 몇 층이 되겠는가?

또 4개를 팔았을 때, 수박의 총 높이는 얼마인가?

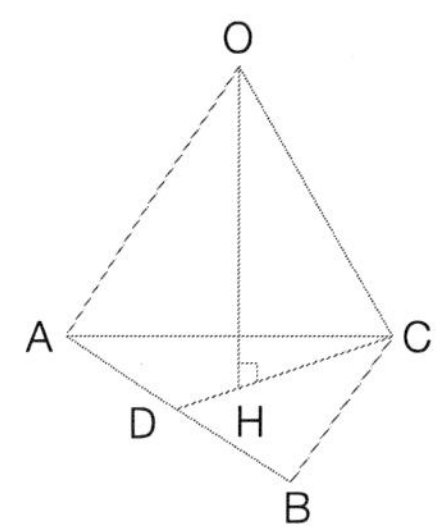


**풀이** 수박을 $n$층 쌓으면 총 개수는

$1+(1+2)+(1+2+3)+(1+2+3+4)+\cdots+(1+2+\cdots+n)$

이므로 56개는 6층이다. 또 $1+(1+2)=4$개를 팔면 6−2=4층이다.

서로 이웃한 수박 4개의 중심을 이어서 만든 정사면체 OABC에서

$$\overline{\mathrm{CD}}=10\sqrt{3},\ \overline{\mathrm{OH}}=\frac{20\sqrt{6}}{3}$$

이므로, 총 높이는 $10+3\overline{\mathrm{OH}}+10=20+20\sqrt{6}$이다.

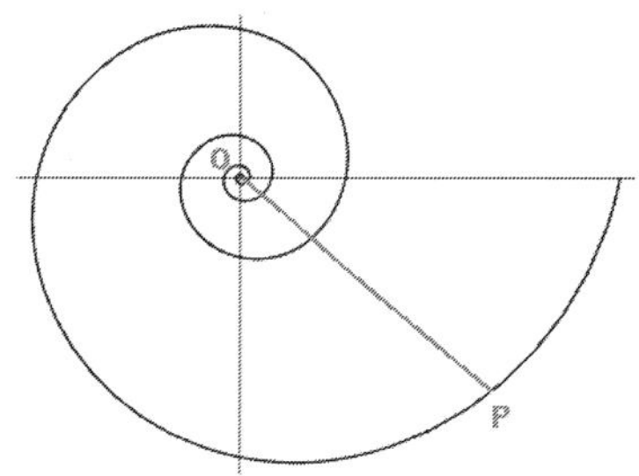


원 이외의 곡선으로는 타원, 포물선, 쌍곡선 등이 있으며, 구 이외의 곡면으로는 타원면, 포물면, 쌍곡면 등이 있다. 아르키메데스가 발견한 **아르키메데스 나선**이 있고, 반직선이 원점을 중심으로 일정한 속력으로 회전할 때 원점으로부터의 거리가 회전각의 크기에 비례하는 점들의 자취인 등각나선도 있다. 등각나선을 극좌표로 나타내면 $r=\theta$이다.

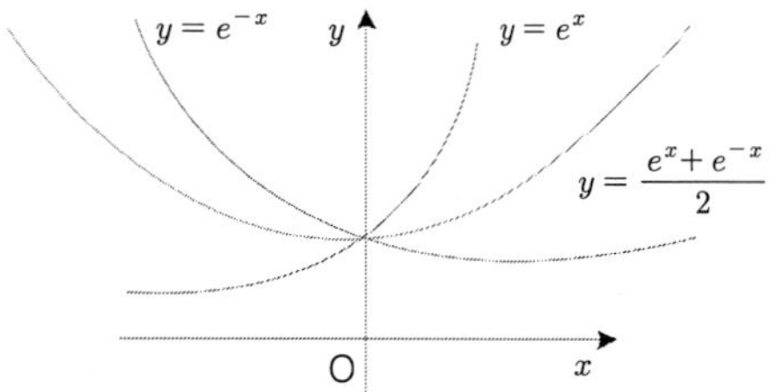

현수선

생활에서 쉽게 볼 수 있는 곡선으로 현수선과 사이클로이드가 있다. **현수선**(catenary)은 빨랫줄과 같이 줄을 두 기둥에 맸을 때, 그 줄의 무게로 중간부분이 오목하게 처지는 곡선이다. 남해대교, 광안대교, 그리고 미국의 금문교는 양쪽에 거대한 기둥을 세운 후 케이블로 연결한 다리로 현수교라 한다.

호이겐스(Huygens, C., 1629-1695, 네덜란드)

극대점, 극소점, 및 변곡점을 연구한 호이겐스는 '사이클로이드'에 관심이 많았으며, 신개선과 축폐선에 관한 정리도 얻었다. 그는 수학을 물리학에 응용한 원심력의 연구와 '호이겐스의 원리'로 유명하다.
호이겐스는 추시계를 발명했고, 토성환도 발견하였다.

파스칼은 원이 직선 위를 구를 때 원 위의 한 점의 자취인 사이클로이드를 연구했다. 사이클로이드란 자전거 바퀴에 한 점을 형광으로 표시하고 밤에 달릴 때, 이 점이 그리는 곡선이기도 하다. 요한 베르누이는 '높이가 다른 두 점을 잇는 곡선 위로 공을 굴릴 때, 시간이 가장 적게 드는 곡선은 무엇일까?' 라는 질문을 하였다. 이 곡선이 바로 **사이클로이드**(cycloid)이며, 최단강하곡선이라 한다. 또한 사이클로이드를 등시곡선이라 부르기도 하는 데, 사이클로이드 미끄럼틀에서 공을 굴릴 때 시작하는 높이에 상관없이 바닥에 동시에 도착하는 신기한 현상을 볼 수 있다.

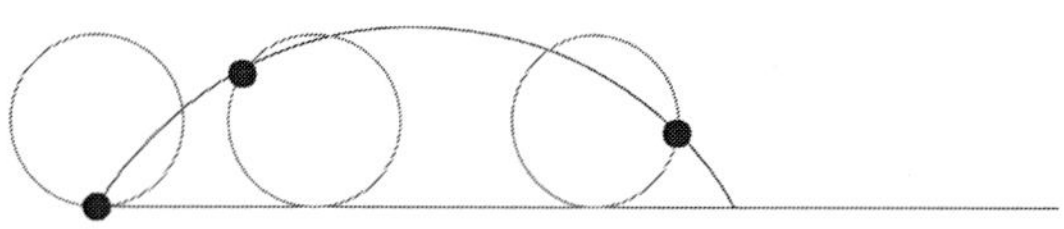
사이클로이드

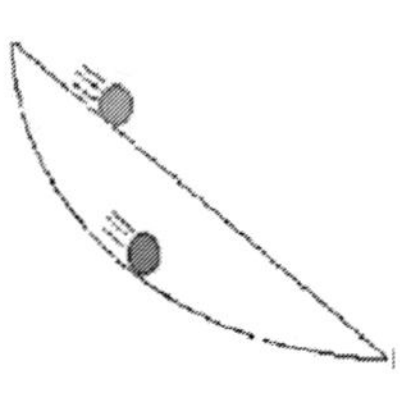

원의 둘레와 지름의 비율인 **원주율** $\pi = 3.141592653589\cdots$는 무리수이다. 유클리드는 〈원론〉에서 원주율이 상수임을 보였고, 오일러는 최초로 원주율을 기호로 나타내었다. 원주율 $\pi$가 무리수라는 사실은 1761년에 람베르트가 보였다.

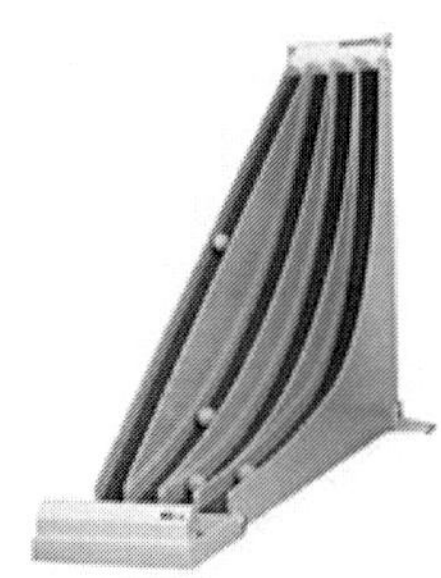

*현수선은 줄의 양끝을 같은 높이로 잡고 있을 때 만들어지는 곡선이다.*

원주율 $\pi$의 값을 구하는 것은 수천 년 동안 많은 사람들의 관심사였다. 고대 오리엔트에서는 $\pi$를 3으로 사용하였고, 이집트인들은 3.16으로 계산하였으며, 아르키메데스는 원에 내접하는 정96각형과 외접하는 정96각형을 이용하여 $\pi$의 근삿값 3.14를 구하였다.

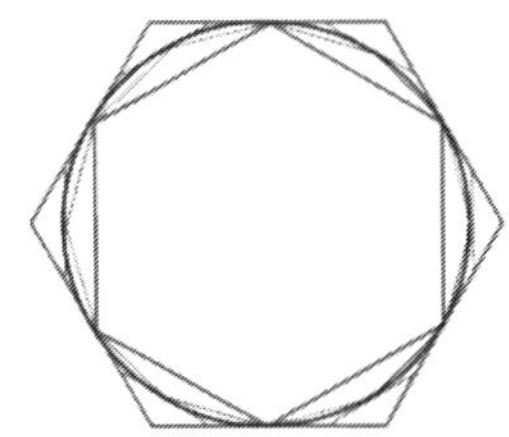

$$3\frac{10}{71} < \pi < 3\frac{1}{7} \quad \text{즉,} \quad 3.14084507\cdots < \pi < 3.142857\cdots$$

한편 월리스는 무한곱 $\dfrac{\pi}{2} = \dfrac{2 \cdot 2 \cdot 4 \cdot 4 \cdot 6 \cdot 6 \cdots}{1 \cdot 3 \cdot 3 \cdot 5 \cdot 5 \cdot 7 \cdots}$을 발견하였다.

원주율 $\pi$의 근삿값은 무한급수 또는 연분수를 이용하면 얼마든지 정확하게 구할 수 있으며, 최근에는 컴퓨터를 사용하여 $\pi$의 근삿값을 소수점 아래 500억 자리 이상까지도 구하였다.

### $\pi$에 관한 여러 가지 등식

$$\frac{\pi}{4} = 1 - \frac{1}{3} + \frac{1}{5} - \frac{1}{7} + \frac{1}{9} - \cdots$$

$$\frac{\pi}{4} = \left(1 - \frac{1}{3^2}\right)\left(1 - \frac{1}{5^2}\right)\left(1 - \frac{1}{7^2}\right)\left(1 - \frac{1}{9^2}\right)$$

$$\frac{\pi^2}{6} = \frac{1}{1^2} + \frac{1}{2^2} + \frac{1}{3^2} + \frac{1}{4^2} + \frac{1}{5^2} + \cdots$$

**more / 쉼터** **파이의 날 ($\pi$ - day)**

젊은이들이 화이트 데이로 즐기는 3월 14일은 아인슈타인이 태어난 날이다.

하지만 원주율 $\pi$를 알고 있는 우리는 이 날(3월 14일 오후 1시 59분 2초)을 파이의 날로 기념해 보자.

실제로, 대학의 수학 동아리를 비롯하여 수학 단체들은 3월 14일 파이의 날에 $\pi$의 근삿값을 외우고, 초코파이, 애플파이 등 '파이' 먹거리를 즐기며 수학에 대한 관심을 높여가고 있다.

## 6-2 돌·아·보·기

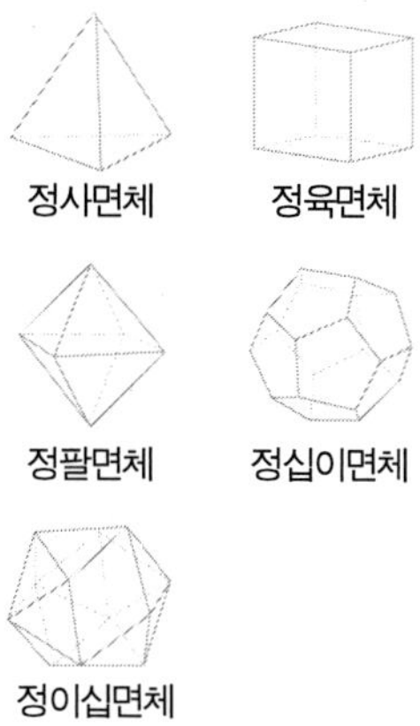


### 1. (고교) 정다면체

정다면체를 관찰하여 다음을 확인하여라.
또 오일러 공식이 성립함을 확인하여라.

| 정다면체 | 정사면체 | 정육면체 | 정팔면체 | 정십이면체 | 정이십면체 |
|---|---|---|---|---|---|
| 면의 모양 | 정삼각형 | 정사각형 | 정삼각형 | 정오각형 | 정삼각형 |
| 한 꼭짓점에 모인 면의 수 | 3 | 3 | 4 | 3 | 5 |
| 꼭짓점의 수 | 4 | 8 | 6 | 20 | 12 |
| 모서리의 수 | 6 | 12 | 12 | 30 | 30 |
| 면의 수 | 4 | 6 | 8 | 12 | 20 |

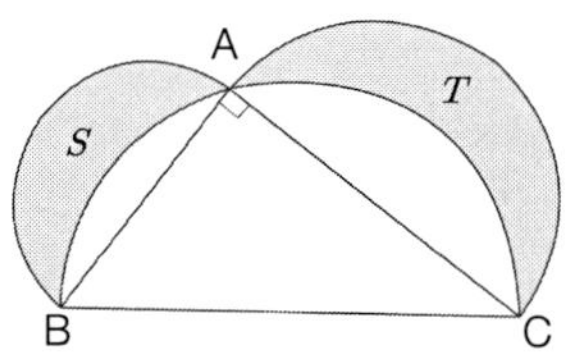


### 2. (역사) 히포크라테스의 초승달

그림과 같이 직각삼각형 ABC에서 각 변을 지름으로 하는 반원을 그릴 때, 어두운 부분(초승달)의 넓이는 직각삼각형 ABC의 넓이와 같음을 보여라.

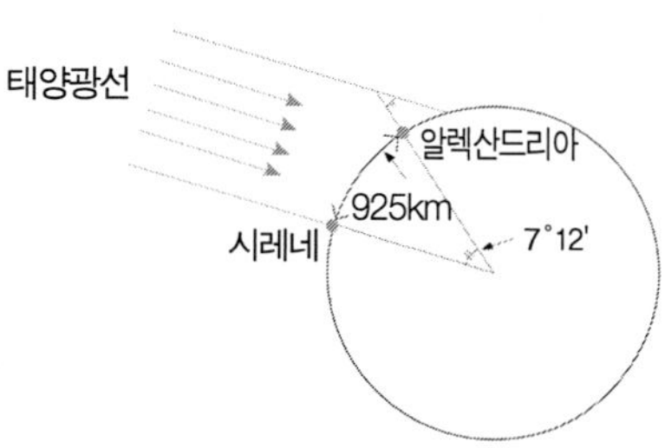


### 3. (역사) 에라토스테네스의 지구 둘레 측정

하짓날 정오에 시레네에서는 해가 수직으로 비쳐 그림자가 생기지 않지만, 시레네에서 925km 떨어진 알렉산드리아에서는 그림자가 생긴다. 에라토스테네스는 알렉산드리아에서 수직으로 막대기를 세워 막대기 끝과 그림자 끝을 이은 선분이 막대기와 이루는 각을 재었더니 $7°12'$이었다. 지구는 완전한 구이고 태양광선은 평행하다는 가정 하에 에라토스테네스는 지구 둘레의 길이가 46250km임을 보였다. 이를 설명하여라.

### 4. (컴퓨터) 수학프로그램

Poly 프로그램을 사용하여, 정다면체의 여러 가지 성질을 찾아보아라.

## ■ 알·쏭·달·쏭 – 신사고 훈련

수학은 종종 신사고(new thinking)를 필요로 한다.

- 칼을 세 번만 사용하여, 케익을 8등분하여라.

- 원의 중심을 지나지 않는 선을 그어서 원의 넓이를 삼등분하여라.

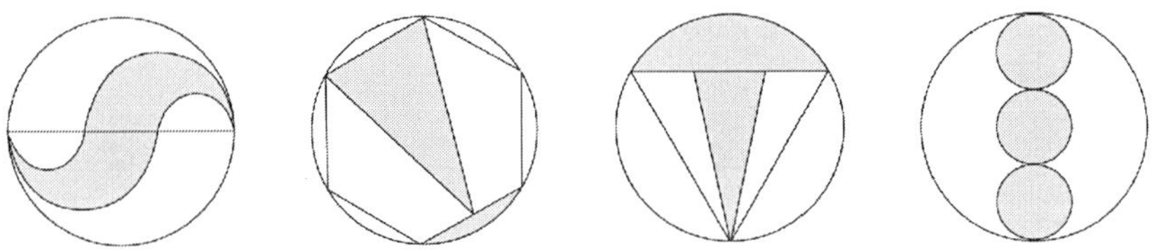

**more / 쉼터** **무엇으로 보이는가?**

# 6-3 생활 속의 도형 이야기

## ■ 쫑·알·쫑·알 – 아름다운 황금비

**연아** : **세리야, 주민등록증의 가로와 세로의 길이를 재어 봐.**

**세리** : **가로는 8.6cm, 세로는 5.3cm.**

**태환** : **내 신용카드의 가로와 세로도 똑같네.**

**찬호** : **어? 전화카드, 명함, 주민등록증, 각종 카드가 모두 같은 크기야.**

**영재** : **맞아요. 8.6 : 5.3 ≒ 1.6 : 1, 약 8 : 5를 황금비라고 해요.**

## ■ 살·펴·보·기

주변의 사물을 관찰해 보면 우리의 생활은 도형으로 가득 차 있음을 알 수 있다. 우리는 실생활에서의 경험을 통하여 평면과 공간의 개념을 직관적으로 이해할 수 있고, 도형의 여러 성질을 찾을 수 있다.

수학은 아름다움과 실용성을 동시에 추구한다. 건축이나 예술작품에서 나타나는 아름다운 황금비는 액자, 명함, 각종 카드 등에 이용되며, 경제적인 비인 실용비는 $A_4$용지에서 이용된다.

한편 밤하늘을 수놓는 불꽃이나 분수대에서 솟아오르는 물이 그리는 곡선, 행성의 공전궤도, 물결의 간섭무늬 등에서 나타나는 원뿔곡선은 자연 현상을 규명하는 데 매우 중요하며, 그 성질은 안테나, 자동차의 전조등 등 실생활에서도 활용된다.

# (1) 황금비와 실용비

생각열기

## 황금분할

아롱이 : 황금사각형이 뭐야?

다롱이 : 가장 아름답게 보이는 사각형이 황금사각형이야.

황금사각형의 가로와 세로의 비는 황금비야.

아롱이 : 황금비가 얼마인데?

다롱이 : 약 1.618, 황금비는 선분을 황금분할하여 생긴단다.

선분을 분할하여 긴 선분과 짧은 선분의 비가 원래 선분과 긴 선분의 비와 같을 때, 황금분할이라 한다. 또 황금분할된 두 선분을 가로와 세로로 하는 직사각형을 황금사각형이라 한다.

그림에서 $x : 1 = x+1 : x$ 이므로 $x = \frac{1+\sqrt{5}}{2} \fallingdotseq 1.618$이다.

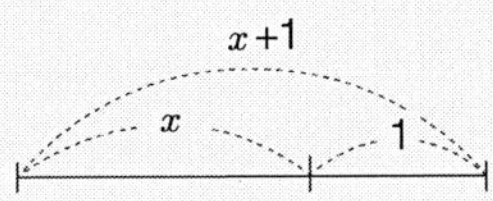

황금분할

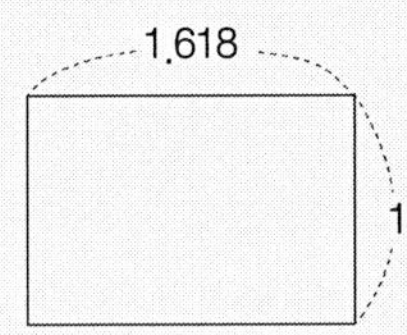

황금사각형

아메스 파피루스에는 B.C. 2900년경에 만든 이집트의 피라미드가 성스러운 비로 건설되었다고 기록되어 있다. 이 성스러운 비는 그리스 아테네의 아름다운 파르테논 신전의 가로와 세로의 비와 같다. 중세사람들이 '신의 비(divine proportion)' 라고 불렀던 이 비는 가장 아름다운 비로 알려진 **황금비**(golden ratio, $\phi$)이다.

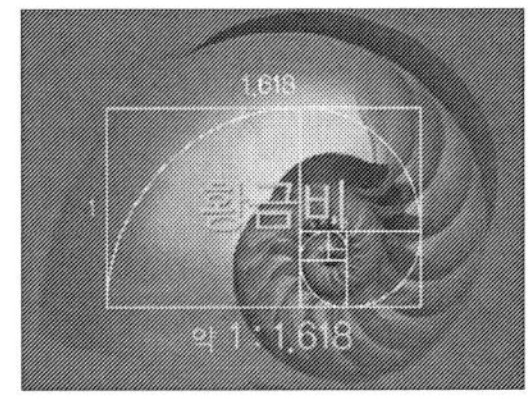


아름다운 황금비는 $\frac{1+\sqrt{5}}{2} : 1$, 약 8 : 5이다.

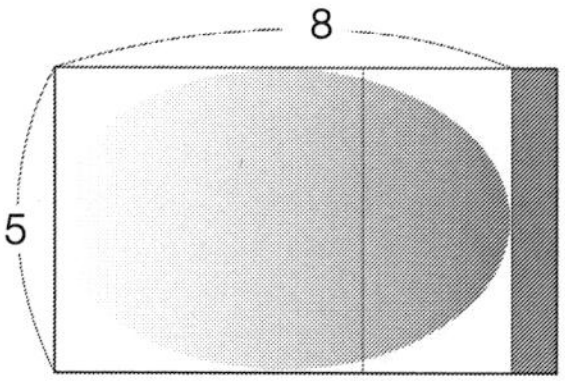


달걀

우리가 사용하고 있는 명함이나 각종 카드의 가로와 세로의 비가 바로 황금비로 이루어져 있다. 뿐만 아니라 조개껍질이나 나뭇잎에서도 황금비가 발견되며, 달걀의 단면은 황금사각형에 내접한다. 자연이 아름답게 보이는 이유는 곳곳에 황금비가 숨어 있기 때문이 아닐까? 아름다운 우리 몸에서도 황금비를 찾을 수 있다. 배꼽은 몸 전체를 황금분할하고, 목은 배꼽 위를 황금분할하며, 무릎은 배꼽 아래를 황금분할한다.

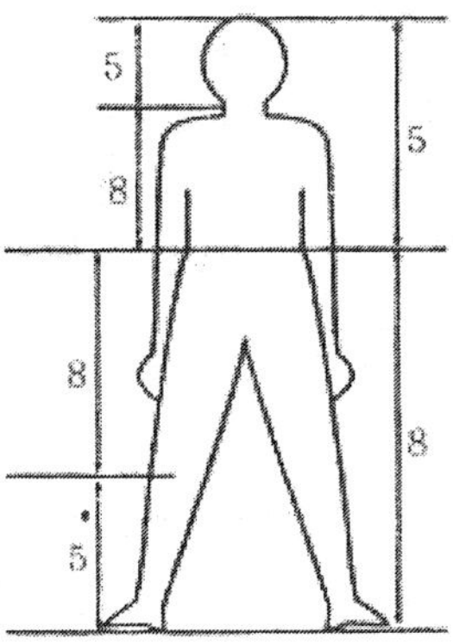


인체의 황금비

자연에는 잎이 5개인 오각형 모양의 꽃이 많다. 정오각형에서 대각선과 한 변의 길이는 황금비를 이루고 있으며, 정오각형의 각 변을 연장하여 얻어지는 아름다운 별에서도 황금비를 찾을 수 있다. 별 모양은 오랫동안 신비롭고 성스러운 신의 모습과 권력의 상징으로 여겨져 왔고, 귀신을 물리치는 부적으로 사용되기도 하였다. 별 모양의 아름다움에 감탄한 피타고라스 학파는 오각별 뺏지를 그들의 상징으로 사용하였다.

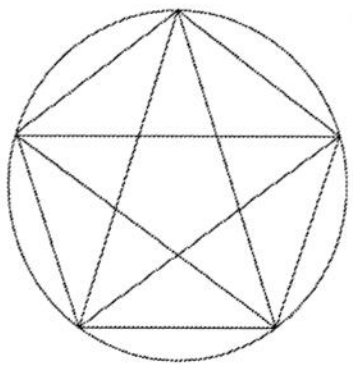

오각별

직사각형은 두 변의 비가 황금비를 이룰 때, 약 1.618 : 1(약 8 : 5)일 때 가장 아름답다. 그래서 예로부터 건축가와 미술가들은 방이나 집, 건물, 사원, 그림 등 사각형에 황금비를 이용해 왔다.

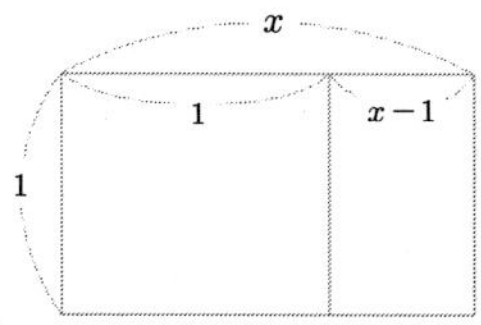


예제 가로가 $x$, 세로가 1인 직사각형에서 정사각형을 잘라낸 나머지 직사각형이 원래 직사각형과 닮은 도형일 때,

$x : 1 = 1 : x-1$에서 $x = \frac{1+\sqrt{5}}{2} \fallingdotseq 1.618$이다.

이제 복사용지에서 찾을 수 있는 실용비에 대하여 알아보자.

신문을 인쇄할 때 쓰이는 종이의 규격은 1189mm × 841mm이며, 가로와 세로의 비는 약 1.4 : 1이고 넓이는 약 $1\text{m}^2$이다. 이러한 규격의 종이를 A판 전지 또는 $A_0$용지라고 한다. 생활에서 많이 사용하는 $A_4$용지의 규격은 297mm × 210mm이며, 가로와 세로의 비는 역시 약 1.4 : 1이다. 이것은 무리수 $\sqrt{2}$의 근삿값이다. 이러한 **실용비**는 어떻게 생겨난 것일까?

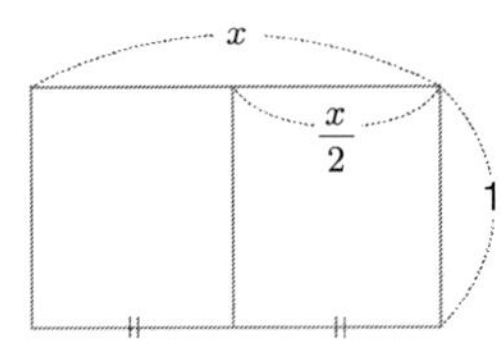


예제 가로가 $x$, 세로가 1인 직사각형을 절반으로 잘라서 생기는 작은 직사각형이 원래의 직사각형과 닮은 도형일 때, $x : 1 = 1 : \frac{x}{2}$에서 $x = \sqrt{2}$이다.

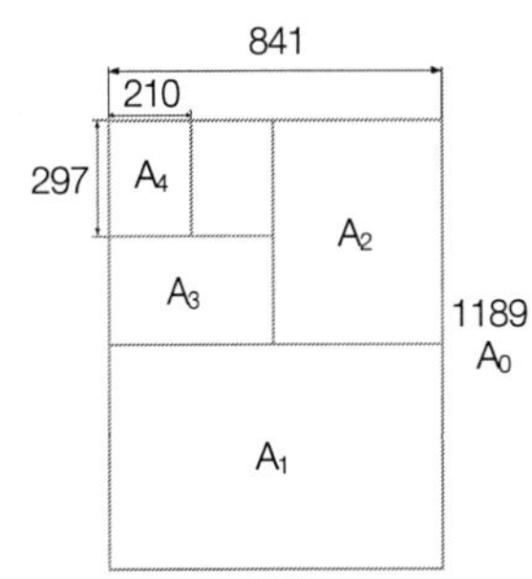

A판

$A_0$용지를 절반으로 자른 용지를 $A_1$용지, $A_1$용지를 절반으로 자른 용지를 $A_2$용지라 한다. 이와 같이 절반으로 자르는 과정에서 $A_1$, $A_2$, $A_3$, $A_4$, $A_5$ 등의 A판 용지가 만들어진다.

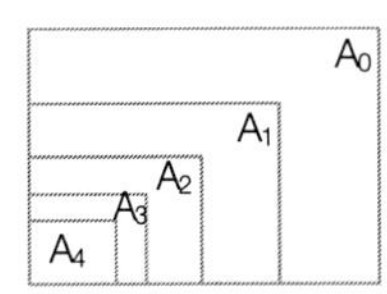


큰 종이를 절반으로 잘라 작은 종이를 만드는 과정에서 종이의 낭비를 줄일 수 있는 가장 경제적인 종이의 규격은 무엇일까? 생활에서 사용되는 종이들은 제지소에서 만든 전지를 절반으로 자르고 또 절반으로 자르는 과정을 반복하여 만들어진다. 이때 두 직사각형이 닮음꼴이면 종이의 낭비가 없고 확대와 축소에 의하여 같은 모양을 만들 수 있으므로 경제적이다.

A판 용지와 같은 원리로 B판 전지로부터 $B_1$, $B_2$, $B_3$, $B_4$, $B_5$ 등의 B판 용지가 만들어진다. $B_0$용지는 가로와 세로의 비가 $\sqrt{2}$ : 1이고, 넓이는 약 $1.5\text{m}^2$가 되도록 규격이 1456mm × 1030mm이다.

$A_4$용지는 $A_3$용지의 절반이고, $A_3$용지와 닮은 도형이다.

# (2) 원뿔곡선

생각열기

**생활 속의 곡선**

나연구 학생은 수학 체험전에서 여러 가지 신기한 체험을 하였다.

- 전구를 포물면 거울의 초점에 놓았더니 먼 곳까지 잘 보였다.
- 포물면 골프대에서 초점에 있는 구멍에 공을 쉽게 넣을 수 있었다.
- 타원형 방에서 초점에 있는 사람끼리는 주위가 시끄러워도 속삭일 수 있었다.

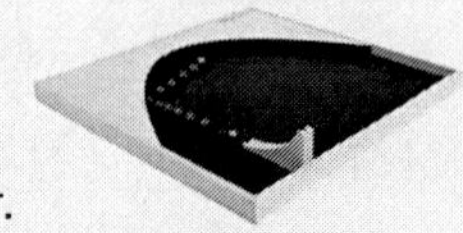

공을 비스듬히 던져 올리면 공의 자취는 포물선이 된다. 이 사실은 1604년 갈릴레오가 밝혔으나, 그리스시대부터 포물선의 성질은 연구되었다.

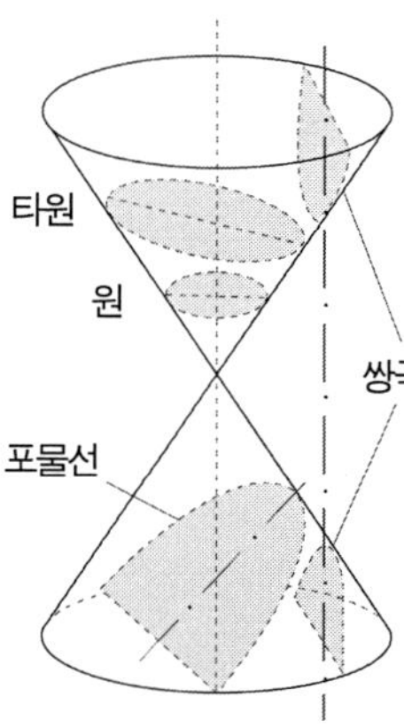


원뿔과 평면이 만날 때 생기는 곡선을 **원뿔곡선**이라 하며, 원(circle), 포물선(parabola), 타원(ellipse), 쌍곡선(hyperbola)이 있다. 원뿔곡선들의 이름인, 영어 parabola, ellipse, hyperbola는 '적합하다.', '부족하다.', '초과하다.'는 뜻의 그리스어에서 유래한 것이다.

이것은 평면과 밑면이 이루는 각이 원뿔의 모선과 밑면이 이루는 각과 비교하여 '적합할 때', '부족할 때', '초과할 때', 각각 포물선, 타원, 쌍곡선이 만들어지므로 붙여진 이름이며, 원뿔곡선을 연구한 아폴로니우스가 지었다.

원뿔곡선은 이차방정식으로 표현되므로 이차곡선이라고도 부른다. 한편 포물선, 타원, 쌍곡선을 회전시켜 만든 곡면을 각각 포물면, 타원면, 쌍곡면이라 한다.

아폴로니우스는 원뿔곡선인 원, 포물선, 타원, 쌍곡선을 정의하고 연구했다.

포물선에서는 축에 평행하게 들어온 빛이나 전파가 반사되어 반드시 초점에 모이는 성질이 있는데, 이 성질은 생활에서 유용하게 이용된다. 태양열 발전소에서는 태양열을 모으기 위하여 포물면을 사용하며, 아르키메데스는 포물면 거울로 태양광선을 모아서 로마군의 배를 불태우기도 했다.

또 포물선의 초점에서 나간 빛이나 전파는 반사되어 축에 평행하게 나아간다. 즉, 포물면 거울의 초점에 광원을 놓으면 불빛은 반사되어 멀리까지 나아가게 되는데, 이러한 성질은 손전등, 자동차의 헤드라이트, 서치라이트 등에 이용된다. 한편 위성방송용 파라볼라 안테나는 전파의 수신과 송신에 이용되는 데, 멀리서 온 전파를 포물면의 초점에 모으고, 초점에서 방출시킨 전파를 멀리 보낸다. 모하비 사막의 거대한 안테나는 주반사기로는 포물면을, 부반사기로는 쌍곡면을 이용한다.

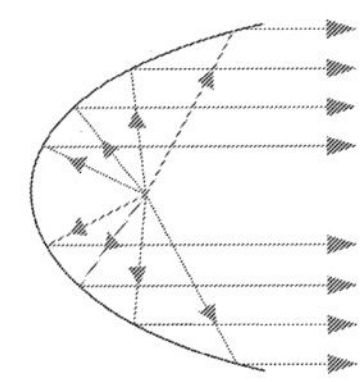

포물선

타원에서는 한 초점에서 나간 빛이나 전파가 반사되어 다른 초점에 모인다.

천장과 벽면이 타원 모양인 런던의 성 바오로 대성당은 '속삭이는 회랑(whispering gallery)'이라는 신비한 장소로 알려져 있다. 높이가 108m인 웅장한 이 성당은 한 초점에서 작은 소리로 이야기해도 건너편에 있는 다른 초점에서 잘 들을 수 있도록, 타원의 성질을 이용하여 설계되었다.

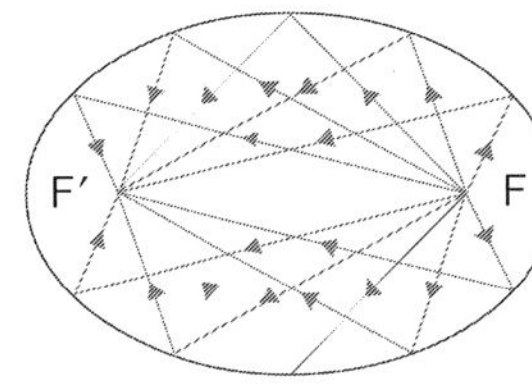


타원

# (3) 생활 속의 도형

생각열기

**도형 관찰하기**

알쏭이 : 등산용 버너와 카메라의 다리는 왜 세 개인가?

척척이 : 세 점은 언제나 하나의 평면을 결정해.
그래서 삼발이는 울퉁불퉁한 곳에서도 기우뚱거리지 않아.

달쏭이 : 반지름 1인 구슬 8개를 녹여서 하나의 큰 구슬을 만들면 반지름은 얼마일까?

척척이 : 구슬의 부피의 비는 반지름의 비의 세제곱이므로, 큰 구슬의 반지름은 2란다.

우리 주변에는 도형이 아주 많다. 우리는 생활에서 여러 가지 도형의 성질을 발견할 수 있고, 또 이 성질을 이용하면 더욱더 합리적인 생활도 가능하다.

매일 사용하는 비누는 처음에는 아무리 써도 줄어드는 것 같지 않다가 어느 정도 쓰고나면 갑자기 줄어들고 금방 없어져 버려서 당황하게 된다. 도형의 닮음에 의하면, 부피의 비는 닮음비의 세제곱이므로 길이가 반이 되면 부피는 $\frac{1}{8}$이 되기 때문에, 길이가 반쯤 남았을 때는 부피는 반이 아니라 겨우 $\frac{1}{8}$만 남은 것이다.

또 흔히 경험하는 것으로 수박이나 생선의 경우, 값은 두 배이지만 길이는 두 배가 못된다. 이것은 길이가 두 배라면 부피는 8배이기 때문에 당연하며, 그래서 값이 조금 비싸더라도 큰 것을 사는 것이 경제적이다.

한편 닮은 도형의 성질을 활용하면 직접 측정하기 곤란한 두 지점 사이의 거리나 건물의 높이를 구할 수 있다. 이때 측정 가능한 실제 거리나 각을 측정하여 적당한 축척으로 축도를 그리면 축척은 닮음비가 되고, 실제의 도형과 축도에서의 도형은 닮은 도형이다.

또 우리는 도형의 확대 또는 축소를 많이 이용한다. 현미경으로 관찰되는 세포와 세균, 입자, 분자 모형들은 확대를, 사진, 건물 모형, 모형 장난감, 서울타워 기념품, 민속인형 등은 축소를 이용한 것이다. 확대와 축소가 모두 자유로운 것으로는 복사기, 카메라 등이 있다.

예제 TV 화면은 대부분 닮은 직사각형이며, 화면의 크기는 대각선의 길이로 나타낸다. 9인치 TV 화면의 (가로)×(세로)는 19cm ×14cm이고, 27인치 TV 화면의 (가로)×(세로)는 57cm×42cm이다.
닮음비가 1 : 3이면 넓이의 비는 1 : 9가 되어, 27인치의 넓이는 9인치 넓이의 9배이다.

우주 공간의 수많은 천체들은 구 모양이며 우리 주변에도 원이나 구 모양의 물체들이 많다. 굴러다니는 것은 대부분 원 모양을 하고 있는 데, 이것은 원은 바닥과 한 점에서 만나므로 마찰이 가장 적은 도형이기 때문이다.

넓이가 100인 정삼각형, 정사각형, 원의 둘레의 길이는 각각 약 45.6, 40, 35.4 이다. 같은 넓이를 가지는 도형 중 둘레의 길이가 가장 작은 것은 원이다. 따라서 음료수 용기는 밑면을 원으로 만들어야 옆면의 넓이가 작아져서 같은 부피를 가지면서도 재료가 적게 드는 용기가 된다.

27인치 화면의 넓이는 9인치 화면 넓이의 9배이다.

둘레의 길이가 일정할 때 넓이가 가장 큰 평면도형은 원이고, 겉넓이가 일정할 때 부피가 가장 큰 입체도형은 구이다. 공장에서는 캔을 만들 때, 구의 모양으로 만들면 재료가 가장 적게 들 것이다. 그러나 구의 모양은 뚜껑 만들기가 어렵고 또 데굴데굴 굴러 다녀서 보관하기도 어렵다. 그래서 원기둥 모양의 캔이 탄생했다. 원기둥 모양의 캔은 굴러다니지도 않고 쌓아 놓을 수도 있어서 편리하다.

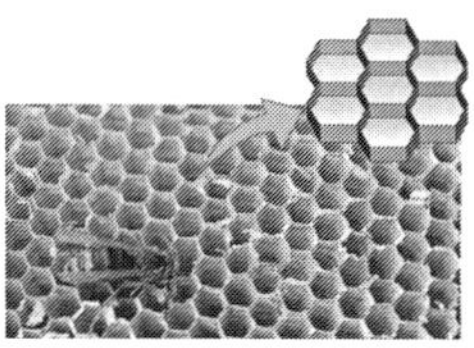

**예제** 벌집은 적은 재료로 되도록 큰 부피를 가지는 정육각형 구조이다.

물론 원형이면 재료는 더 적게 들지만, 틈이 많이 생긴다. 정육각형 구조는 집들끼리 꽉 짜여 있으므로 꿀을 많이 저장할 수 있다. 또한 역학적으로 정육각형이 가장 안정된 구조이다. 실제로 원기둥 모양의 물체는 사방에서 압력을 받으면 정육각형으로 된다. 벌집은 서로 압력을 받아 정육각형으로 되었으며, 육각형 모양의 벌집들은 이어져 있기 때문에 서로 압력을 주지 못한다.

파포스(Pappos, 290-350, 그리스)

사영기하학의 기초를 만든 파포스는 고대그리스 수학연구의 기초자료인 〈수학 집대성〉을 저술했다. 8권으로 된 이 책은 수학자 13명의 업적을 기록했고, 여러 가지 증명과 일반화 된 이론들을 실었다.
특히 3권에서는 산술평균과 기하평균을, 4권에서는 아르키메데스의 나선을, 7권에서는 파포스 정리를 다루었다. 한편 5권에서는 정다면체와 벌집구조의 구성방법을 다루었는데, 그는 육각형이 삼각형이나 사각형보다 위대하다고 믿었고, 구는 같은 겉면적을 가지는 다른 정다면체보다 부피가 크다는 것을 보였다.

육각형 구조는 자연법칙의 하나로, 자연계에서 흔히 볼 수 있는 기묘한 현상이다. 곤충 눈의 모양, 눈의 결정체, 좋은 물로 알려진 육각수, 물질의 분자 구조 등 자연계에는 육각형 구조를 하고 있는 것이 많다.

벌집은 위에서 보면 정육각형이지만, 아래 부분은 세 개의 마름모꼴이 합해진 모양이다. 이 마름모의 두 각이 109°28′와 70°32′인데, 이것은 재료를 가장 적게 쓰면서 부피가 가장 큰 용기를 만들기 위한 것이다. 벌집은 수학자뿐 아니라 재료공학 기술자, 특히 비행기구조 연구자에게도 영향을 주었고 여러 가지 구조물에 응용되고 있다.

파포스는 벌집구조를 연구하여 정육각형이나 정삼각형이 정사각형보다 완전하다고 했다.

## 6-3 돌·아·보·기

**1. (고교) 쌍곡선의 성질**

그림을 보고 쌍곡선의 성질을 말하여라.

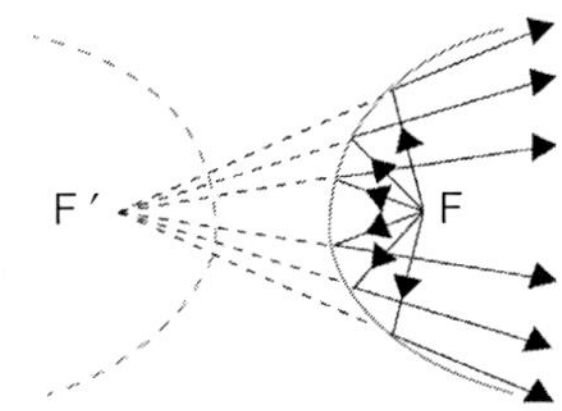

쌍곡선

**2. (생활) 황금비와 실용비**

아름이와 다운이는 각각 직사각형 모양의 종이를 가지고 있다.
아름이는 종이를 잘라서 정사각형과 작은 직사각형을 만들었더니 작은 직사각형이 원래 직사각형과 닮은꼴이었다. 다운이는 종이를 반으로 잘라서 두 개의 작은 직사각형을 만들었더니 작은 직사각형과 원래 직사각형이 닮은꼴이었다.

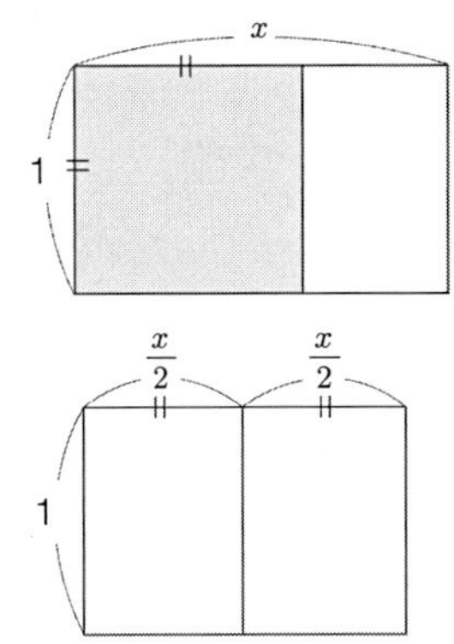


(1) 아름이와 다운이가 가진 종이의 긴 변과 짧은 변의 비를 구하여라.

(2) 주민등록증이나 전화카드는 아름이의 종이와 닮은꼴임을 확인하여라.

(3) $A_4$ 용지는 다운이의 종이와 닮은꼴임을 확인하여라.

## ■ 활·동·수·학 - 종이접기와 원뿔곡선

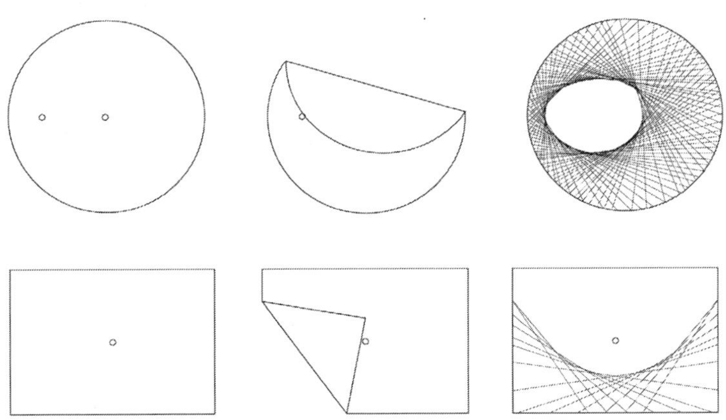

640? B.C. – 탈레스 – 최초의 수학자, 기하학의 시조
1596 – 데카르트 – 좌표 도입, '해석기하학' 창시
1707 – 오일러 – 기호의 마술사, '오일러 공식' 소개
1788 – 퐁슬레 – 사영기하학 연구
1790 – 뫼비우스 – 위상수학의 개척자, '뫼비우스 띠' 소개
1826 – 리만 – 비유클리드기하학 창시, '리만기하학' 소개
1845 – 칸토어 – 무한을 도입한 집합론으로 위상수학을 탄생시킴
1862 – 힐베르트 – 공리론적 선구자로 20세기 수학의 새로운 방향 제시
1898 – 에셔 – 기묘한 시각적 반응을 이용한 작품으로 유명
1901 – 브라우어 – 위상기하학 연구

# Chapter 7. 위상수학의 세계

위상수학은 연속적인 변화에서 변하지 않는 기하학적 성질을 연구하는 수학이며 고무판기하학 또는 현대기하학이라고도 한다. 위상수학에서는 연결상태가 같은 도형의 위상적 성질을 다룬다. 따라서 연결상태가 같은 구와 각기둥은 위상적으로 같지만, 공과 도넛은 연결상태가 다르므로 위상적으로 다르다고 한다. 우리가 커피잔과 도넛을 같은 도형으로 볼 수 있는 것은 위상수학 덕분이다.

위상수학의 세계에서는 쾨니스베르그의 다리건너기 문제에서 시작된 그래프를 비롯하여, 19세기 말 위상공간의 공리적 체계를 완성하여 20세기에야 본격적으로 연구된 위상수학 이야기를 다룬다. 그리고 뫼비우스 띠와 클라인 병, 프랙털 등 우리의 호기심을 자극하기에 충분한 현대기하학 이야기를 다룬다.

위상수학은 오늘날 전자기학, 핵물리학, 화학 구조식의 결정, 통신회로 문제, 대형건축물의 내진 설계 등 자연과학과 공학에서 많이 활용되고 있으며, 현대수학의 필수적인 도구이기도 하다.

# 7

# 위상수학의 세계

7-1 위상수학 이야기

7-2 현대기하학 이야기

# 7-1 위상수학 이야기

■ 쫑·알·쫑·알 – 한붓그리기가 더 쉬울까?

**선생님 : 연필을 떼지 않고 선을 한 번씩만 그려서**
**오른쪽 그림을 그려 보세요.**
**성공한 사람은 수학시험 면제해 주겠어요.**

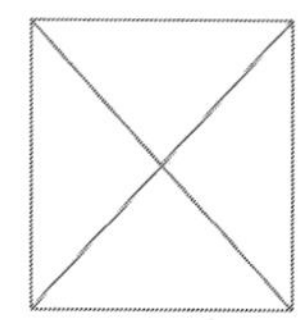

**땡땡이 : 야호! 수학 공부보다 쉽겠는 걸…**

**선생님 : 성공한 사람?**

**학생들 : 으으음…**

**꾀돌이 : 선생님, 그림을 이렇게 바꾸어 주세요.**

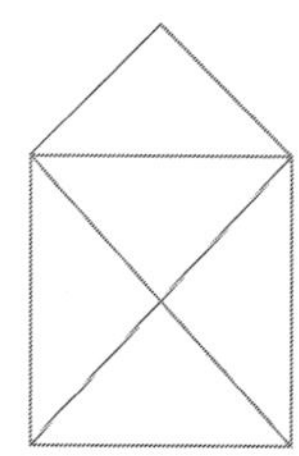

■ 살·펴·보·기

19세기말에 시작된 위상수학은 현대수학의 핵심이며, 한붓그리기, 단일폐곡선, 오일러 회로에 대한 이론과 관련되어 실생활 문제 해결에 이용되어 있다.

쾨니히베르그의 다리건너기 문제에서 시작된 한붓그리기는 그래프이론으로 발전되었다. 그래프이론은 전기회로망, 물체의 결정구조, 게임이론, 생물학, 심리학 등을 규명하는 데 쓰일 뿐만 아니라, 역사적인 4색 지도색칠문제와 연관되어 있다.

위상수학에서는 연결상태와 같은 위상적 성질을 다루므로 삼각형, 사각형, 원 등은 위상적으로 같은 도형으로 보고, 구, 원기둥, 원뿔, 각기둥 등은 위상적으로 같은 도형, 구와 도넛은 위상적으로 다른 도형으로 본다.

# (1) 그래프이론과 4색 지도색칠문제

생각열기

**그래프 이야기**

철학자 칸트가 여생을 보낸 프러시아의 옛도시 쾨니히베르그의 중심을 흐르는 프레겔 강에는 7개의 다리가 있었다. 당시에 제기된 다음 다리건너기 문제가 가능한지를 확인하여라.

**'모든 다리를 한번씩만 건너서 산책할 수는 없을까?'**

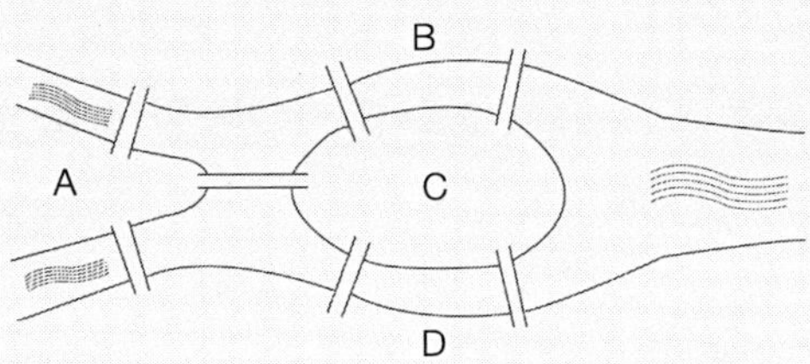


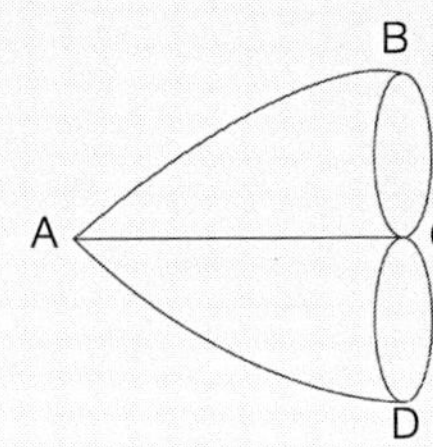


점과 선으로 이루어진 도형을 다루는 수학의 한 분야를 **그래프이론**(graph theory)이라 하는데, 그래프이론은 1736년 오일러가 해결한 쾨니히베르그의 다리건너기 문제에서 비롯되었다. 실제로, 쾨니히스베르그의 다리건너기 문제에서 출발한 한붓그리기가 그래프이론으로 발전되어 도로망, 통신망, 먹이사슬, 가계도, 계통도 등 우리의 생활에서 많이 응용되고 있다.

예를 들면, 그래프이론은 지하철노선도, 우편배달, 도로청소 등 여러 가지 이동 경로 문제에 대한 이론을 제공하며, 완전한 결합을 위한 바람직한 짝짓기 문제도 그래프이론을 이용하여 수학적 모델을 구성하면 체계적으로 해결할 수 있다.

쾨니히베르그 다리건너기 문제에서 출발한 한붓그리기는 그래프이론으로 발전하였다.

오일러는 쾨니히베르크의 다리건너기 문제를 다리의 연결상태를 점과 선으로 이루어진 도형을 그려서 밝히고, 한붓그리기가 가능한 도형을 연구하였다.

'한붓그리기에 관한 오일러 정리'에 의하면 홀수 개의 선분이 연결된 점 즉, 홀수점의 개수가 0 또는 2일 경우에만 한붓그리기가 가능하다. 홀수점이 0개일 때는 어디서 출발하더라도 항상 한붓그리기가 가능하고, 홀수점이 2개일 때는 홀수점에서 시작하여 홀수점에서 끝나는 한붓그리기가 가능하다.

**문제** 다음 도형 중 한붓그리기가 가능한 것을 찾아라.

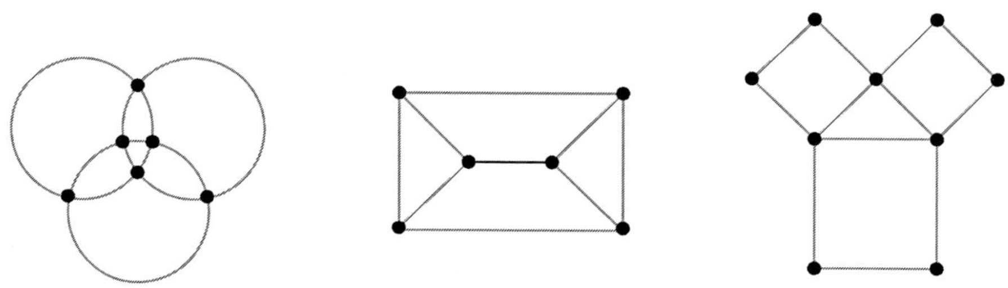

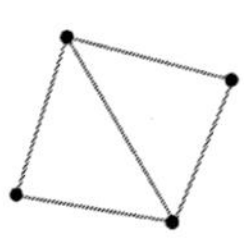

$v-e+f=1$

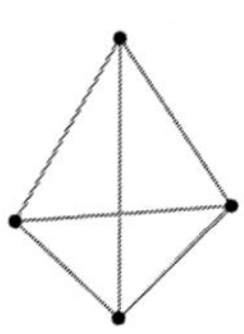

$v-e+f=2$

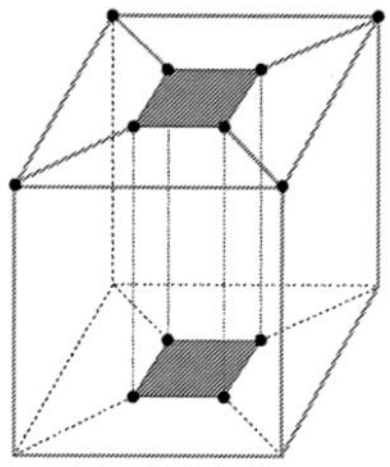

$v-e+f=0$

도형의 연결상태 등 위상적 성질을 연구하는 위상수학에서는 삼각형, 사각형, 원 등을 위상적으로 같은 도형으로 보고, 구, 원기둥, 원뿔, 각기둥, 각뿔 등을 모두 위상적으로 같은 도형으로 취급한다. 하지만 공과 도넛과는 연결상태가 다르므로 위상적 성질이 다르다. 오일러는 이러한 도형의 연결상태를 분류할 수 있는 오일러 공식을 유도하였다.

도형에서 점(vertex), 선(edge), 면(face)의 개수를 각각 $v$, $e$, $f$ 라고 하면 구와 연결상태가 같은 입체도형에서는 항상 $v-e+f=2$가 성립하고, 도넛과 연결상태가 같은 입체도형에서는 $v-e+f=0$이 성립한다. 한편 면이 없이 점과 선만으로 이루어진 평면도형에서는 $v-e=1$이고, 점, 선, 면으로 이루어진 평면도형에서는 $v-e+f=1$이 성립한다.

홀수점의 개수가 0 또는 2일 때만 한붓그리기가 가능하다.

이제 뫼비우스의 아이디어에서 시작된 4색 지도색칠문제를 알아보자.

세계지도를 그릴 때, 국경을 맞대고 있는 국가들을 다른 색으로 칠하려면 최소 몇 가지 색이 필요할까? 지도를 만드는 인쇄업자들은 경험에 의하여 4색으로 모든 나라를 구분할 수 있음을 알고 있었고, 1852년 구쓰리에도 이 사실을 발견했다. '임의의 지도를 색으로 국경을 구별할 때 4색이면 충분하다.'는 **4색 지도색칠문제**(four color problem)는 그래프이론과 밀접한 관계가 있으며, 많은 수학자들과 일반인들도 관심을 가져왔다.

또한 케일리가 1878년에 수학회에서 이 문제를 제기함으로써 4색 지도색칠문제는 본격적으로 연구되었다.

## 4색 지도색칠문제

어떤 지도이든 4색만 가지고 모든 나라의 국경이 구별되도록 색칠할 수 있음을 증명하여라. 그렇지 않으면, 반드시 5색이 필요한 지도를 그려라.

4색 지도색칠문제는 케일리가 문제를 제기한 지 100년 후인 1976년에 헤켄과 아펠이 모든 지도를 1936 종류의 표준형으로 만들고, 대형 컴퓨터를 1500시간이나 가동시켜 해결했다. 이것은 특기할 만한 일이나, 아직도 수학이론으로는 해결되지 못한 문제로 남아 있다.

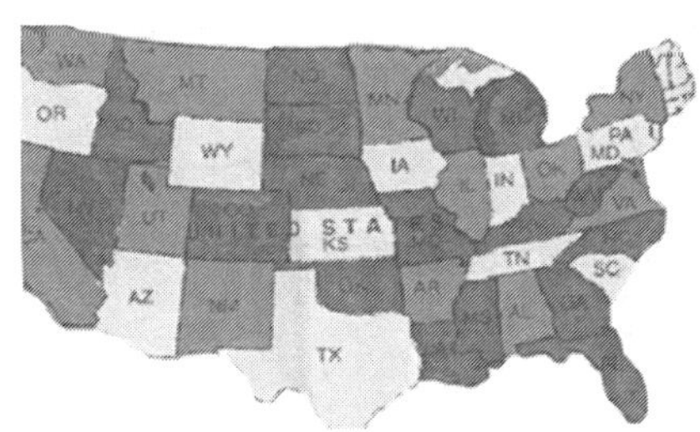


모든 지도는 4색만 가지고 경계가 구별되도록 색칠할 수 있다. −4색 지도색칠문제

## (2) 위상수학

생각열기

**같은도형**

수리수리 : 내 마술은 커피잔을 도넛으로 변하게 할 수 있어.

마하수리 : 내 마술은 얼굴도 구멍 4개 뚫린 원판으로 만들고야 말지.

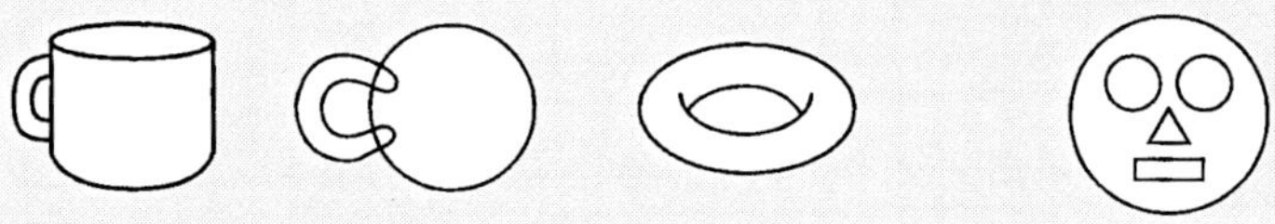

**위상수학**(topology)은 도형을 자르거나 붙이지 않고, 도형을 늘이거나 줄이고 또는 구부려서 얻은 새로운 도형과 원래 도형이 갖는 공통적인 성질을 연구하는 수학이다. 2차원 위상수학은 '고무막 기하학'으로 불리듯이, 위상수학에서는 도형이 그려진 면을 늘리거나 비틀어도 변하지 않는 도형의 성질을 연구한다.

19세기말에 시작된 위상수학은 1906년에 프레셰가 유클리드공간을 초월한 추상적인 거리공간을 발견하고, 1914년에 하우스돌프가 위상공간의 공리체계를 완성함으로써 현대수학의 핵심이 되었다. 1830년경 유클리드의 평행선공리를 부정하는 비유클리드기하학이 발견되었고, 실수의 정의와 극한개념이 확립되어 위상수학의 배경이 되었다. 현대기하학이라고도 볼 수 있는 위상수학의 배경은 비유클리드기하학의 발견과 실수 및 극한개념 확립이다.

위상수학의 대상은 위상공간이지만 직관적으로는 도형 그 자체이며, 위상수학의 주된 관심사는 도형 또는 공간들의 위상동형이다. 연속적으로 변형하여 변하지 않는 성질을 위상적 성질이라 하며, 두 도형이 위상적으로 동형이라는 것은 도넛과 손잡이가 달린 커피잔처럼 연속적으로 변형시켜 같도록 만들 수 있음을 뜻한다. 그러나 구면과 도우넛은 위상적으로 다른 도형이며, 뫼비우스의 띠와 보통의 띠도 역시 위상적으로 다르다. 위상수학은 두 위상공간이 위상적으로 동형인지 아닌지를 구별하고, 위상적으로 동형인 위상공간끼리 분류하는 방법을 연구한다.

위상수학은 두 가지 방향으로 전개되었다. 첫째는 점집합론적 위상수학(point set topology) 또는 일반 위상수학(general topology)으로, 여러 집합 위에 정의된 연속함수의 일반적이고 추상적인 이론이다. 둘째는 푸앵카레의 논문에서 출발한 대수적 위상수학(algebraic topology)으로, 유클리드공간에서 곡선이나 곡면에 대한 기하학적인 문제를 해결하려는 데서 출발하였다. 대수적 위상수학은 위상공간에 군(group)의 개념을 도입하여 위상적인 성질을 연구한다.

오늘날 위상수학은 일반 위상수학과 대수적 위상수학뿐 아니라, 그래프이론이나 오일러 정리 및 부동점 정리(fixed point theorem) 등을 취급하는 조합론적 위상수학, 위상적 성질을 대수적으로 연구하는 호모토피(homotopy), 호몰로지(homology), 그리고 다양체 위상수학과 미분위상수학 및 퍼지(fuzzy) 위상수학까지 점차 확대 또는 세분화되고 있다.

위상수학은 역사는 짧으나, 현대수학을 연구하기 위한 필수 도구가 되었으며, 오늘날에는 전자기학, 핵물리학, 화학구조식의 결정, 통신회로의 결정, 건축설계 등 자연과학, 사회과학, 의학 및 공학 분야에서 널리 활용되고 있다.

*위상수학과 추상대수학을 탄생시킨 칸토어의 집합론은 현대수학의 핵심이다.*

## 7-1 돌·아·보·기

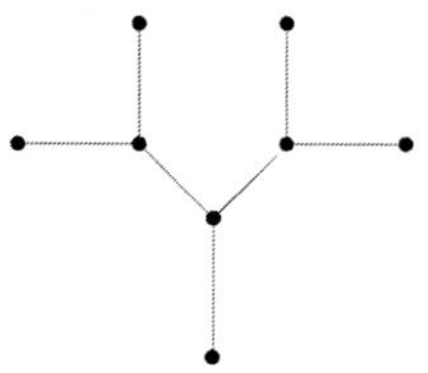

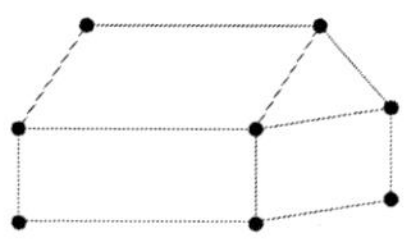

### 1. (고교) 오일러 공식

다음을 확인하여라. (단, $v$, $e$, $f$는 각각 점, 선, 면의 개수이다.)

(1) 면이 없이 점과 선만으로 이루어진 평면도형에서 $v-e=1$이다.

(2) 면, 선, 점으로 이루어진 평면도형에서 $v-e+f=1$이다.

(3) 도넛과 같은 입체도형에서 $v-e+f=0$이다.

### 2. (생활) 매듭의 분류

(1) 다음 매듭은 원과 연결상태가 같은가?

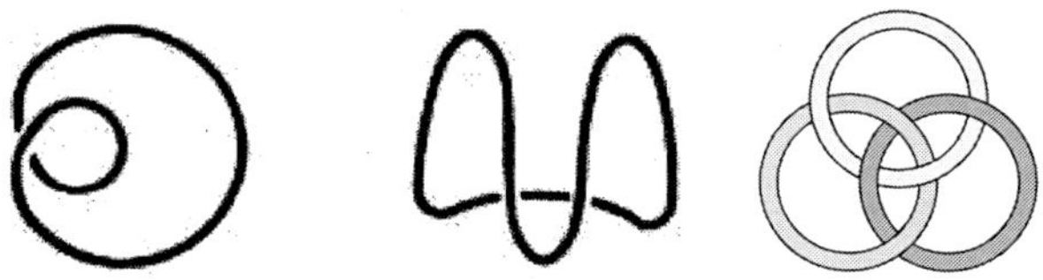

(2) 다음은 모두 같은 매듭임을 확인하여라.

**more / 쉼터** **매듭이론(Knot Theory)**

매듭을 연구하는 매듭이론은 오늘날 위상수학에서 커다란 비중을 차지하고 있다.
매듭에는 꼬임이나 엇갈림이 없는 고리인 풀린매듭(unknot), 왼손형과 오른손형의 휘감친 매듭 등이 있는데, 이들은 대부분 다항식으로 표현된다. 매듭에 관한 문제는 곡선 자체보다는 공간에서 다루어야 풀린다.

매듭이론은 여러 가지 형태의 매듭을 연구하여 분류하고, 그들을 구분하기 위하여 규칙을 찾으며, 점차로 그 활용범위를 넓혀가고 있다.

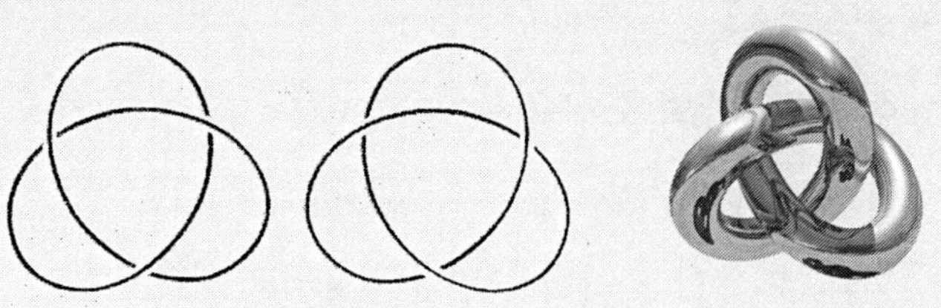

**3. (대학) 완전그래프**

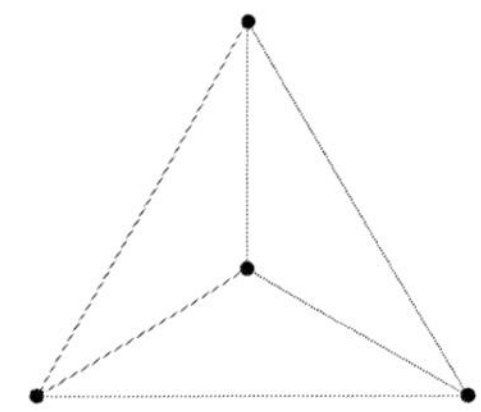

완전그래프

임의의 두 점을 연결하는 선이 있는 그래프를 완전그래프라 한다.
$n=3, 5$일 때의 완전그래프를 그려보아라.

**4. (역사) 지도색칠문제**

1840년에 뫼비우스가 제기한 다음 왕의 유언 문제를 설명하여라.

> 내 왕국을 다섯 아들에게 나누어 주되,
> 각각의 영토는 나머지 네 영토와 국경을 접하도록 하여라.

**5. (활동) 4색 지도색칠하기**

다음 지도를 최소의 색으로 색칠하여 보자.

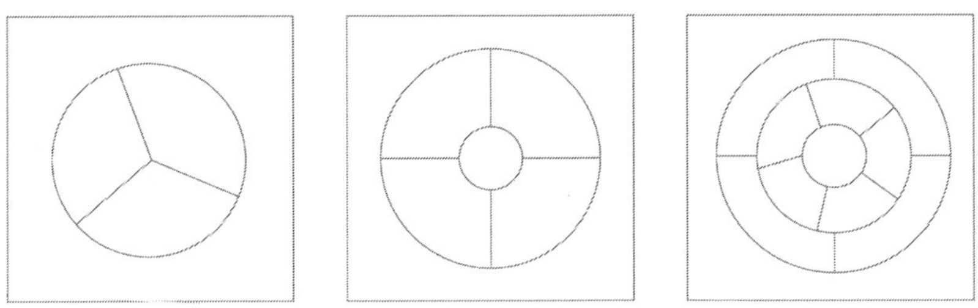

## ■ 알·쏭·달·쏭 – 콜럼버스의 계란 세우기

> 수학문제는 남이 풀면 쉬워 보여도 내가 풀려면 어려울 수 있다.

신대륙을 발견한 콜럼버스를 축하하는 파티가 있었다.

아당 꽁알대 : 있는 것을 발견하는 것을 누가 못하겠습니까?

콜 럼 버 스 : 그렇다면, 여러분 식탁 위에 있는 계란을 세워 보시죠.

계란을 세우려 했지만 모두 실패했다. 콜럼부스는 계란 밑을 약간 깨뜨려 세웠다.

콜 럼 버 스 : 이렇게 하면 누구나 세울 수 있지만, 성공한 사람은 저뿐입니다.

# 7-2 현대기하학 이야기

■ 쫑·알·쫑·알 – 뫼비우스 띠와 방앗간

**궁금이 : 어? 방앗간의 벨트는 꼬여서 두 개의 바퀴를 연결하고 있네!**
**벨트는 왜 꼬여 있을까?**

**성실이 : 그거야, 꼬아서 바퀴에 걸면 벨트의 양쪽 면이 골고루 닳게 되니까,**
**벨트의 수명이 길어지겠지.**

**열심히 : 으음, 꼬아서 걸면 잘 빠지지도 않겠는걸!**

■ 살·펴·보·기

실생활에서 우리는 도형의 패러독스를 흔히 볼 수 있다. 패러독스를 해결하려는 노력들이 현대기하학을 발전시켰으며, 프랙털, 뫼비우스 띠, 클라인 병, 카오스 등을 통하여 현대기하학에 한걸음 가까워질 수 있다.

프랙털 도형은 부분 속에 전체의 모습이 담겨 있는 도형, 즉 도형의 일부를 확대한 것이 전체와 같은 모양인 도형을 말한다. 대표적인 프랙털 도형인 코흐곡선은 유한의 넓이를 둘러싸는 무한의 길이를 갖는 곡선이다. 해안선, 산맥, 나뭇잎, 눈 등은 프랙털 도형의 모습을 하고 있다. 한편 프랙털 이론은 소수차원인 프랙털 차원을 만들어 냈으며, 곳곳에서 응용되고 있다.

프랙털을 활용한 에셔의 작품은 기묘한 아름다움을 가지며, 프랙털 나무와 시어핀스키 삼각형은 신비한 아름다움을 보여준다.

# (1) 뫼비우스 띠

생각열기

**분명히 잘랐는데??**

직사각형 모양의 띠를 한 번 꼬아서 양끝을 붙여보자.

이 띠를 가운데 선을 따라 잘라보자.

두 개의 띠가 생겼는가?

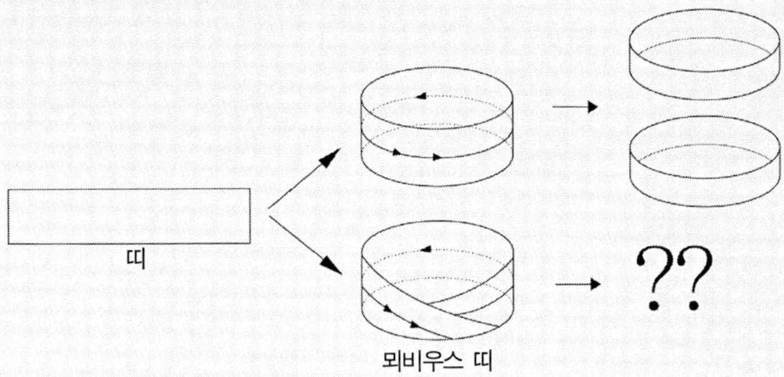

뫼비우스(Mobius, A. F., 1790-1868, 독일)

뫼비우스 띠를 고안한 뫼비우스는 4색 지도색칠문제의 아이디어를 제공하였으며, 위상수학의 개척자이다.

그는 뫼비우스 함수와 뫼비우스 변환 등을 연구하였다.

직사각형 모양의 띠의 양끝을 그대로 붙이면 보통 띠가 된다. 그러나 띠를 한 번 꼬아서 양끝을 붙이면 색다른 띠가 만들어지는데, 이와 같이 꼬아서 양끝을 붙여 만든 곡면을 **뫼비우스 띠**(Möbius band)라고 한다. 보통 띠는 가운데 선을 따라 자르면 두 개의 띠가 되지만, 한 번 꼬여 있는 뫼비우스 띠는 가운데 선을 따라 자르면 한 개의 띠가 된다.

보통 띠는 경계가 두 개인 반면, 한 번 꼬인 뫼비우스 띠는 경계가 하나밖에 없다. 또 보통 띠는 양면을 가지는 반면, 한 번 꼬인 뫼비우스 띠는 한 면만이 존재한다. 실제로 보통 띠는 한쪽 면은 파랑색, 다른 쪽 면은 빨간색을 칠할 수

띠를 한 번 꼬아서 양끝을 붙여 만든 뫼비우스 띠는 면이 하나뿐이다.

에셔(Escher, M. C., 1898-1972, 네덜란드)
기이한 시각·지각적 반응을 일으키는 작품으로 유명한 미술가 에셔는 뫼비우스 띠를 기본으로 시각적 착각을 표현한 작품들을 만들었다.
그의 작품은 복잡하게 상호 결합되어 있는 상반된 패턴들의 조합을 표현했으며, 수학자와 심리학자들에게 깊은 인상을 주고 있다.

있으나, 한 번 꼬인 뫼비우스 띠는 면을 따라 색칠하면 한 가지 색으로 전부 칠해진다. 즉, 뫼비우스 띠는 안면과 겉면의 구별없이 한 면만으로 된 곡면으로, 3차원 도형이다.

이러한 독특한 성질이 있는 띠는 1865년 처음 발견한 수학자의 이름을 따서 '뫼비우스 띠'라고 불리는데, 이 띠는 무척 중요한 의미를 가진다. 우리는 모든 것은 안과 밖의 구별이 있고, 안과 밖은 서로 통할 수 없다고 생각한다. 그래서 공간의 내부에서 외부로도 가지 못한다고 생각해 왔다. 그러나 뫼비우스는 이러한 고정관념을 깨고 안과 밖이 구별되지 않는 띠를 만들어서 안과 밖이 연속적으로 통할 수 있게 했다.

### 〈클라인 병〉

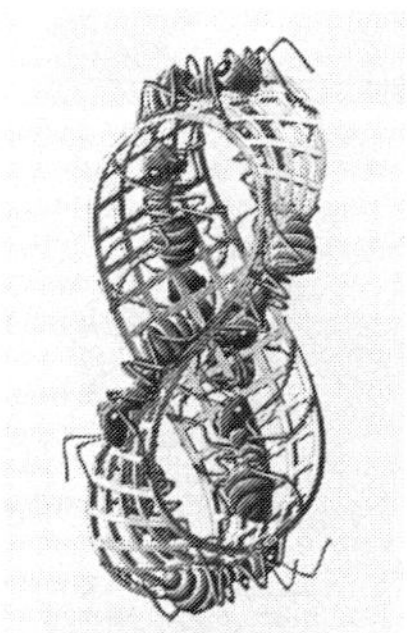

뫼비우스 띠와 마찬가지로 안과 밖이 구별되지 않는 도형이 있다. 뫼비우스 띠는 3차원 공간에 존재하며 안면과 겉면이 구분되지 않는, 즉 면이 하나뿐인 도형인 반면, 4차원 공간에 존재하여 내부와 외부가 구분되지 않는 입체가 있다. 이 도형은 내부와 외부가 구분되지 않는 입체를 생각해 낸 수학자의 이름을 따서 **클라인 병**이라고 한다. 이 병은 입구에 물을 부으면 물은 다시 흘러 나오게 된다. 클라인 병의 모습을 제대로 보려면 4차원 공간이어야 하며, 3차원 공간에서는 존재하지 않는 이상한 병이다.

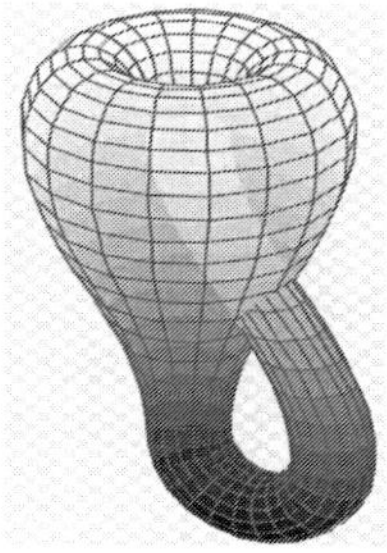

한편 두 개의 뫼비우스 띠의 경계를 붙이면 클라인 병이 만들어진다. 또 클라인 병은 밑면과 윗면이 뚫려 있는 원기둥을 꼬아서 붙여 만드는데, 윗면이 옆면을 뚫고 들어가서 밑면에 붙은 모양의 병이 된다.

# (2) 프랙털

생각열기

## 프랙털나무

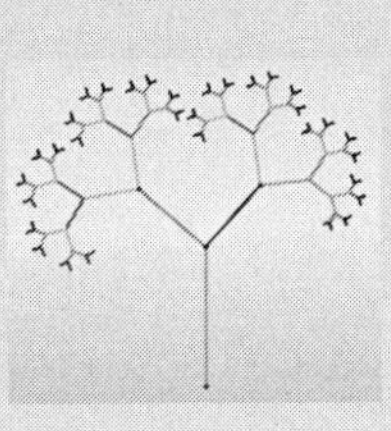

다음과 같이 자라는 프랙털 나무의 높이는 얼마인가? 총 길이는 얼마인가?

처음에는 1m 자라고, 두 번째는 가지 끝에서 두 가지가 직각을 이루면서 각각 $\frac{1}{2}$m씩 자라고, 세 번째는 두 번째의 각 가지 끝에서 두 가지가 직각을 이루면서 각각 $\frac{1}{4}$m씩 자라고, …

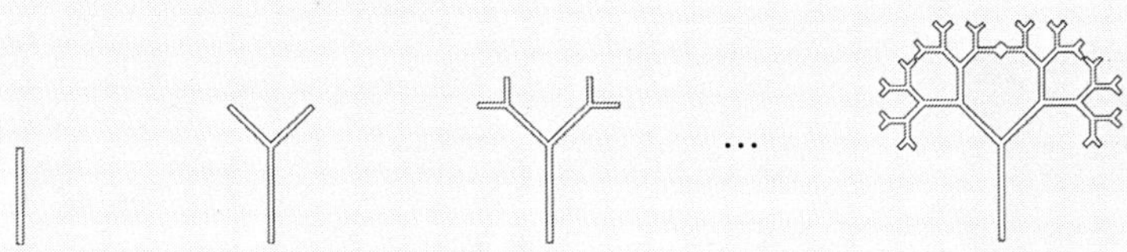

우리나라 남해안은 해안선이 들쭉날쭉한 리아스식 해안이다. 이 해안선은 일부를 확대해 보면 전체의 모양이 나타난다. 나뭇가지나 나뭇잎도 일부를 확대하여 보면 전체와 같은 모양이 나타나며, 어떤 구름은 일부를 확대하면 전체의 모양이 보인다.

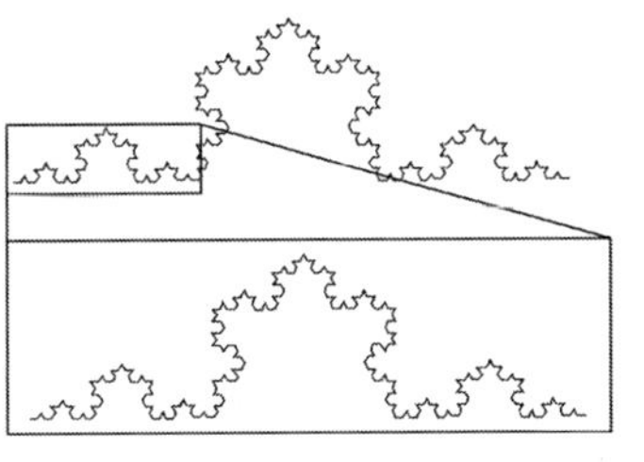

도형의 일부를 확대한 것이 전체와 같은 모양의 도형이 될 때, 자기닮음(self-similarity)이라 하고, 그런 도형을 **프랙털**(fractal)이라 한다. 프랙털 모양은 복잡한 해안선, 구름, 나무, 눈, 고사리, 혈관, 뇌, 신경망, 입자의 브라운 운동 등 자연이나 인간에게서 많이 볼 수 있다.

프랙털은 나뭇가지와 같이 부분이 전체를 닮은 도형이다.

⇧ 만델브르

프랙털은 부서진 상태 또는 조각을 뜻하는 말이다. 프랙털 도형은 무한히 세분되어 길이가 무한하고 도형의 일부가 전체를 닮은 특징이 있다. 프랙털 개념은 칸토르 곡선에서 시작되었으나 프랙털 이론의 시초는 1975년 만델브로트 집합이다. 복소수를 이용하면 상상조차 힘든 만델브로트 집합을 그릴 수 있는데, 이 집합의 일부를 확대하면 그 안에 만델브로트 집합이 숨어 있다. 이러한 프랙털이론은 소수 차원의 프랙털 차원을 정의할 수 있게 하였고, 프랙털 차원은 모순으로만 여겨졌던 많은 문제를 해결하였다.

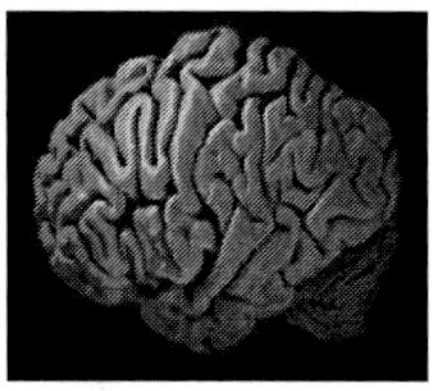

뇌
(약 2.7차원)

〈칸토르 곡선〉

먼저 길이가 1인 선분을 삼 등분한 후 가운데 부분을 잘라낸다. 다음에는 남은 두 선분을 각각 삼 등분한 후, 각각의 가운데 부분을 잘라낸다. 이러한 과정을 무한히 계속하여 얻어지는 곡선을 **칸토어 곡선**이라 한다.

무한등비급수에 의해, 잘라낸 선분의 길이의 합은 1이므로, 무수히 많은 점들의 집합인 칸토어 곡선의 길이는 0이다. 또한 칸토어 곡선의 프랙털 차원은 약 0.63이고, 차원이 1보다 작기 때문에 길이를 갖지는 못한다.

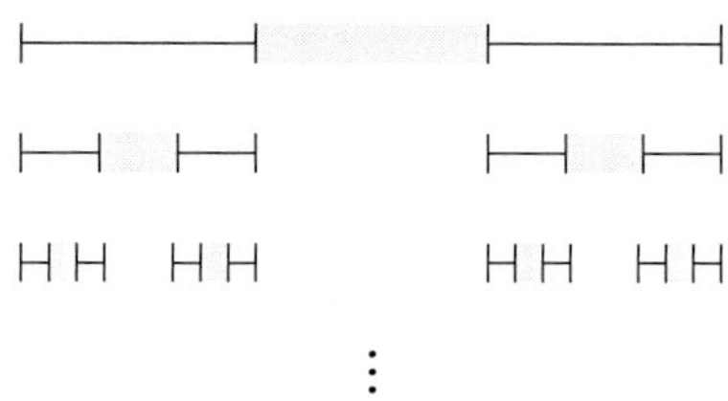

⇧ 코흐

〈코흐 눈송이 곡선〉

곡선의 모양이 눈의 결정체와 비슷한 **코흐 눈송이 곡선**은 부분이 전체 모양과 닮은 프랙털 도형이다.

먼저 정삼각형의 각 변을 삼등분하고 각각의 가운데 선분을 한 변으로 하는 작은 정삼각형을 붙인 후, 그 가운데 선분은 없앤다. 다음에는 전 단계에서 만들어진 도형의 각 변을 삼등분하고 각각의 가운데 선분을 한 변으로 하는 작은 삼

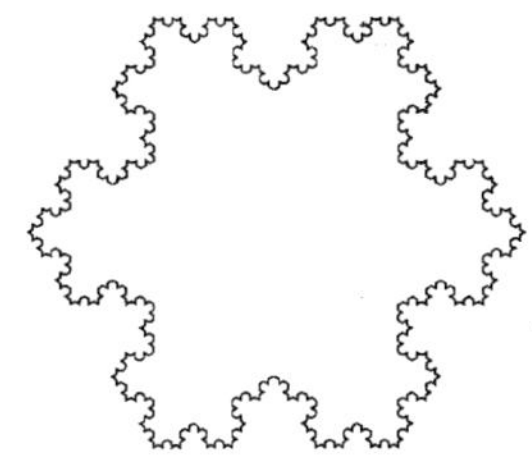

각형을 붙인 후, 그 가운데 선분은 없앤다. 이러한 과정을 무한히 계속하여 얻어진 코흐 눈송이 곡선은 영역의 넓이는 유한하지만 경계선인 둘레의 길이는 무한하다는 성질을 갖는다.

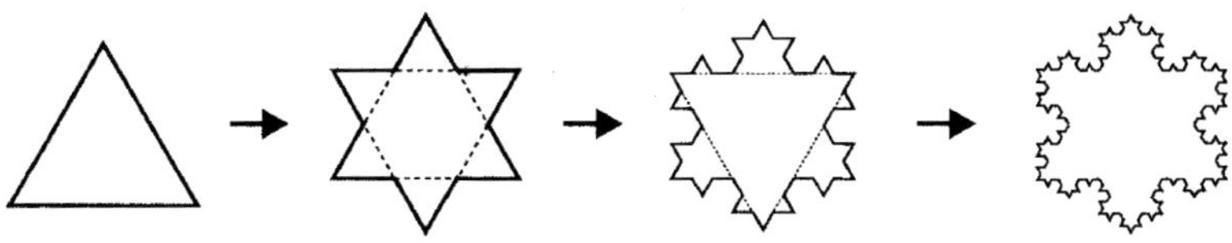

〈시어핀스키 삼각형〉

먼저 정삼각형을 합동인 4개의 정삼각형으로 분할한 후, 가운데 정삼각형을 제거한다. 다음에는 남은 3개의 정삼각형을 각각 합동인 4개의 정삼각형으로 분할한 후, 각각의 가운데 정삼각형을 제거한다. 이러한 과정을 무한히 계속하여 얻어지는 도형을 **시어핀스키 삼각형**이라 한다.

시어핀스키 피라미드

**more / 쉼터** **프랙털**

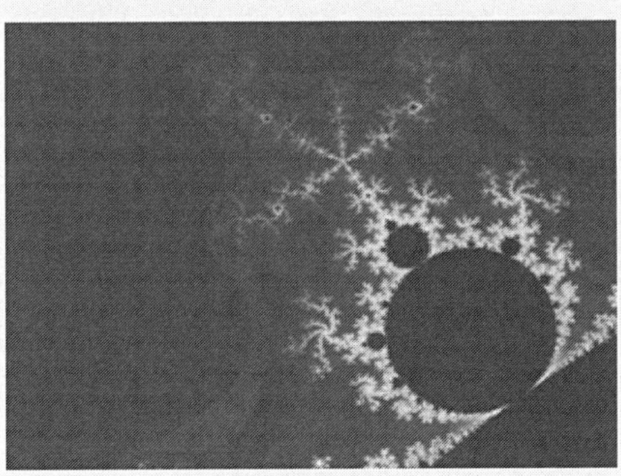

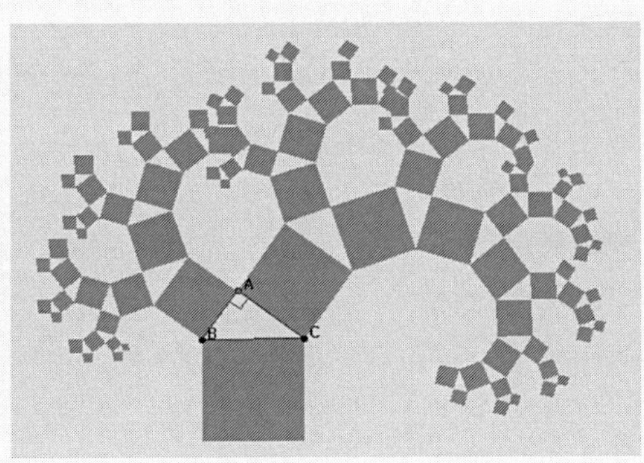

**more / 쉼터** **테셀레이션 이야기**

욕실 바닥의 타일처럼 평면이나 공간을 빈틈이나 겹침이 없이 덮는 것을 테셀레이션(tessellation)이라 한다. 거리의 보도블럭, 상품의 포장지, 한국의 전통문양 등에서 찾을 수 있는 반복되는 무늬가 곧 테셀레에션이다.

테셀레이션은 라틴어에서 유래된 말이며, 로마시대 모자이크에 사용되던 정사각형 모양의 타일을 뜻하는데, 이슬람의 벽걸이, 융단, 그리고 건축물에서 쉽게 발견할 수 있다. 테셀레에이션이 가능한 정다각형은 정삼각형, 정사각형, 정육각형뿐이지만, 그 기법이 다양해지고 있으며, 아름다운 바닥 꾸미기에 많이 활용된다.

우리는 인터넷에서 테셀레이션을 많이 찾아볼 수 있으며, 컴퓨터 프로그램을 사용하면 테셀레이션을 쉽게 만들 수 있다. '테셀매니아' 또는 'Tess'는 도형의 평행이동, 회전이동, 선대칭이동 및 합성변환을 이용하여 아름다운 테셀레이션을 만들 수 있는 프로그램이다.

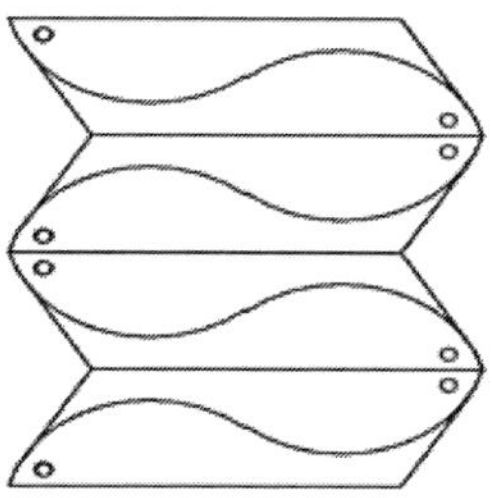

**more / 쉼터** **카오스 이야기**

카오스(chaos)이론은 18세기 말 기상현상을 방정식으로 설명한 푸앵카레의 아이디어에서 시작되었다.

어느 날 아프리카 한 마을에서 나비 한마리가 날개짓을 한 것이 몇 달 후에는 한국에 비가 오게 할 수도 있다는 것이 카오스이론 중의 '나비효과'이다. 특히 기상현상은 민감하기 때문에 초기값의 작은 차이가 맑은 날과 소나기의 차이를 만들어 낼 수 있다는 것이 카오스이론이다. 카오스이론은 주가의 오르고 내림이 심한 주식시장에도 적용되어 경제학자들의 관심을 끌었으며, 실제로 단기주가 예측에 이용되어 왔다.

카오스란 말은 완전히 무질서하고 혼돈된 상태를 뜻하며, 불규칙적인 운동으로 인하여 전혀 예측할 수 없는 상태를 의미한다. 따라서 카오스 현상은 초기조건에 민감하게 의존한다. 다시 말하면, 초기 조건에서의 작은 차이가 마지막 현상에서는 매우 큰 차이를 만들 수 있다. 이와 같이 초기의 작은 오차가 나중에 엄청난 오차를 만들어 낸다면 우리는 예측을 할 수 없으며, 뜻밖의 현상을 맞게 된다.

카오스의 예로는 기상현상, 태풍진로, 유체흐름, 입자들의 움직임, 지진 등이 있으며, 심장박동, 냄새, 시각, 신경회로망, 전염병 등도 있다. 또한 폭동이나 전쟁 등 심리학과 사회학에서도 카오스 현상을 찾을 수 있다.

## 7-2 돌·아·보·기

**1. (고교) 코흐 눈송이 곡선**

코흐 눈송이 곡선의 각 단계에서 만들어진 도형의 둘레를 $p_n$, 넓이를 $s_n$ 이라 하면, 다음이 성립함을 보여라.

$$p_1 = 4,\ p_n = 3 \cdot \left(\frac{4}{3}\right)^n,$$

$$s_1 = \frac{\sqrt{3}}{4} + \frac{\sqrt{3}}{12},\ s_n = \frac{\sqrt{3}}{4} + \frac{3\sqrt{3}}{20}\left\{1 - \left(\frac{4}{9}\right)^n\right\}$$

또 눈송이 곡선은 넓이는 유한하지만, 둘레는 무한함을 보여라.

**2. (대학) 시어핀스키 카펫**

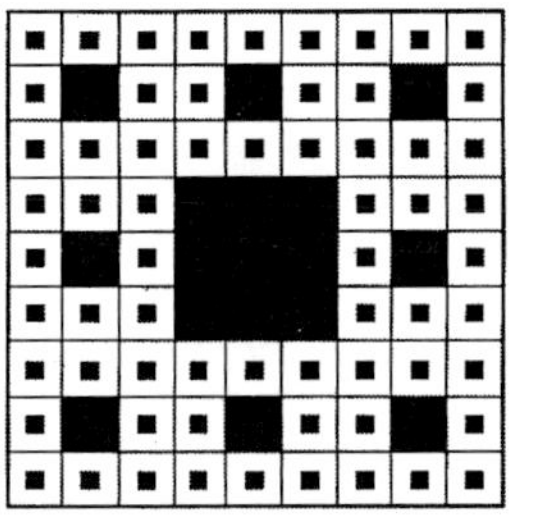

한 변의 길이가 1인 정사각형을 합동인 9개의 정사각형으로 분할한 후, 가운데 정사각형을 색칠한다. 다음에는 남은 8개의 정사각형을 각각 합동인 9개의 정사각형으로 분할한 후, 각각의 가운데 정사각형을 색칠한다. 이러한 과정을 무한히 계속할 때, 색칠되지 않은 넓이는 얼마인가?

**3. (역사) 페아노 곡선**

다음 페아노 곡선의 특징을 이야기해 보자.

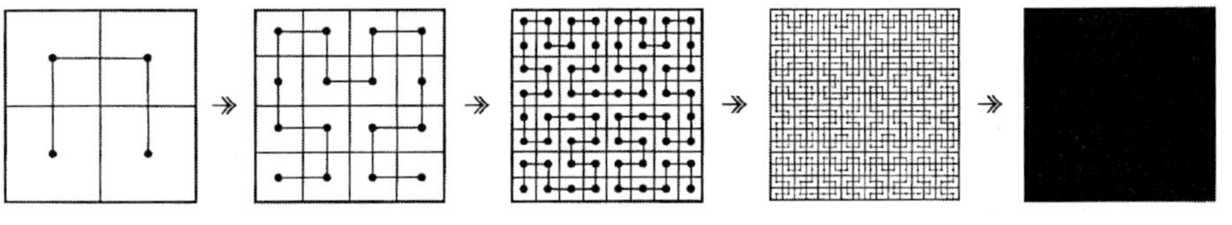

**4. (컴퓨터) 수학프로그램**

인터넷 사이트에서 아름다운 프랙털 도형을 관찰해 보자.

또 프랙털 탐구 프로그램을 사용하여 프랙털 도형을 그려보자.

1601 – 페르마 – 확률에 대한 수학적 이론의 창시자
1623 – 파스칼 – 확률론 창시, '파스칼 삼각형' 소개
1654 – 야곱 베르누이 – 최초로 수학적 확률 연구
1667 – 요한 베르누이 – 확률과 미분방정식 연구
1667 – 드 무아브르 – 연금 계산을 위해 확률을 통계학에 이용
1707 – 뷔퐁 – '바늘문제' 소개
1736 – 라그랑주 – 확률 연구
1749 – 라플라스 – 고전확률론에 공헌, 〈확률론〉 저술
1781 – 푸아송 – 근대확률론의 기초 확립, '푸아송 분포' 소개
1821 – 체비쇼프 – 오차연구, '체비쇼프 부등식' 소개
1857 – 피어슨 – 기술통계학과 생물통계학 연구
1882 – 시어핀스키 – '시어핀스키 삼각형' 연구
1890 – 피셔 – 현대 추측통계학의 창시자
1903 – 콜모고로프 – 공리론적 확률론에 공헌

# Chapter 8. 확률론과 통계학의 세계

역사적으로 볼 때, 확률이론은 가능성을 예측해야하는 도박장에서 시작되었고 통계이론은 국가의 재정 확보를 위한 세금계산에서 시작되었다. 최선의 선택을 하기 위해서는 여러 가지 경우의 확률을 계산해야 하므로, 확률이론은 현명한 선택을 위한 기초가 된다. 또한 성적, 물가지수, 경제성장률, 평균수명 등 자료들을 정리하고 분석하면 상황을 미리 예측하고 효과적으로 대처할 수 있는 데, 이때 통계이론이 필요하다.

확률론과 통계학의 세계에서는 확률과 통계의 역사적 배경을 알아보고, 생활 속의 확률 이야기와 생활 속의 통계 이야기를 다룬다.

확률론과 통계학은 응용수학의 한 분야로 발전되었으며, 오늘날에는 정보통신, 일기예보, 보험, 유전문제 등 일상생활뿐 아니라 자연과학, 경제, 사회, 의학, 공학 등  쓰이지 않는 분야가 없다고 해도 과언이 아니다.

# 확률론과 통계학의 세계

8-1 확률 이야기

8-2 통계 이야기

# 8

# 8-1 확률 이야기

■ 쫑·알·쫑·알 – 도박과 확률론의 탄생

**사건이 일어날 가능성을 예측하는 확률이론은 도박장에서 시작되었다.**
**도박사들은 파스칼에게**
**"게임을 하다가 도중에 중단되었을 때, 돈을 어떻게 나누어야 하는가?"**
**라는 질문을 했고, 파스칼은 페르마와 편지를 주고받으며 논쟁하였다.**

■ 살·펴·보·기

우리는 살아가면서 수없이 많은 선택의 순간을 맞이한다. 최선의 선택을 하기 위해서는 여러 가지 경우에 대하여 손익을 계산해야 하는데, 이때 합리적이고 체계적으로 사고한다면 더 나은 선택을 할 수 있다. 일상생활에서 많이 부딪치는 문제 중 하나는 여러 가지 경우의 확률을 구하는 것이며, 순열과 조합, 경우의 수를 세는 방법과 더불어 확률이론이 발전하였다.

확률개념이 생겨난 것은 17세기이며, 파스칼과 페르마가 주고받은 편지가 주사위와 트럼프 문제를 다룬 데서 시작되었다. 한편 파스칼이 연구한 파스칼 삼각형은 경우의 수에 관한 문제를 이론적으로 확립하는 계기가 되었다.

수학의 한 분야로 자리잡게 된 확률론은 오늘날 정보통신, 일기예보, 보험문제, 유전문제 등 많은 분야에서 활용되고 있다.

# (1) 확률의 역사

확률의 역사는 중세의 도박문제에서 비롯되었으며, 확률문제가 문헌에 처음으로 나타나는 것은 15세기 말이다. 이탈리아의 수도사 파촐리는 1487년에 출판한 책에서 'problem of points'라고 불리는 도박문제를 소개하였다. 이것은 능력이 같은 두 사람이 상금을 걸고 경기를 하다가 중단했을 때, 그때까지의 득점과 앞으로의 득점을 예상하여 상금을 합리적으로 분배하는 방법을 다룬 문제이다. 이러한 문제는 여러 사람에 의하여 연구되었으나 카르다노에 의하여 수학적으로 다루어졌으며, 문제해결에 크게 기여한 사람은 파스칼과 페르마이다.

또 1654년에 파스칼의 친구인 도박사는 **'드 메레의 문제'**로 알려진 문제를 파스칼에게 물었고, 파스칼은 이 문제를 페르마에게 편지로 알렸다. 파스칼과 페르마의 편지교류가 확률론의 실질적인 출발점이 되었지만, 카르다노가 이미 생각하고 있었던 문제였다. 1657년에 호이겐스는 이들의 편지교류에 자극을 받아 논문 〈주사위 게임에 관한 추론에 대하여〉를 출판하였다.

파스칼(Pascal, B., 1623 - 1662, 프랑스)

언어와 문학 중심의 교육을 받은 파스칼은 몰래 수학공부를 했으며, 몸이 허약하여 39세의 짧은 생애 동안 육체적 고통속에서 지냈다. 16살에 발표한 한 장짜리 논문 '원뿔곡선에 관한 소고'에는 '파스칼 육각형'과 사영기하 정리들이 있으며, '파스칼 삼각형'이 나타나는 논문 '산술삼각'과 '원뿔곡선의 일반화'도 있다.

그는 최초의 디지털 계산기 발명했으며, 유체의 압력에 관한 '파스칼의 원리'도 발견했다. 또한 페르마와 주고받은 편지에서 확률론의 기초를 다졌다.

파스칼은 명상록(Pensees)'으로 유명하지만, 말년에는 병고에 시달렸으며, 수학문제를 풀며 고통을 잊었다고 한다.

## 드 메레의 문제

같은 능력을 가진 A, B가 32피스톨씩 내어 게임을 하였다. 먼저 3번 이긴 사람이 64피스톨을 가지기로 했는데, A가 두 번 이기고 B가 한 번 이긴 상태에서 게임이 중단되었다.

돈을 어떻게 나누어 가져야 하는가? (단, 각 게임은 비기는 경우가 없다.)

확률론을 창시한 파스칼은 계산기를 처음으로 만들었다.

라플라스(Laplace, P. S., 1749 - 1827, 프랑스)

프랑스 혁명 때 미터법을 구축한 라플라스는 저서 〈확률의 해석적 이론〉에서 확률의 정의, 확률의 성질, 확률의 덧셈정리, 곱셈정리 등 고전확률론을 확립했다. 또 미분방정식과 행렬론을 연구하여 라플라스 변환, 라플라스 전개를 소개하였다. 천체역학에도 뛰어난 라플라스는 저서 〈천체역학〉에서 포텐셜 함수와 라플라스 방정식을 도입하였다.

드 메레의 문제에서 A가 먼저 3번 이길 확률은 $\frac{1}{2}+\frac{1}{2}\cdot\frac{1}{2}=\frac{3}{4}$이므로 A의 기댓값은 $64\times\frac{3}{4}=48$(피스톨)이고, B의 기댓값은 64 - 48 = 16(피스톨)이다.

**확률론**(probability)은 17세기에서 18세기에 걸쳐 프랑스에서 베르누이, 드 무아브르, 라플라스 등에 의하여 급속히 발전하였다. 그 결과, 우연히 일어나는 현상을 수학적으로 처리하는 방법이 개발되었다.

베르누이는 뉴턴이 발견한 이항정리를 $n$이 양의 정수인 경우에 조합이론을 써서 증명하였으며, 라플라스는 확률이론과 관련된 적분 $\int_0^\infty e^{-x^2}dx=\frac{\sqrt{\pi}}{2}$와 정규분포곡선도 다루어, 후에 가우스의 확률분포곡선 연구의 기초를 제공했다.

또 19세기 초, 라플라스는 고전적 확률론의 체계를 확립하였다.

## 확률의 정의

시행에서 일어날 수 있는 모든 경우가 $n$가지이고, 각각의 경우는 같은 정도로 확실할 때(equally likely), 사건 $A$가 일어날 경우가 $r$가지이면, 사건 $A$가 일어날 확률은 $\frac{r}{n}$이다.

이 정의는 **수학적 확률**이라고 부르는데, 일어날 수 있는 모든 경우의 수가 무한인 경우에는 확률을 정의할 수 없다는 문제가 있다. 또 'equally likely'라는 것은 확률이 같다는 뜻인데 확률을 이용하여 확률을 정의한다는 것은 있을 수 없다는 비판도 있다. 수학적 확률과는 다르게, 상대도수의 극한으로 정의되는 경험적 확률, 또는 **통계적 확률**이 나타나게 되었다.

확률론은 결국 수로 표현된 상식에 불과하다. – 라플라스 야곱 베르누이는 확률론에 크게 공헌을 했으며, 저서 〈추측술〉에서 확률계산이 논리성을 가지게 하였다. 또 야곱은 체비세프와 함께 시행 횟수를 늘려가면, 어떤 사건이 일어나는 통계적 확률은 수학적 확률에 한없이 가까워진다는 **큰 수의 법칙**을 발견했다.

### 큰 수의 법칙

어떤 시행에서 사건 A가 일어날 수학적 확률을 $p$라고 하자. $n$회의 독립시행에서 사건 $A$가 일어나는 횟수를 $r$라 하면, 임의의 $\varepsilon$에 대해서 $\lim_{n\to\infty} P\left(\left|\frac{r}{n}-p\right|<\varepsilon\right)=1$이 성립한다.

20세기 초에 이르러서는 확률론 자체의 발전은 물론, 통계물리학의 발전, 은행 및 보험에 확률론의 활용 등으로 확률이론의 재평가와 논리적인 바탕을 정립해야 할 필요성을 느꼈다. 이것은 1900년에 힐베르트가 확률론의 공리적 기초를 묻는 힐베르트 문제를 낳았으며, 콜모고로프가 부분적으로 해결함으로써 공리적 정의가 확립되었다. 이와 같이, 확률의 공리적 구성으로 확률론은 수학의 한 분야로 정착되고, 그 활용 범위가 급속히 확대되었다.

⇧ 뷔퐁

도형의 넓이나 길이를 이용하는 최초의 기하학적 확률인 **뷔퐁의 바늘문제**를 알아보자. 이것은 1777년 프랑스의 백작 뷔퐁에 의해 제기되고 라플라스가 확장한 문제로, 바늘을 던져서 $\pi$의 근삿값을 구하는 문제이다.

## 뷔퐁의 바늘문제

간격이 바늘의 길이와 같은 평행선을 여러 개 긋고 그 위에 바늘을 던질 때, 바늘이 선과 만날 확률은 $\dfrac{2}{\pi}$ 이다.

길이가 2인 바늘의 중심에서 가장 가까운 선까지의 거리를 $x$, 바늘이 선과 이루는 각을 $\phi$라고 하면, 바늘이 선과 만나는 경우는 $x \leq \sin\phi$ 이다.

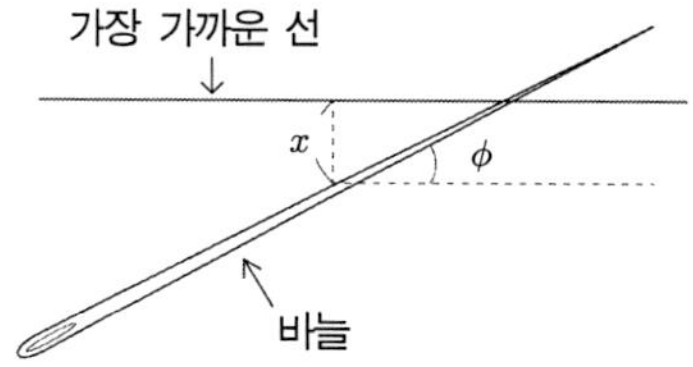


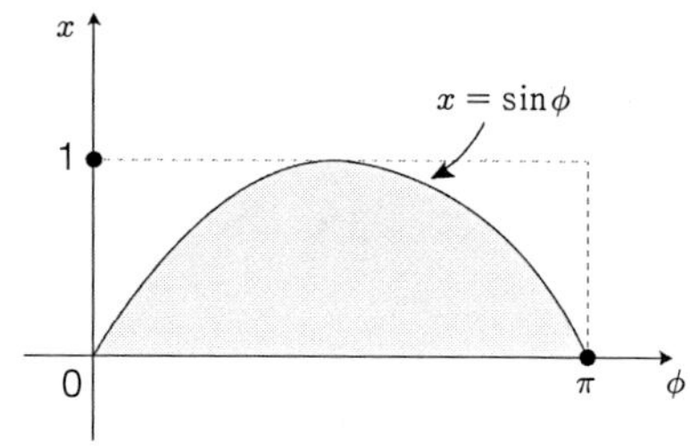


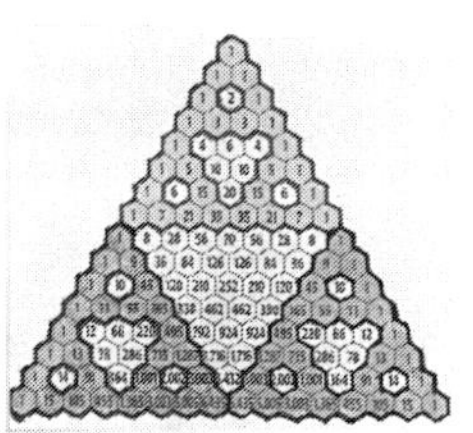
파스칼 삼각형과 프랙털

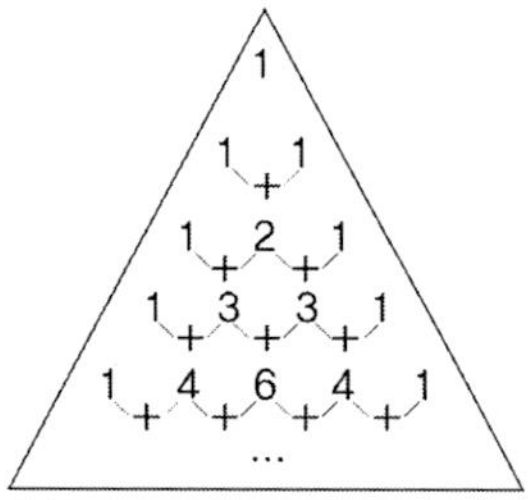


$(a+b)^0 = 1$
$(a+b)^1 = a+b$
$(a+b)^2 = a^2+2ab+b^2$
$(a+b)^3 = a^3+3a^2b+3ab^2+b^3$
$(a+b)^4 = a^4+4a^2b+6a^2b^2$
$\quad +4ab^2+b^4$

$\int_0^{\pi} \sin\phi \, d\phi = 2$이고, 직사각형 넓이는 $\pi$이므로

$$\frac{(\text{선과 만난 바늘 개수})}{(\text{바늘의 총 개수})} = \frac{2}{\pi}$$

이다. 예를 들어, 200개의 바늘을 던질 때 선과 만난 바늘이 124개이면 $\pi = \dfrac{2 \cdot 200}{124} \fallingdotseq 3.226$이다. 한 수학자는 3400개의 바늘을 던져서 $\pi \fallingdotseq 3.1415929$를 얻었다고 한다.

### more / 쉼터 파스칼 삼각형

이항계수들을 차례로 나열하면 흥미로운 삼각형을 얻는다. 이 삼각형은 파스칼이 처음 생각한 것은 아니지만, 파스칼이 구체적으로 연구하고 일반화하였다.

중국의 주세걸이 1303년에 지은 〈사서옥감〉에도 $(a+b)^8$ 까지의 이항계수가 삼각형의 꼴로 실려 있다.

# (2) 생활 속의 확률

생각열기

**생활 속의**
**확률**

이상한 : 장미야, 우리 과 학생 중 애지와 중지는 생일이 같아.

이상해 : 거참, 신기한 일이다. 애지와 중지는 천생연분이네.

나정석 : 우리 과는 35명이니까, 모두 생일이 다를 확률은

$$\frac{365}{365}\times\frac{364}{365}\times\frac{363}{365}\times\cdots\times\frac{331}{365}\fallingdotseq 0.187$$

이고, 생일이 같은 두 학생이 있을 확률은 약 1-0.187=0.813이란다.

이상해 : 뭐라구? 나랑 생일이 같은 친구가 있을 확률이 80% 이상이야?

우리 과에서 내 짝도 찾아야겠다!

이상한 : 이상한데??

우리는 어느 모임에서 생일이 같은 두 사람을 만나면 신기함을 느낀다. 일년은 365일이기 때문에 생일이 같은 두 사람을 찾기란 거의 불가능할 것 같다. 그러나 계산에 의하면 25명만 모여도 생일이 같은 두 사람이 있을 확률은 50% 이상이다. 생활에서 자주 사용되는 확률은 오해하기 쉬운 수치이기도 하다. 위에서 35명 중 생일이 같은 두 사람이 있을 확률이 80% 이상이라는 뜻이지. 결코 어느 한 사람을 정해놓고 그 사람과 생일이 같은 사람이 있을 확률이 80% 이상임을 뜻하지는 않는다. 실제로 이상해와 생일이 같은 사람이 있을 확률은 $34\cdot\frac{1}{365}$ $\fallingdotseq 0.09$이므로 10%도 못된다.

한편 확률은 생활에서 생기는 갈등을 명쾌하게 설명해주고 합리적인 결정을 할 때에 반드시 필요하다.

**예제** 10개의 제비 중에 3개의 당첨 제비가 있을 때, 먼저 뽑는 것이 유리할까?

**풀이** 제비뽑기는 뽑은 제비를 다시 넣는 복원추출법과 넣지 않는 비복원추출법이 있다. $A$가 먼저 뽑고 $B$가 나중에 뽑는다고 가정하고, $A$와 $B$가 당첨될 확률 $P(A)$와 $P(B)$를 계산해 보자.

복원추출일 때는 $P(A)=P(B)=\frac{3}{10}$이다.

비복원추출일 때는 $P(A)=\frac{3}{10}$이지만, $B$가 당첨되는 경우는 $A$가 당첨되고 $B$도 당첨되는 경우와 $A$는 떨어지고 $B$가 당첨되는 경우가 있으므로 $P(B)=\frac{3}{10}\cdot\frac{2}{9}+\frac{7}{10}\cdot\frac{3}{9}=\frac{3}{10}$이다. 결국 복원추출이든 비복원추출이든, 먼저 뽑든 나중에 뽑든 관계없이 당첨될 확률은 같다.

우리는 찬성률, 시청률, 비올 확률 등 자주 확률을 접한다. 그러나 확률은 전체 대상을 정확하게 알지 않으면 오해를 불러일으키기 쉽다.

어느 TV 드라마의 시청률 50%의 의미는 100가구 가운데 50가구가 그 드라마를 시청한다는 뜻일까? 아니면 100가구 중 50가구가 TV를 시청하고 있는데, 그 중 25가구가 그 드라마를 보고있다는 뜻일까? 확실한 것은 시청률 20%인 TV 토론보다는 그 드라마가 인기가 있다는 것이다.

오늘 비올 확률이 10%라고 할 때에도 혼란을 겪을 수 있다. 도대체, 하루 24시간 중에서 2시간 정도 소나기가 퍼붓는다는 뜻인지, 약한 보슬비가 하루 종일 내린다는 뜻인지, 우리는 대부분 적당히 이해하는 경우가 많지만 정확한 정의를 알아야 할 때도 많음을 명심하자.

## 8-1 돌·아·보·기

### 1. (역사) 드 메레의 실수

(1) 한 개의 주사위를 4번 던져서 6이 한 번 나오면 이기는 도박에서는 던지는 사람이 유리함을 보여라.

(2) 도박사 드 메레는 이 문제를 주사위 두 개를 던지는 문제로 확장했다.

> 두 개의 주사위를 던져 모두 6이 나오면 이기는 도박에서
> $4 \times 6 = 24$(번) 던지면, 던지는 사람이 유리하다.

그러나 던지는 사람이 손해였다. 왜일까?

### 2. (게임) 필승전략

> 19개의 동전이 있다. 두 사람이 교대로 1개, 2개, 3개를 가져가는데,
> 마지막으로 동전을 가져가는 사람이 지는 게임이다.

이 게임에서 내가 반드시 이길 수 있는 전략은 무엇인가?

### 3. (생활) 생활 속의 확률

비올 확률이 10%라고 할 때, 10%의 정확한 의미는 무엇인가?

## ■ 알·쏭·달·쏭 – 당연히…

> 수학은 당연한 대답도 놓치지 않는다.

오늘 정오에 비가 내렸다.

60시간 후에 햇빛이 비치는 맑은 날씨가 될 확률은 얼마인가?

답 나의 생각은 : 60시간 후는 자정이므로, 당연히 확률은 0이다.

# 8-2 통계 이야기

## ■ 쫑·알·쫑·알 – 미묘한 평균

**지수 : 다섯 과목을 시험보았는데, 국어, 영어의 평균은 60점이고,**
**사회, 과학, 수학의 평균은 80점이야.**
**다섯 과목의 평균은 얼마일까?**

**가수 : 그야,** $\frac{60+80}{2}=70$ **점이지.**

**진수 : 아니야,** $\frac{60\cdot 2+80\cdot 3}{5}=72$ **점이야!**

## ■ 살·펴·보·기

우리는 일상생활에서 성적, 물가지수, 경제성장률, 평균수명 등 방대한 자료를 접하게 된다. 이러한 자료를 체계적으로 정리하면 유용한 정보를 얻을 수 있을 뿐 아니라, 복잡한 상황을 미리 예측하고 효과적으로 대처할 수 있다.

통계이론은 17세기 독일에서 국가 재정 확보를 위한 수단으로 연구되었으나, 오늘날에는 모든 분야에서 중요하게 활용되고 있다.

통계학에는 자료를 분류하고 정리하여 통계처리하는 기술통계학과 전체집단에서 표본을 추출하여 전체집단의 성질을 추정하는 추측통계학이 있다. 피어슨은 기술통계학을 확립하였고, 피셔는 전체를 조사하기 어려운 경우 가설검정 이론을 세워 추측통계학을 확립하였다.

## (1) 통계의 역사

통계이론은 17세기에 독일, 영국, 프랑스 등에서 발생하였으며, 국세조사나 인구조사와 같이 국가의 현황 파악을 위한 것이었다. 오늘날 우리가 사용하는 의미의 **통계학**(statistics)은 19세기 말에 확립된 것이다.

독일에서는 콘링, 아켄웰 등이 대학에서 국세학을 강의하였다. 이들은 정치, 경제, 토지, 인구 등 국가적인 상황을 기술하고 국가가 얼마만큼의 부를 가지고 있는가를 정확히 파악하려 하였으므로, 국세학파라고 부른다. 이 학파는 수치보다는 관념적으로 현상을 파악하는 것이 특징이다.

한편 영국에서는 그랜트, 페티 등에 의하여 정치산술학파가 형성되었다. 그랜트는 1662년 저서 〈사망표에 관한 자연적, 지역적 관찰〉에서 교회의 기록을 근거로 사망표를 작성하고, 남녀의 수, 결혼상황 등을 기록, 정리, 비교함으로써 수치에 입각하여 사회현상의 규칙성을 발견하였다. 페티는 그랜트의 연구를 발전시켜 인구통계학을 만들고, 지구의 인구를 3억 6천만이라고 추정하였다.

확률론의 선구자인 드 무아브르는 통계학에서도 확률적분과 정규곡선을 처음으로 취급했고, 〈수명에 따른 연금〉은 보험통계학에 기여했다. 한편 이항분포를 근사시켜 정규분포를 얻는 방법인 스털링공식은 스털링이 아니라 드 무아브르가 발견한 것이다.

뫼비우스는 통계학에 새로운 방법을 도입하여 1837년 〈통계연구〉에서 통계학을 기하학적으로 다루었다. 또한 가우스는 학창 시절에 이항정리, 산술평균과 기하평균, 소수론과 보데의 법칙 등을 발견했고, 가우스분포를 소개하는 등 현대통계학의 기초를 다졌다.

통계학은 국세조사, 인구조사 등 국가의 현황 파악을 위해 탄생되었다.

피어슨

국세학파의 이론과 정치산술학파의 자료를 이용하여 확률론에 기초를 둔 통계학이 싹튼 것은 19세기 초였다. 케틀레는 확률론에 입각한 통계학을 체계화하여 근대통계학의 기틀을 마련하였다. 골턴은 다윈의 '종의 기원'의 영향을 받아 유전학의 통계적 연구에 몰두하였고, 변수 사이의 관계를 연구하여 현대통계학의 한 분야인 회귀분석의 기초를 닦았다. 골턴의 연구를 계승한 피어슨은 생물학, 우생학, 유전학 등을 통하여 통계적 연구 방법을 확립하였으며, 그 결과 오늘날의 **기술통계학**의 기초가 확립되었다.

이때까지의 통계학은 모두가 많은 양의 관측한 값을 얻을 수 있다는 것을 전제로 한 대표본 이론에 의한 추론이었다. 따라서 많은 양의 자료를 얻을 수 없는 경우에는 추론이 어려웠다. 그러나 1906년 고세트는 소표본 이론인 $t$-분포를 발견하였고, 피셔는 농산물의 생산성이나 여론조사와 같이 전체자료를 조사하기 어려운 경우 표본집단의 특성을 추정하고 검정하는 **추측통계학**을 만들었다. 한편 피셔는 가설검정법의 선구자이며, K. 피어슨의 아들 E. 피어슨과 폰 노이만은 현대적인 가설검정 이론을 확립하였다.

21세기에 통계학은 순수수학과 컴퓨터의 발달에 힘입어 크게 발전하고 있다. 오늘날에는 대량생산에서의 품질관리, 시장조사, 여론조사에 통계적 방법이 적용되고, OR(operation's research), 선형계획법, 게임이론, 정보이론 등의 연구와 행정관리, 경영관리 등의 사무자동화에서도 통계학은 중요한 역할을 하고 있다.

피어슨은 생물학, 유전학 등을 통계적으로 연구하였다.

## (2) 생활 속의 통계

생각열기

**평균 월급과 내 월급**

3년 동안 근무한 두 사람의 대화이다. 이런 일이 가능할까?

허풍만 : 우리 회사 월급 평균은 500만원이나 되는 데,
내 월급은 겨우 100만원이야.

진실한 : 우리 회사 월급 평균은 겨우 300만원인 데,
내 월급은 처음부터 250만원이었어.

위에서 허풍만씨 회사의 월급은 아마도 사장 5000만 원, 부사장 3000만 원, 그러나 평사원은 100만 원 이하인 불합리한 체계이고, 진실한씨 회사의 월급은 사장부터 평사원까지 차이가 크지 않은 체계일 것이다.

통계는 정보사회에서 불확실한 현상을 분석하여 합리적인 의사결정을 하는데 중요한 정보를 제공한다.

전국민의 여론을 조사할 때, 비용과 시간이 많이 들기 때문에 일부를 조사하여 전체 여론을 추정하는데, 이와 같이 표본에 의하여 모집단의 통계적 성질을 추정하는 것을 추측통계라 한다. 한편 얻어진 자료를 분류, 정리하여 통계적 처리를 하는 것을 기술통계라 하는 데, 통계적 처리로는 도수분포표, 대표값, 산포도, 상관도 등이 있으며, 중요하게 쓰이는 대표값으로는 평균과 표준편차가 있다.

예를 들어, 국어, 영어, 수학 세 과목 평균이 모두 50점인 우리와 두리는 성적이 같을까? 평균이 같을지라도 각자의 표준편차를 조사해야 한다. 우리는 세 과목이 모두 50점씩 고른 반면, 두리는 100점, 50점, 0점으로 불안정한 분포일 수 있다.

추측통계는 표본에 의하여 모집단의 통계적 성질을 추정한다.

이항분포와 정규분포를 이용하여, 보험과 관련된 문제를 해결해 보자.

**예제** 생명보험 가입자가 2500명인 새생명보험 회사에서는 보험금을 받지 못할 위험율이 1% 이하이도록 사망보험금을 준비한다. 가입자가 1년동안 사망할 확률이 10%일 때, 몇 명분의 사망보험금을 준비해야 하는가?

**풀이** 사망자 수 $x$는 이항분포 $\mathrm{B}\left(2500, \frac{1}{10}\right)$을 따르고,

$$m = 2500 \cdot \frac{1}{10} = 250,\ \sigma = \sqrt{2500 \cdot \frac{1}{10} \cdot \frac{9}{10}} = 15$$

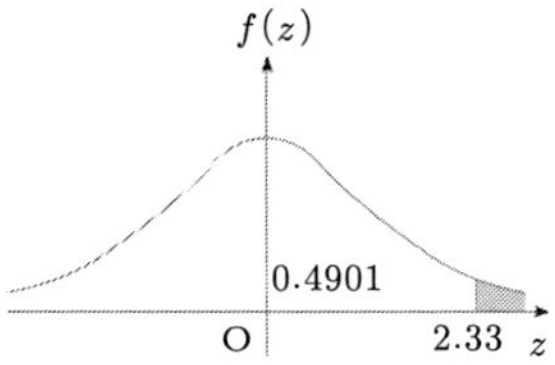


이므로, $x$는 정규분포 $\mathrm{N}(250, 15^2)$을 따른다. 표준정규분포에서 $\frac{x-250}{15} > 2.33$일 확률이 1% 이하이므로 $x \geq 285$에서 285명분 이상을 준비해야 한다.

평균과 표준편차가 다른 두 자료를 비교할 때에는 표준점수를 이용한다.

**예제** 게이츠는 SK.com과 LG.com에서 개최하는 예선대회에 출전하여 각각 270점과 320점을 얻었다. 예선에서 상위 10%가 본선에 진출하는데, 게이츠는 SK.com에서는 본선에 진출했지만 LG.com에서는 진출하지 못하였다. 왜일까?

표준정규분포

| $z$ | $\mathrm{P}(0 \leq Z \leq z)$ |
|---|---|
| 1 | 0.3413 |
| 2 | 0.4772 |

**풀이** SK.com은 평균 210점, 표준편차 30점이고, LG.com은 평균 280점, 표준편차 40점이라 하자. SK.com과 LG.com의 표준점수는 각각

$10\left(\frac{270-210}{30}\right)+50=70$과 $10\left(\frac{320-280}{40}\right)+50=60$이다.

즉, SK.com에서는 상위 약 2.3%, LG.com에서는 상위 약 16%이므로 SK.com에서만 본선에 진출한다.

평균과 표준편차가 각각 다른 두 자료를 비교할 때는 표준점수를 이용한다.

## 8-2 돌·아·보·기

**1. (고교) 표준점수**

수진이의 수학과 영어 성적은 각각 75점, 84점이고, 수진이네반 수학과 영어의 평균은 각각 60점, 80점, 표준편차는 각각 10점, 8점이다.

수진이는 수학과 영어 중 어느 과목을 더 잘한다고 할 수 있는가?

**2. (대학) 정규분포**

회원이 1000명인 학회의 각 회원이 학술대회에 참가할 확률은 60%일 때, 99% 이상이 식사를 하려면 몇 명분의 식사를 준비해야 하는가?

**3. (생활) 평균과 표준편차**

AUTO.com에서는 T.com과 F.com의 엔진으로 자동차를 만든다. 자동차의 보증기간이 3년일 때, 어느 회사의 엔진을 사용하는 것이 유리하겠는가?

| | | | | | | | | | | | |
|---|---|---|---|---|---|---|---|---|---|---|---|
| T.com | 수 명(년) | 10 | 10 | 10 | 11 | 9 | 10 | 10 | 11 | 10 | 9 |
| | 만족도(점) | 86 | 88 | 84 | 89 | 74 | 91 | 82 | 94 | 83 | 76 |
| F.com | 수 명(년) | 17 | 15 | 19 | 3 | 2 | 2 | 25 | 18 | 22 | 0 |
| | 만족도(점) | 93 | 98 | 94 | 62 | 45 | 36 | 100 | 100 | 97 | 10 |

## ■ 알·쏭·달·쏭 – 투표와 수학

수학에서는 비슷해 보이지만, 매우 다른 경우가 많다.

**회원이 1000명인 '산수당'에서 대표 5명을 뽑을 때,**

**반드시 당선되기 위한 최소한의 득표수는?**

답 167표

**회원이 1000명인 '수학당'에서 후보 3명 중에서 회장 1명을 뽑을 때,**

**당선자가 얻을 수 있는 최소의 득표수는?**

답 334표

1845 – 칸토어 – 무한개념을 도입한 집합론의 소개로 현대수학의 기초를 세움
1862 – 힐베르트 – 유클리드기하학의 공리화, 공리주의적 방법론의 선구자
1861 – 화이트헤드 – 〈수학의 원리〉 저술
1872 – 러셀 – '러셀의 역설' 소개, 〈수학의 원리〉 저술
1906 – 괴델 – 수학의 엄밀성 강조, 수학의 형식화에 앞장, '불완전성 정리'로 유명
1930 – 부르바키 학파 – 카테고리 이론 개발, 수학의 구조화 노력

# Chapter 9. 현대수학의 세계

현대수학이란 순수수학의 지식을 기초로 하여 현대사회의 여러 분야에 활용되는 수학을 말한다. 현대수학에는 컴퓨터 관련한 이산수학, 컴퓨터수학, 전산수학, 조합론 등이 있으며, 자연현상의 이해와 복잡한 사회현상 또는 심리학에 활용되는 카오스이론, 카타스트로피이론, 프랙털이론, 매듭이론, 게임이론 등이 있다. 또한 보험수학과 금융수학이 경제에 수학적 이론을 제공해 주고, 정보화사회의 핵심인 암호학, 부호이론 등도 있다.

현대수학의 세계에서는 컴퓨터, 통신 등 실생활 문제에 널리 활용되는 이산수학 이야기를 비롯하여, 정보사회의 열쇠인 암호 이야기, 그리고 현대수학에서 빼놓을 수 없는 컴퓨터수학 이야기를 다룬다.

우리는 현대수학을 바탕으로 한 산업기술의 편리함을 즐기고 있으며, 현대수학은 자연과학과 공학뿐 아니라 경제, 경영, 사회, 의학, 심리학 등 그 활용 범위를 점차로 넓혀 가고 있다.

# 9

# 현대수학의 세계

# 9-1 이산수학 이야기

**이산수학**(discrete mathematics)은 수학의 기본 개념과 전산이론의 기초를 위하여 유한이나 불연속적인 이산적 상황을 수학적 모델로 만들어 해결한다.

따라서 이산수학은 극한, 연속, 미분과 적분 등 연속적인 수학과는 반대로 이산적 성질을 갖는 집합, 관계, 함수 등의 수학적 성질을 연구한다. 역사적으로는 오일러가 그래프이론을 이용하여 이산수학의 개념을 도입하였으나, 이산수학은 20세기에 각광을 받기 시작했다.

일반적으로 물질세계의 수학적 모델은 연속적인 반면에, 정보처리와 같은 비물질의 세계는 이산적이다. 특히 유한적이고 이산적인 컴퓨터의 보급은 이산수학의 발전에 직접적인 동기가 되었으며, 컴퓨터의 계산력 향상과 연구 및 응용분야에는 이산수학의 정리와 문제해결 전략이 중요한 역할을 한다.

이산수학에서는 이산적인 대상과 유한과정의 절차를 다루며, 선택과 배열, 그래프, 알고리즘, 의사결정과 최적화 등을 다룬다. 구체적인 내용으로는 세기(counting)의 기본인 순열과 조합, 수형도, 색칠문제, 짝짓기(matching), 회로망, 불대수(Boolean algebra) 등을 다룬다. 이산수학은 그래프이론(graph theory)과 조합론(combinatorics) 및 게임이론(game theory) 등과 관련이 있다.

우리 생활과 밀접한 관련이 있는 도로망, 가계도, 지휘계통도 등은 그래프로 표현되는데, **그래프이론**은 친구 관계와 같은 관계를 표현하는 수학 구조이며, 그래프의 연결성과 효과적인 알고리즘, 적절한 짝짓기를 찾고 이를 이용하는 방법을 다룬다. 그래프이론에서는 그래프의 기본성질, 중복그래프, 수형도, 그래프

*물질 세계의 수학적 모델은 연속적인 반면에, 정보처리와 같은 비물질의 세계는 이산적이다.*

색칠하기, 오일러 경로, 해밀턴 회로 등과 이들의 컴퓨터, 통신, 경제 분야의 활용도 다룬다.

**조합론**은 전산학, 통신, 교통, 유전학, 통계학의 실험계획 설계 등의 분야에 폭넓게 응용되며, 세는 방법, 수형도, 토너먼트, 디자인(design)과 부호(code) 등을 다루고, 컴퓨터, 통신, 경제학 분야와 실생활 문제에 활용된다.

한편 수학 이론에 기초하여 사회과학의 여러 분야에 기여하고 있는 **게임이론**에서는 최대최소전략, 최소최대전략, 대칭 등에서 볼 수 있는 사회와 자연 현상의 갈등 구조를 수학적으로 해결한다.

**more / 쉼터** **현대수학의 7대 미해결 문제**

1900년에 힐베르트는 파리에서 열린 세계수학자대회에서 23개의 미해결 수학문제를 발표하였다.

미국의 민간 수학재단인 클레이재단(CMI, www.claymath.org)은 2000년에 문제당 100만 달러씩 총 700만 달러의 상금을 걸고, 다음 미해결 수학문제 7개를 발표했다.

- **리만가설**(Riemann hypothesis)
- **P 대 NP**
- Hodge **추측**
- Birch-Swinnerton **추측**
- **포앵카레 추측**(Poincare conjecture)
- **양-밀즈**( Yang-Mills) **이론**
- **내비어 스토크**(Navier Stokes) **방정식**

예를 들어, 'P 대 NP' 문제는 컴퓨터 알고리즘과 관련된 분야의 수학적 귀납법적 풀이는 가능하지만, 가설을 세운 뒤 컴퓨터를 사용하여 이를 증명해 내는 연역적 풀이도 가능한가에 대한 문제이다. 다시 말하면, 외계에 생명체가 있는가 혹은 UFO는 존재하는가 등의 질문에 대해 '그렇다.'라는 가설을 세운 후, 컴퓨터를 사용하여 완벽한 증명을 해내는 것이다. 또 23개 문제 중 8번째 문제 '리만가설'은 소수분포에 대한 구체적인 정보를 주므로, 리만가설이 해결되면 컴퓨터통신과 DNA에 관한 문제도 쉽게 풀릴 거라고 기대한다.

# 9-2 암호 이야기

여러분은 하루에 몇 번이나 암호를 사용하는가?

암호는 정보화 사회의 열쇠이며, 현대인은 누구나 암호를 생활화하고 있다. 신용카드나 은행거래, 인터넷의 비밀번호는 누구에게도 알려 주어서는 안되는 중요한 암호이다.

암호의 중요 관점은 비밀성(confidentiality)와 인증(authentication)이다. 메세지의 비밀이 지켜져야 하고, 메세지의 출처와 도중에 메세지가 바뀌지 않았다는 인증이 필요하다. 또한 전송과정에서 발생된 오류를 찾고 수정해야 하는 데, 이때 필요한 부호(code)의 개발과 연구에 대한 수학분야는 **부호이론**(coding theory)이다. 암호는 주로 군사적인 목적으로 쓰이다가 컴퓨터와 통신기술의 발달에 따라 외교, 군사, 행정에서 정보교환, 문서인증, 디지털 서명, 전자자금 전송, 증권매매 등에 폭넓게 이용되고 있다.

과거에는 통신 수단으로 편지나 전화를 사용하였으나, 이제는 편지와 전화 이외에 컴퓨터를 주로 사용한다. 통신에서 발생되는 문제를 생각해보자.

- **다른 사람이 내용을 보지 않았을까? - 기밀 유지**
- **A가 보낸 것은 확실한가? - 변조**
- **A가 보낸 사실을 부인하지는 않을까? - 송(수)신 부인**

통신에서 발생하는 문제들을 해결하거나 줄이기 위하여 사람들은 암호를 사용하기 시작했다. 암호의 폭넓은 사용은 암호기술의 개발을 요구하였고, 암호이론의 필요성을 부추기어 **암호학**(cryptography)이 수학의 한 분야로 자리잡게 되었다.

누구나 이해할 수 있도록 쓰여진 문장을 평문(plain text)이라 하는 반면, 일반인은 이해할 수 없도록 약속된 규칙을 가지고 변형시킨 문장을 암호문(cryptogram)이라 한다. 평문을 암호문으로 만드는 암호화 과정과 암호문을 평문으로 만드는 복호화 과정에서 이용되는 규칙을 열쇠(key)라고 한다.

암호체계에는 비밀열쇠 암호체계와 공개열쇠 암호체계가 있다.

**암호체계(암호알고리즘)**

평문 ⇒ 열쇠(암호화) ⇒ 암호문 ⇒ 열쇠(복호화) ⇒ 원래 평문

**비밀열쇠**(secret-key) **암호체계**는 암호화와 복호화에 같은 열쇠가 사용되거나, 암호화 열쇠로부터 복호화 열쇠를 만들 수 있는 암호체계이다. 예를 들어, ROT13에서는 알파벳의 모든 문자가 그 알파벳 문자 다음 13번째에 있는 문자로 바뀐다.

평문: VICTORY IS NEAR. 암호문: IVPGBEL VF ARNE.

또한 시저(Caesar)암호와 같이 고정된 문자로 대치하는 대치암호(substitution ciper)체계는 문자대응표를 이용하며, 복호화에서는 이 표를 역으로 이용하므로 비교적 해독하기 쉽다. 왜냐하면 알파벳 문자들은 서로 다른 빈도 수를 가지고 있기 때문이다. 실제로 알파벳 e는 가장 많이 쓰이는 문자이며, 충분히 많은 암호문을 검토하면 e에 대응하는 문자를 찾을 수 있게 된다. 이러한 대치암호체계에서는 해독을 방지하기 위해 치환암호, 합성암호 등 복잡한 대치방법이 쓰인다. 그 중 한 가지가 행렬을 이용한 Hill 암호체계이다.

한편 널리 사용된 대치암호체계인 미국의 '데이터 암호화 표준(DES)'은 1977년 승인된 이후, 전자은행업무, 위성통신 등에서 사용되었으나, 1999년 DES로

암호화 과정과 암호문을 평문으로 만드는 복호화 과정에서 이용되는 규칙을 열쇠(key)라고 한다.

암호화된 메세지가 22시간만에 해독되었다. 결국 DES를 대신할 발전된 암호화 표준(AES)을 만들기 시작했고, 2000년에는 'Rain Doll'이라 불리는 공식적인 AES 알고리즘을 채택하였다.

**공개열쇠**(public-key) **암호체계**에서는 암호화와 복호화에 서로 다른 열쇠가 사용되며 암호화 열쇠는 공개된다. 즉 모든 사람이 암호화하는 방법은 알고 있으나, 복호화할 수 있는 열쇠를 가진 사람만이 메세지를 복호화 할 수 있다.

잘 알려진 공개열쇠 암호체계인 RSA 암호체계에서 사용하는 열쇠는 100자리 정도의 큰 두 소수의 곱이다. 이 방식은 매우 큰 정수를 빨리 소인수분해하는 방법이 알려져 있지 않으므로 공개열쇠를 가지고 비밀열쇠를 찾아내는 것이 쉽지 않음을 이용한다.

**more / 쉼터** **Hill 암호체계**

1929년에 Hill이 발표한 Hill 암호체계에서는 평문을 $n$자씩 나눈 후, $n \times n$ 행렬 $K$와 대응표를 이용한다.

키행렬 $K=\begin{pmatrix} 1 & 2 \\ 2 & 5 \end{pmatrix}$와 다음 대응표를 이용하여, 평문 MATH를 암호화하여 보자.

| A | B | C | D | E | F | G | H | I | J | K | L | M | N | O | P | Q | R | S | T | U | V | W | X | Y | Z |
|---|---|---|---|---|---|---|---|---|---|---|---|---|---|---|---|---|---|---|---|---|---|---|---|---|---|
| 0 | 1 | 2 | 3 | 4 | 5 | 6 | 7 | 8 | 9 | 10 | 11 | 12 | 13 | 14 | 15 | 16 | 17 | 18 | 19 | 20 | 21 | 22 | 23 | 24 | 25 |

$\begin{pmatrix} 35 \\ -3 \end{pmatrix} \equiv \begin{pmatrix} 9 \\ 23 \end{pmatrix}$과 같이, $a_{ij}-b_{ij}$가 모두 26의 배수이면 $(a_{ij}) \equiv (b_{ij})$로 나타내기로 약속하자.

평문 MATH를 $\mathrm{MA}=\begin{pmatrix} 12 \\ 0 \end{pmatrix}$과 $\mathrm{TH}=\begin{pmatrix} 19 \\ 7 \end{pmatrix}$로 나눈 후, 키행렬 $K$와 곱하면

$$\begin{pmatrix} 1 & 2 \\ 2 & 5 \end{pmatrix}\begin{pmatrix} 12 \\ 0 \end{pmatrix} = \begin{pmatrix} 12 \\ 24 \end{pmatrix} = \mathrm{MY}, \qquad \begin{pmatrix} 1 & 2 \\ 2 & 5 \end{pmatrix}\begin{pmatrix} 19 \\ 7 \end{pmatrix} = \begin{pmatrix} 33 \\ 73 \end{pmatrix} \equiv \begin{pmatrix} 7 \\ 21 \end{pmatrix} = \mathrm{HV}$$

이므로 평문 MATH는 암호문 MYHV가 된다.

역으로, 키행렬 $K$의 역행렬을 이용하면 암호문 MYHV로부터 원래 평문 MATH를 얻을 수 있다.

## 9-2 돌·아·보·기

### 1. (생활) 암호 만들기

다음 열쇠를 이용하여, 물음에 답하여라.

| $x$ | ㄱ | ㄴ | ㄷ | ㄹ | ㅁ | ㅂ | ㅅ | ㅇ | ㅈ | ㅊ | ㅋ | ㅌ | ㅍ | ㅎ | 빈칸 | |
|---|---|---|---|---|---|---|---|---|---|---|---|---|---|---|---|---|
| $f(x)$ | A | B | C | D | E | F | G | H | I | J | K | L | M | N | X | |
| $x$ | ㅏ | ㅑ | ㅓ | ㅕ | ㅗ | ㅛ | ㅜ | ㅠ | ㅡ | ㅣ | | | | | | |
| $f(x)$ | 1 | 2 | 3 | 4 | 5 | 6 | 7 | 8 | 9 | 0 | | | | | | |

(1) 다음 평문을 암호문으로 바꾸어라.

평문 : 1 더하기 2는 3이다.

파이는 허수이다.

(2) 다음 암호문을 평문으로 바꾸어라.

암호문 : B1B9BXG7N1AH0XI5NH1.

H0A3GH0XI3HC1FH0C1.

### 2. (대학) Hill 암호

다음 대응표와 키행렬 $K=\begin{pmatrix}3&4\\2&3\end{pmatrix}$을 이용하여, 평문 LOVE를 암호문으로 바꾸고, 이 암호문을 원래의 평문으로 복원하여라.

| A | B | C | D | E | F | G | H | I | J | K | L | M | N | O | P | Q | R | S | T | U | V | W | X | Y | Z |
|---|---|---|---|---|---|---|---|---|---|---|---|---|---|---|---|---|---|---|---|---|---|---|---|---|---|
| 0 | 1 | 2 | 3 | 4 | 5 | 6 | 7 | 8 | 9 | 10 | 11 | 12 | 13 | 14 | 15 | 16 | 17 | 18 | 19 | 20 | 21 | 22 | 23 | 24 | 25 |

### 3. (역사) 시저암호

시저암호는 B.C. 50년경 로마의 황제 시저(Julius Caeser)가 키케로(Marcus Cicero)에게 보낸 암호문에서 시작되었다. 다음 물음에 답하여라.

암호문 : L ORYH BRX.　　평문 : I LOVE YOU.

| $x$ | A | B | C | D | E | F | G | H | I | J | K | L | M | N | O | P | Q | R | S | T | U | V | W | X | Y | Z |
|---|---|---|---|---|---|---|---|---|---|---|---|---|---|---|---|---|---|---|---|---|---|---|---|---|---|---|
| $f(x)$ | D | E | F | G | H | I | J | K | L | M | N | O | P | Q | R | S | T | U | V | W | X | Y | Z | A | B | C |

(1) 평문 'I LIKE MATH.'를 암호문으로 바꾸어라.

(2) 친구들과 암호문으로 편지를 주고받아 보아라.

# 9-3 컴퓨터수학 이야기

수학의 주요 분야인 미적분학, 선형대수, 미분방정식, 함수, 수치해석, 기하학 등에서 컴퓨터를 적극 이용할 수 있다. 이제는 컴퓨터로 대부분의 수학을 할 수 있게 되었으며, 유용한 컴퓨터 수학프로그램으로는 GSP, GrafEq, GeoGebra, Maple, Mathematica 등이 있다.

컴퓨터의 역할은 상상을 초월할 정도이다. 컴퓨터는 원주율 $\pi$와 자연로그 $e$의 근삿값의 계산뿐 아니라, 골드바흐 추측과 같은 추측이 옳은지 실험해준다.

또한 프랙털이나 테셀레이션과 같은 복잡하지만 멋진 그림도 그려주고, 강력한 수치계산과 기호계산 및 그래픽 기능을 가진 컴퓨터 프로그램은 비선형 동역학 및 카오스 등에서 이용된다.

하지만 컴퓨터에서는 오차가 생기고, 어떤 문제에서는 오차가 크기 때문에 컴퓨터의 결과를 그대로 받아들여서는 안 된다. 또한 컴퓨터는 해를 정확히 계산한다고 하더라도 일반적 결과를 증명하지는 못한다.

컴퓨터 발달로 인하여 사회는 지식기반의 정보화사회가 되었으며, 컴퓨터는 생활 전반에 변화를 가져왔다. 이제는 수학도 전통적인 방법만을 고집하던 때는 지났다.

현대사회는 컴퓨터 활용능력을 요구하며, 교육과정에서도 수학의 전반적인 교수학습 과정에서 계산기나 컴퓨터를 적극 사용하도록 명시하고 있다.

컴퓨터 수학프로그램으로는 GSP, GrafEq, GeoGebra, Maple, Mathematica 등이 있다.

컴퓨터는 수학의 교수학습 방법을 변화시키고 있다. 컴퓨터를 이용한 시각화는 개념이나 원리의 이해를 돕고 모의실험 등 탐구활동을 가능하게 해주며, 복잡한 계산이나 근사 해를 구하는 등 불가능했던 문제도 해결해 준다. 또 컴퓨터는 그림을 신속하게 그려줌으로써 수학에 대한 흥미를 유발시키기도 한다. 한편 수학의 여러 분야의 연구에서 컴퓨터가 사용될 뿐 아니라, 컴퓨터를 사용한 수학의 새로운 분야가 생겨나기도 한다.

구체적인 컴퓨터의 역할을 살펴보자.

컴퓨터는 복잡한 계산, 무리수 도입에서 효과적이며, 방정식과 부등식의 해를 구하고 그 기하학적 의미도 설명해 준다. 또한 탐구형 프로그램의 시각적이고 동적인 기능은 도형학습에서 큰 도움을 주고, 함수학습에서도 시각화나 다양한 변화를 직접 체험할 수 있게 한다.

수학에 활용되는 컴퓨터 수학프로그램이 다양해지고 있다.

● GrafEq, Equation Grapher

어떤 함수든지 식을 입력하면 그래프를 그려 주고, 다양한 기능으로 그래프의 특징을 관찰할 수 있다. 또 미분과 적분, 교점의 좌표 등 그래프를 이용한 학습 활동이 가능하다.

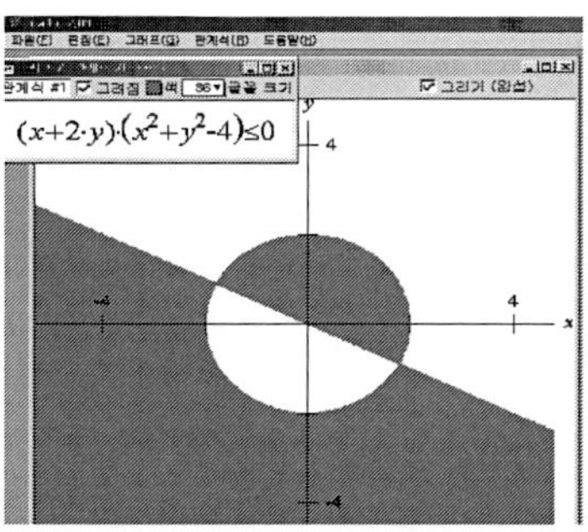


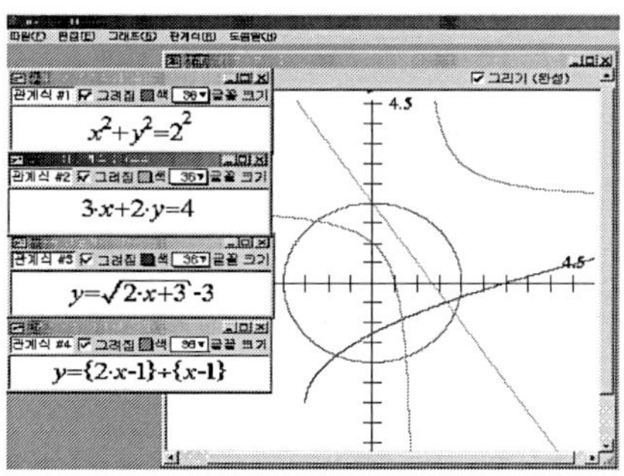

● Maple

기호를 포함하는 수식이나 방정식 등을 처리하는 프로그램으로, 3차원 그래픽과 미분적분은 물론, 미분방정식, 정수론, 행렬과 행렬식, 통계학 등 수학 학습에 두루 쓰인다.

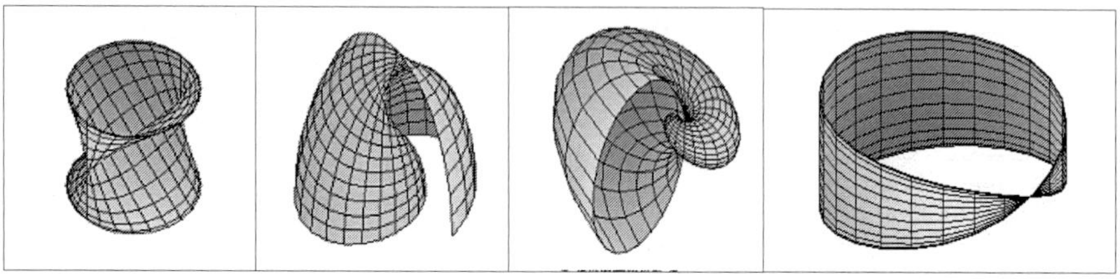

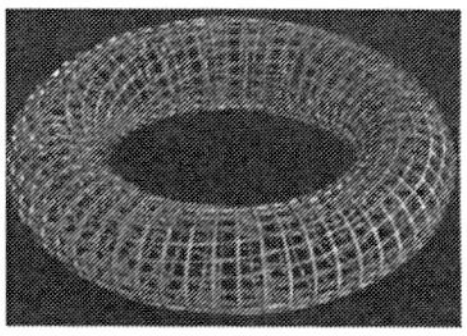

꼬인 토러스

● Mathematica

수학문제는 무엇이든 해결할 수 있는 소프트웨어로 개발되었으며, '수학과 응용을 위한 다목적 소프트웨어'로 불린다.

● GSP (The Geometer's SketchPad)

GSP는 기본도형을 그리고, 이등분선, 중점, 평행선 그리기, 도형의 이동 등 도형을 완벽하게 구현해 준다. GSP는 애니메이션기능, Drag, Trace 등을 통하여 상상하기 힘든 여러 도형을 시각적으로 보여줌으로써 도형의 성질을 이해하는데 크게 도움이 된다. 뿐만 아니라 평행이동, 회전이동, 대칭이동, 벡터 등을 이용하면, 다양한 움직이는 그림도 그릴 수 있다.

● Poly

다면체 학습을 위한 프로그램으로, 정다면체와 준정다면체 등 많은 다면체를 자유롭게 회전시키면서 관찰할 수 있고, 전개도로 연속적인 변화도 보여준다.

● GeoGebra

GeoGebra는 대수창과 기하창이 있어서 도형을 수식으로 나타내고 그릴 수 있다.

중등수학에서는 실용수학, 이산수학 등에서 컴퓨터를 적극 활용한다.

다음은 컴퓨터와 계산기를 이용한 수학학습 모델이다.

● 방정식 $98x^{15}=12$의 근사해 (Maple)

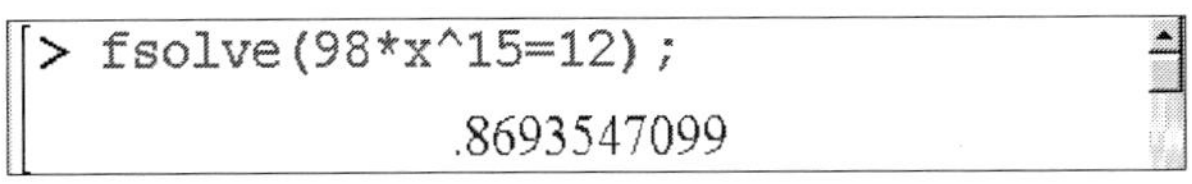


● 닮은도형 (GSP)

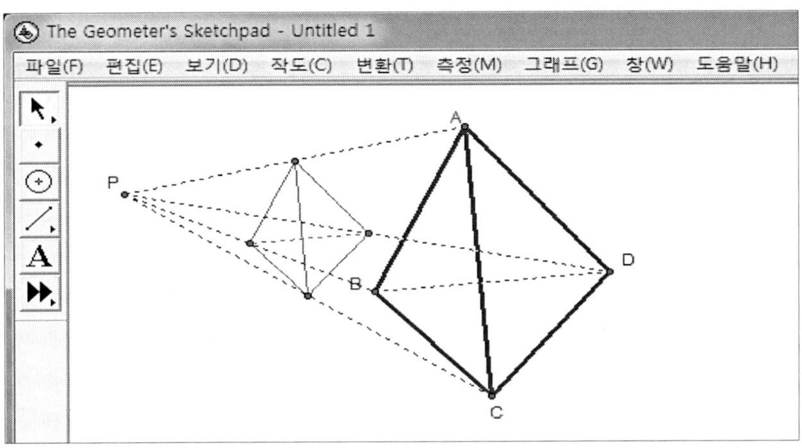


● $\rho=5\sin\phi$의 그래프 (Mathematica)

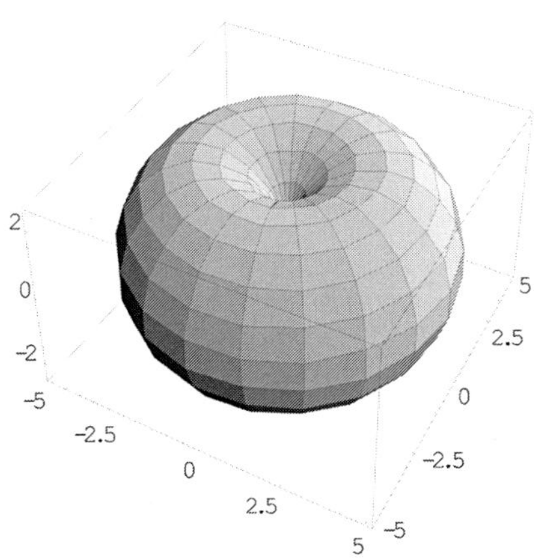

● 회전체의 부피 (Maple)

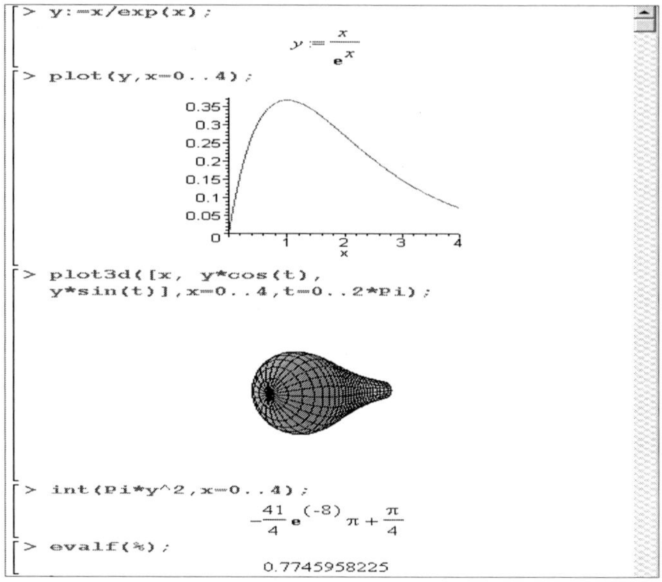


● 접선의 방정식 (그래픽 계산기)

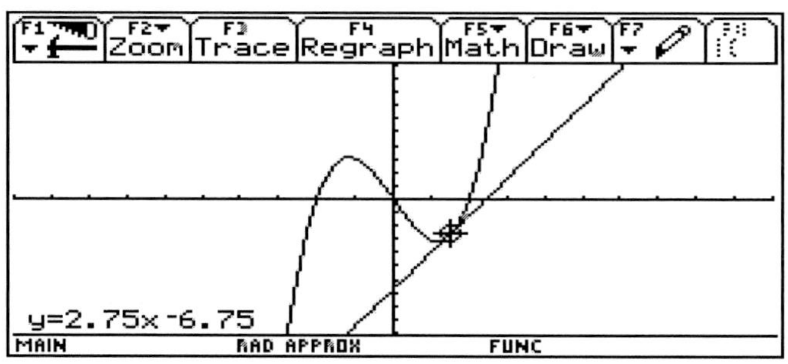


● 극장미 그리기(GeoGebra)

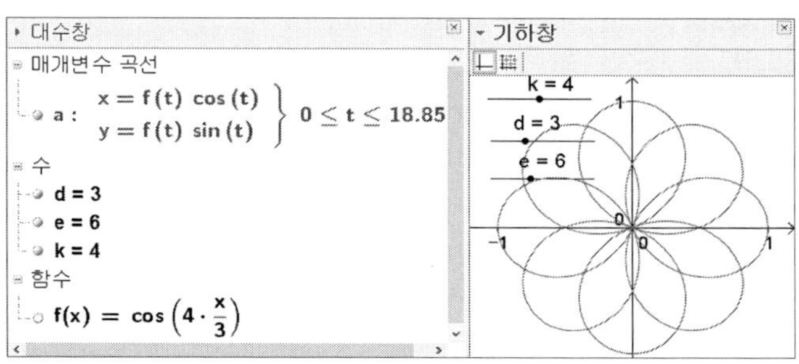

# 부록



10

# 해설 및 해답

## 3 집합과 논리의 세계

p.44 / 3－1 집합 이야기 [돌아보기 4]

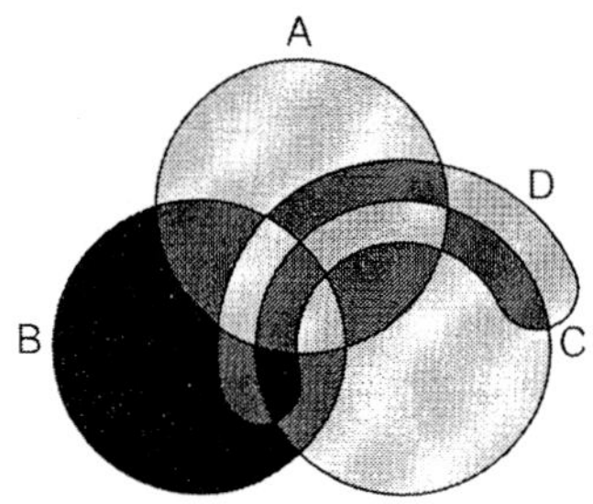


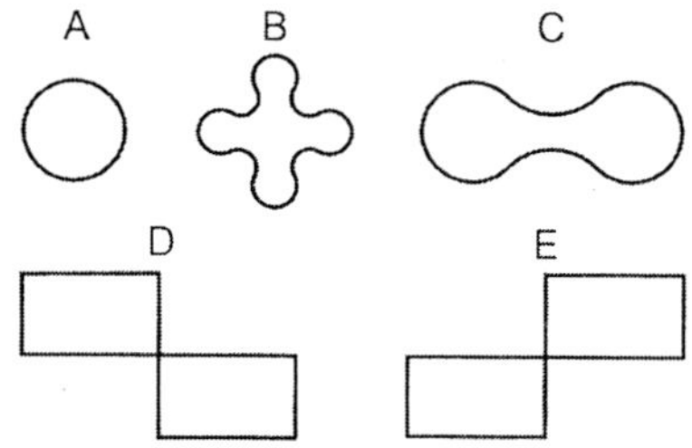


p.54 / 3－2 논리 이야기 [돌아보기 4]

두 마리 이상의 비둘기가 들어가는 집이 반드시 적어도 하나 존재한다.

p.62 / 3－3 패러독스 이야기 [돌아보기 1]

거북이가 간 거리의 합은 $1+0.1+0.01+\cdots=1.111\cdots=1\frac{1}{9}$ 이다.

그리스인들이 당황한 이유는 거북이가 간 거리의 합이 수렴하는 것을 몰랐기 때문이다.

p.62 / 3－3 패러독스 이야기 [돌아보기 2]

모든 집합을 원소로 가지는 집합 $U$가 존재한다고 가정하자.

이때 자기 자신을 원소로 가지지 않는 모든 집합의 모임을 $T$라 하면

$T=\{A\in U|A\not\in A\}$이고, $T$도 집합이므로 $T\in T$이거나 $T\not\in T$이다.

만일 $T\in T$라면 정의에 의하여 $T\not\in T$이고, 만일 $T\not\in T$라면 $T\in T$이므로 모순이다.

따라서 모든 집합을 원소로 가지는 집합은 존재하지 않는다.

# 4 대수학의 세계

## p.77 / 4-1 수 이야기 [돌아보기 2](Maple)

```
> subs(n = 10, evalf((1 + 1/n)^n))
                                        2.593742460
> subs(n = 100, evalf((1 + 1/n)^n))
                                        2.704813829
> limit((1 + 1/n)^n, n = infinity)
                                             e
```

```
> evalf(sum(1/n!, n = 0..10))
                                        2.718281801
> evalf(sum(1/n!, n = 0..10))
                                        2.718281801
> sum(1/n!, n = 0..infinity)
                                             e
```

## p.77 / 4-1 수 이야기 [돌아보기 3]

현명이 생각 : 낙타 한 마리를 빌려서 18마리를 만든 후,

첫째에게 9마리, 둘째에게 6마리,

셋째에게는 2마리를 주고, 남은 한 마리를 돌려준다.

## p.86 / 4-2 정수론 이야기 [돌아보기 3(1)]

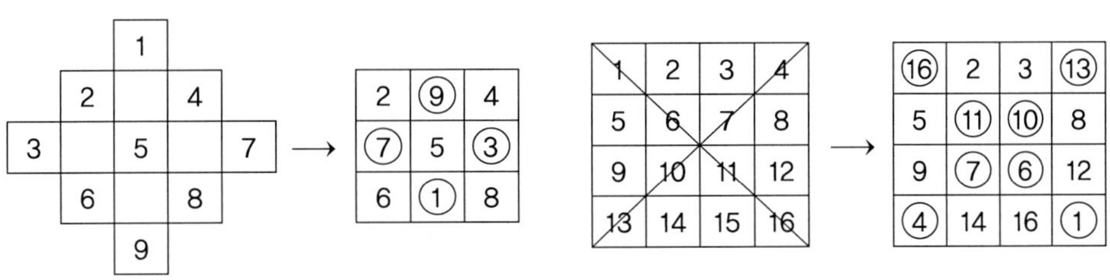

p.86 / 4－2 정수론 이야기 [돌아보기 3(2)]

| ① | 48 | 31 | 50 | 33 | 16 | 63 | 18 |
|---|---|---|---|---|---|---|---|
| 30 | (51) | 46 | 3 | 62 | 19 | 14 | 35 |
| 47 | 2 | 49 | 32 | (15) | 34 | 17 | 64 |
| 52 | 29 | 4 | (45) | 20 | 61 | 36 | 13 |
| 5 | 44 | 25 | 56 | 9 | 40 | (21) | 60 |
| 28 | 53 | 8 | 41 | 24 | (57) | 12 | 37 |
| 43 | 6 | (55) | 26 | 39 | 10 | 59 | 22 |
| 54 | 27 | 42 | 7 | 58 | 23 | 38 | (11) |

p.94 / 4－3 방정식과 부등식 이야기 [돌아보기 1]

디오판투스가 사망한 나이를 $x$라고 하면

$$x=\frac{x}{6}+\frac{x}{12}+\frac{x}{7}+5+\frac{x}{2}+4$$

에서 $x=84$이므로, 디오판투스는 84세에 생을 마감했다.

(별해) 분모 6, 12, 7의 최소공배수를 생각하면 84세이다.

p.105 / 4－4 선형대수와 현대대수 이야기 [돌아보기 1]

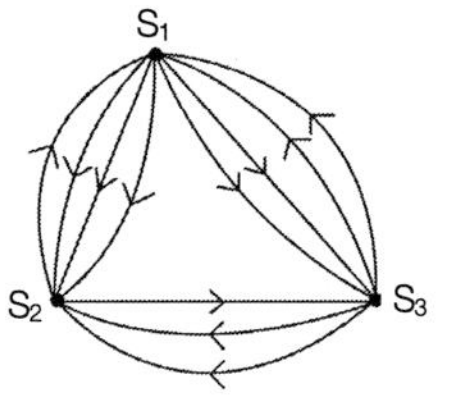


$S_i$지점에서 한 지점을 거쳐 $S_j$지점으로 정보를 보내는 회로망을 나타내는 행렬은 $S^2=\begin{pmatrix}7&4&3\\2&5&2\\2&6&6\end{pmatrix}$이다.

p.105 / 4－4 선형대수와 현대대수 이야기 [돌아보기 2]

시속 57.6km는 초속 16m이다. 그림과 같이 비가 내리는 속력과 기차의 속력이 같으므로, 비의 속력은 초속 16m이다.

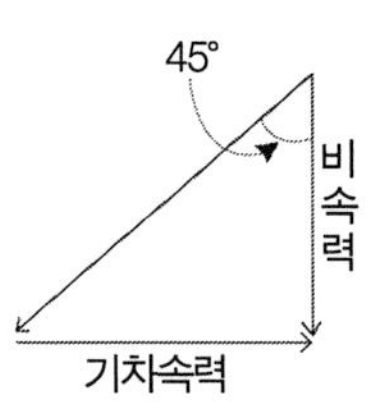

# 5 해석학의 세계

p.121 / 5－1 실수와 수열 이야기 [돌아보기 2]

(1) $n$번째 시행에서 지워지는 선분 한 개의 길이는 $\frac{1}{3^n}$이고 선분의 개수는 $2^{n-1}$이므로

$l_n = \frac{1}{3}\left(\frac{2}{3}\right)^{n-1}$이고 $\sum_{n=1}^{\infty} l_n = 1$이다.

따라서 집합 $S$의 총 길이는 0이다.

(2) $0.a_1a_2a\cdots_{(3)} = \frac{a_1}{3} + \frac{a_2}{3^2} + \frac{a_3}{3^3} + \cdots$이므로 $a_n = 1$이면 $n$번째 시행에서 지워진다.

따라서 $0.a_1a_2a_3\cdots_{(3)}$은 모든 $n$에 대하여 $a_n \neq 1$일 때만 집합 $S$에 속하므로, 집합 $S$에 속하는 수는 $0.02_{(3)}$, $0.200202_{(3)}$ 뿐이다.

p.122 / 5－1 실수와 수열 이야기 [돌아보기 3]

$n$개의 계단을 오르는 방법의 수를 $a_n$이라 하면

$a_1 = 1,\ a_2 = 2,\ a_3 = a_1 + a_2 = 3$이다.

계단을 한 칸 또는 두 칸 오르므로 $a_n = a_{n-1} + a_{n-2}$(단, $n \geq 3$)이고, $a_{10} = 89$이다.

p.134 / 5－2 함수 이야기 [돌아보기 1]

$\log m = \frac{\log a + \log b}{2} = \log\sqrt{ab}$에서 $m = \sqrt{ab}$이다.

p.134 / 5－2 함수 이야기 [돌아보기 2]

59분 후

p.134 / 5－2 함수 이야기 [돌아보기 3]

A, B, C의 수가 전날에 비하여 각각 $a$배, $b$배, $c$배가 된다고 하자. 12일 후에 A, B, C의 수는 각각 $2^6$배, $3^4$배, $4^3$배가 되므로, $a^{12} = 2^6 = 64$, $b^{12} = 3^4 = 81$, $c^{12} = 4^3 = 64$를 만족시킨다.

따라서 $a = c < b$이므로 A와 C의 번식 속도는 같고, B의 번식 속도가 가장 크다.

## 6 기하학의 세계

p.180 / 6－2 도형 이야기 [돌아보기 2]

$\overline{AB}$, $\overline{CB}$, $\overline{BC}$를 지름으로 하는 반원의 넓이를 각각 $P$, $Q$, $R$라 하면 $P+Q=R$이므로 (어두운 부분)$=P+Q+\triangle ABC-R=\triangle ABC$이다.

p.180 / 6－2 도형 이야기 [돌아보기 3]

$2\pi R : 925 = 360 : 7\frac{12}{60}$에서 $2\pi R \fallingdotseq 46250$이므로 지구 둘레의 길이는 약 46250km이다.

p.191 / 6－3 생활 속의 도형 이야기 [돌아보기 2]

(1) $x : 1 = 1 : x-1$에서 $x = \frac{1+\sqrt{5}}{2} \fallingdotseq 1.6$이다.

따라서 아름이가 가진 종이의 긴 변과 짧은 변의 비는 약 $1.6 : 1$이다.

또 $x : 1 = 1 : \frac{x}{2}$에서 $x = \sqrt{2} \fallingdotseq 1.4$이다.

따라서 다운이가 가진 종이의 긴 변과 짧은 변의 비는 약 $1.4 : 1$이다.

# 7 위상수학의 세계

p.209 / 7-2 현대기하학 이야기 [돌아보기 1]

$$\lim_{n\to\infty} p_n = \lim_{n\to\infty} 3\cdot\left(\frac{4}{3}\right)^n = \infty$$

$$\lim_{n\to\infty} s_n = \lim_{n\to\infty}\left(\frac{\sqrt{3}}{4} + \frac{3\sqrt{3}}{20}\left\{1-\left(\frac{4}{9}\right)^n\right\}\right) = \frac{\sqrt{3}}{4} + \frac{3\sqrt{3}}{20}$$

p.209 / 7-2 현대기하학 이야기 [돌아보기 2]

색칠된 넓이는

$$\left(\frac{1}{3}\right)^2 + 8\cdot\left(\frac{1}{3^2}\right)^2 + 8^2\cdot\left(\frac{1}{3^3}\right) + \cdots = \frac{\frac{1}{9}}{1-\frac{8}{9}} = 1$$

이므로 색칠되지 않은 넓이는 0이다.

p.209 / 7-2 현대기하학 이야기 [돌아보기 3]

페아노 곡선은 모든 사각형의 중심을 지나는 곡선이며, 1차원의 선이면서 2차원의 면을 채운다.

## 8 확률론과 통계학의 세계

p.219 / 8-1 확률 이야기 [돌아보기 1]

(1) $1-\left(\frac{5}{6}\right)^n > \frac{1}{2}$ 즉, $\frac{1}{2} > \left(\frac{5}{6}\right)^n$ 에서 $n \geq 4$ 이다.

(2) $1-\left(\frac{35}{36}\right)^n > \frac{1}{2}$ 즉, $\frac{1}{2} > \left(\frac{35}{36}\right)^n$ 에서 $n \geq 25$ 이다.

p.219 / 8-1 확률 이야기 [돌아보기 2]

내가 먼저 두 개를 가져간다.

다음부터는 상대가 가져간 개수와의 합이 4가 되도록 가져간다. 그러면 2+4+4+4+4+1=19에서 마지막에 한 개가 남고, 상대방의 차례이므로 내가 이긴다.

p.225 / 8-2 통계 이야기 [돌아보기 1]

수진이의 표준점수는 수학 65점, 영어 55점이므로 수학을 더 잘한다.

p.225 / 8-2 통계 이야기 [돌아보기 2]

참가 회원수는 정규분포 $N(600,\ 15.5^2)$을 따르므로 637분의 식사를 준비해야 한다.

p.225 / 8-2 통계 이야기 [돌아보기 3]

평균은 T.com : 10년, F.com : 12.3년

표준편차는 T.com : 0.67년, F.com : 9.5년

T.com이 F.com보다 평균은 조금 작아도 표준편차가 매우 작아서 보증기간에 문제가 생길 확률이 낮다. 따라서 T.com의 엔진을 사용하는 것이 유리하다.

# 9 현대수학의 세계

p.233 / 9-2 암호 이야기 [돌아보기 1]

(1) H0DXC3N1A0XH0B0BXG1EH0C1.

M1H0B1BXN3G7H0C1.

(2) 나는 수학이 좋아.

이것이 정답이다.

p.233 / 9-2 암호 이야기 [돌아보기 2]

$\mathrm{LO}=\begin{pmatrix}11\\14\end{pmatrix}$, $\mathrm{VE}=\begin{pmatrix}21\\4\end{pmatrix}$이므로

$\begin{pmatrix}3&4\\2&3\end{pmatrix}\begin{pmatrix}11\\14\end{pmatrix}=\begin{pmatrix}11\\12\end{pmatrix}=\mathrm{LM}$, $\begin{pmatrix}3&4\\2&3\end{pmatrix}\begin{pmatrix}21\\4\end{pmatrix}=\begin{pmatrix}1\\2\end{pmatrix}=\mathrm{BC}$

따라서 평문 LOVE는 암호문 LMBC가 된다.

$\mathrm{LM}=\begin{pmatrix}11\\12\end{pmatrix}$, $\mathrm{BC}=\begin{pmatrix}1\\2\end{pmatrix}$, $\begin{pmatrix}3&4\\2&3\end{pmatrix}^{-1}=\begin{pmatrix}3&-4\\-2&3\end{pmatrix}$이므로

$\begin{pmatrix}3&-4\\-2&3\end{pmatrix}\begin{pmatrix}11\\12\end{pmatrix}=\begin{pmatrix}11\\14\end{pmatrix}=\mathrm{LO}$, $\begin{pmatrix}3&-4\\-2&3\end{pmatrix}\begin{pmatrix}1\\2\end{pmatrix}=\begin{pmatrix}21\\4\end{pmatrix}=\mathrm{VE}$

따라서 암호문 LMBC는 평문 LOVE로 복원된다.

p.233 / 9-2 암호 이야기 [돌아보기 3]

L OLNH PDWK.

# 수학자 연표

| 아메스(Ahmes) | B.C.1700?-? | 이집트 |
|---|---|---|
| 탈레스(Thales) | B.C.624?-547? | 그리스 |
| 피타고라스(Pythagoras) | B.C.569-475? | 그리스 |
| 제논(Zenon) | B.C.490?-429? | 그리스 |
| 소크라테스(Socrates) | B.C.470?-399 | 그리스 |
| 히포크라테스(Hippocrates) | B.C.460?-377? | 그리스 |
| 플라톤(Platon) | B.C.427?-347 | 그리스 |
| 아리스토텔레스(Aristoteles) | B.C.384?-322 | 그리스 |
| 유클리드(Euclid) | B.C.330?-275 | 그리스 |
| 아르키메데스(Archimedes) | B.C.287?-212 | 그리스 |
| 에라토스테네스(Eratosthenes) | B.C.276-197 | 그리스 |
| 아폴로니오스(Apollonios) | B.C.262?-190? | 그리스 |
| 헤론(Heron) | B.C.130?-75? | 그리스 |
| 테오도로스(Theodoros) | B.C.500? | 그리스 |
| 히파르코스(Hipparchus) | B.C.190-120 | 그리스 |
| 프톨레마이오스(Ptolemaeos, K.) | 85?-165? | 그리스 |
| 디오판토스(Diophantos) | 200?-284? | 그리스 |
| 파포스(Pappus) | 290-350 | 알렉산드리아 |
| 히파티아(Hypatia) | 370?-415? | 알렉산드리아 |
| 조충지(祖沖之) | 430-501 | 중국 |
| 브라마굽타(Brahmagupta) | 588-660 | 인도 |
| 알콰리즈미(Alkhwarizmi) | 780-850 | 아라비아 |
| 바스카라(Bhaskara, A.) | 1114-1185 | 인도 |
| 피보나치(Fibonacci) | 1180?-1250? | 이탈리아 |
| 주세걸(朱世傑) | 1300?- | 중국 |
| 오렘(Oresme, N.) | 1330-1383 | 프랑스 |
| 레기오몬타누스(Regiomontanus, J. M.) | 1436-1476 | 독일 |
| 파촐리(Pacioli, L.) | 1450?-1520 | 이탈리아 |
| 슈티펠(Stifel, M.) | 1487-1567 | 독일 |
| 타르탈리아(Tartaglia, N) | 1500?-1557 | 이탈리아 |
| 카르다노(Cardano, G.) | 1501-1576 | 이탈리아 |
| 레티쿠스(Rheticus, G. J.) | 1514-1574 | 이탈리아 |
| 페라리(Ferrari. L.) | 1522-1565 | 이탈리아 |
| 비에트(Viéte, F.) | 1540-1603 | 프랑스 |
| 스테빈(Stevin, S.) | 1548-1620 | 네덜란드 |
| 네이피어(Napier, J.) | 1550-1617 | 영국 |
| 뷔르기(Bu"rgi) | 1552-1632 | 스위스 |
| 해리엇(Harriot, T.) | 1560-1621 | 영국 |
| 브리그스(Briggs, H.) | 1561-1630 | 영국 |
| 케플러(Kepler, J.) | 1571-1630 | 독일 |
| 군터(Gunter, E.) | 1581-1626 | 영국 |
| 메르센느(Mersenne, M) | 1588-1648 | 독일 |
| 데자르그(Desargues, G.) | 1593-1662 | 프랑스 |
| 지라르(Girard, A.) | 1595-1632 | 프랑스 |
| 데카르트(Descartes, R.) | 1596-1650 | 프랑스 |
| 카발리에리(Cavalieri, F. B.) | 1598-1647 | 이탈리아 |
| 페르마(Fermat, P.) | 1601-1665 | 프랑스 |
| 월리스(Wallis, J.) | 1616-1703 | 영국 |
| 파스칼(Pascal, B.) | 1623-1662 | 프랑스 |
| 호이겐스(Huygens, C.) | 1629-1695 | 네덜란드 |
| 배로(Barrow, I.) | 1630-1677 | 영국 |
| 뉴턴(Newton, I.) | 1642-1727 | 영국 |
| 라이프니츠(Leibniz, G. W.) | 1646-1716 | 독일 |
| 최석정(崔錫鼎) | 1646-1715 | 조선 |
| 야곱 베르누이(Jacob Bernoulli,) | 1654-1705 | 스위스 |
| 로피탈(L'Hospital, F. A.) | 1661-1704 | 프랑스 |
| 드 무아브르(De Moivre, A.) | 1667-1754 | 프랑스 |
| 요한 베르누이(Johann Bernoulli,) | 1667-1748 | 스위스 |
| 그랜디(Grandi, L.G.) | 1671-1742 | 이탈리아 |
| 테일러(Taylor, B) | 1685-1731 | 영국 |
| 골드바흐(Goldbach, C.) | 1690-1764 | 러시아 |
| 메클로린(Maclaurin, C.) | 1698-1746 | 스코틀랜드 |
| 크라머(Cramer, G.) | 1704-1752 | 스위스 |
| 오일러(Euler, L.) | 1707-1783 | 스위스 |
| 뷔퐁(Buffon) | 1707-1788 | 프랑스 |
| 아그네시(Agnesi, M. G.) | 1718-1799 | 이탈리아 |

| 람베르트(Lambert, H.) | 1728–1777 | 스위스 |
|---|---|---|
| 홍대용(洪大容) | 1731–1783 | 조선 |
| 라그랑주(Lagrange, J. L.) | 1736–1813 | 프랑스 |
| 몽주(Monge, G.) | 1746–1818 | 프랑스 |
| 라플라스(Laplace, P. S.) | 1749–1827 | 프랑스 |
| 푸리에(Fourier, J. B. J.) | 1768–1830 | 프랑스 |
| 소피 제르맹(Sophie Germain) | 1776–1831 | 프랑스 |
| 제르맹(Germain, S.) | 1776–1831 | 프랑스 |
| 가우스(Gauss, K. F.) | 1777–1855 | 독일 |
| 퐁슬레(Poncelet, J. V.) | 1788–1867 | 프랑스 |
| 코시(Cauchy, A. L.) | 1789–1857 | 프랑스 |
| 뫼비우스(Mobius, A. F.) | 1790–1868 | 독일 |
| 로바체프스키(Lobachevski, N. I.) | 1793–1856 | 러시아 |
| 아벨(Abel, N. H.) | 1802–1829 | 노르웨이 |
| 야코비(Jacobi, C.G.J.) | 1804–1851 | 독일 |
| 디리클레(Dirichlet, P.) | 1805–1859 | 독일 |
| 해밀턴(Hamilaton. W, R.) | 1805–1865 | 아일랜드 |
| 드 모르간(De Morgan, A.) | 1806–1871 | 영국 |
| 그라스만(Grassmann, H. G.) | 1809–1877 | 독일 |
| 갈루아(Galois, E.) | 1811–1832 | 프랑스 |
| 실베스터(Sylvester, J.) | 1814–1897 | 영국 |
| 바이어슈트라스(Weierstrass, K. T.) | 1815–1897 | 독일 |
| 불(Boole, G.) | 1815–1864 | 영국 |
| 남병길(南秉吉) | 1820–1869 | 조선 |
| 케일리(Cayley, A.) | 1821–1895 | 영국 |
| 리만(Riemann, G. F. B.) | 1826–1866 | 독일 |
| 데데킨트(Dedekind, J. W. R.) | 1831–1916 | 독일 |
| 벤(Venn, J.) | 1834–1923 | 영국 |
| 기브스(Gibbs, J. W.) | 1839–1903 | 미국 |
| 슈바르츠(Schwarz, H. A.) | 1843–1921 | 독일 |
| 칸토어(Cantor, G.) | 1845–1918 | 독일 |
| 클라인(Klein, F.) | 1849–1925 | 독일 |
| 프로베니우스(robenius, G. F.) | 1849–1917 | 독일 |
| 클라인(Klein, F) | 1849–1925 | 독일 |
| 코발레프스키(Kovalevsky, S.) | 1850–1891 | 러시아 |

| 린데만(Lindermann, F) | 1852–1939 | 독일 |
|---|---|---|
| 푸앵카레(Poincaré, H.) | 1854–1912 | 프랑스 |
| 피어슨(Pearson, K) | 1857–1936 | 영국 |
| 퐁슬레(Poncelet, J. V.) | 1788–1867 | 프랑스 |
| 페아노(Peano, G.) | 1858–1932 | 이탈리아 |
| 캐조리(Cajori, F.) | 1859–1930 | 미국 |
| 화이트헤드(Whitehead, A. N.) | 1861–1947 | 영국 |
| 힐베르트(Hilbert, D.) | 1862–1943 | 독일 |
| 필즈(Fields, J.C.) | 1863–1932 | 캐나다 |
| 아다마르(Hadamard, J. S.) | 1865–1963 | 프랑스 |
| 코흐(von Koch, H) | 1870–1924 | 스웨덴 |
| 르베그(Lebesgue, H.L.) | 1875–1941 | 프랑스 |
| 하디(Hardy, G. H.) | 1877–1947 | 영국 |
| 프레세(Frechet, M.) | 1878–1973 | 프랑스 |
| 아인슈타인(Einstein, A.) | 1879–1955 | 미국 |
| 뇌터(Noether, A. E.) | 1882–1935 | 독일 |
| 시어핀스키(Sierpinski, W.) | 1882–1969 | 폴란드 |
| 라마누잔(Ramanujan, S.) | 1887–1920 | 인도 |
| 폴리아(P'olya, G.) | 1887–1985 | 헝가리 |
| 피셔(Fischer, R.A.) | 1890–1962 | 영국 |
| 에셔(Escher, M. C.) | 1898–1972 | 네덜란드 |
| 브라우어(Brauer, R. D.) | 1901–1977 | 독일 |
| 콜모고로프(Kolmogorov, A.) | 1903–1987 | 소련 |
| 폰노이만(von Neumann, J.) | 1903–1957 | 미국 |
| 괴델(Go"del, K.) | 1906–1978 | 미국 |
| 베유(Weil, A.) | 1906–1998 | 프랑스 |
| 단치히(Dantzig, G.) | 1914–2005 | 미국 |
| 만델브로트(Mandelbrot, B.) | 1924–2010 | 폴란드 |

# 찾아보기

이정례: 서울대학교 사범대학 수학교육과
서울대학교 자연대학원 수학과 (이학박사)
현재 대진대학교 수학과 교수

저　서: 『행복한 교과서, 수학자를 만나다』(공저)
『중·고등학교 수학교과서』(공저)
jrlee@daejin.ac.kr

스토리텔링 N 창의수학
# 수학의 오솔길

초판 발행 / 2015년 2월 16일
초판 2쇄 발행 / 2023년 1월 10일

지은이 / 이정례
펴낸이 / 오판근
펴낸곳 / 교우사

주소 / 서울특별시 동대문구 약령시로 8 교우빌딩 2층
전화 / 02)925-2861(대표), 02)925-2825(편집부), 02)969-5762(홈쇼핑)
팩스 / 02)925-2860
이메일 / kyowoo@kyowoo.co.kr
홈페이지 / http://www.kyowoo.co.kr
등록번호 / 1994년 3월 24일 제6-0256호



ISBN 979-11-251-0078-2 (93410)

값 25,000원

**수학정원**은 교우사의 새로운 브랜드명입니다.